U0344720

高等学校通识教育系列教材

实用Web页面设计

张建波 主编

付湘琼 殷 群 副主编

朱 凯 李宇亮 编著

清华大学出版社

北 京

内 容 简 介

本书共 10 章,包括 4 大部分:基础篇、进阶篇、高级应用篇和综合案例篇。

第一部分基础篇侧重介绍网站部署环境和熟悉 Dreamweaver CS6 软件及 HTML 的基本应用。

第二部分进阶篇侧重于 CSS 的页面美化和布局及 JavaScript 的基本语法的实践应用。

第三部分高级应用篇侧重于最新的 HTML 5 的各种特效和 Photoshop 网页切图的技巧,使 Web 更美观,制作更节省时间。

第四部分综合案例篇侧重于一步步地引导读者开始新的、符合 Web 标准的 CSS 布局及 JavaScript 动态图片显示的效果。

本书主要有以下几大特点:

(1) 内容全面。详细介绍了网页设计软件的应用、网页美化和布局方法以及网页设计的技巧,最终使读者能够设计出较为复杂、美观的网页。

(2) 与时俱进。本书引进了网页设计中较为流行的元素,详细阐述了最新的 HTML 5 的各种特效和 Photoshop 网页切图的技巧,用以美化页面和节省时间。

(3) 实例丰富,技术含量高,紧密与实践相结合。每一个实例都有详细的代码支撑,倾注了作者多年的实践经验的积累;每一个页面的实现都经过技术认证。

(4) 语言通俗易懂、讲解清晰、前后呼应。图例清晰,具有针对性。每一个图例都经过作者精心策划和编辑。

图书在版编目(CIP)数据

实用 Web 页面设计/张建波主编.--北京:清华大学出版社,2015(2021.2重印)

高等学校通识教育系列教材

ISBN 978-7-302-38891-3

Ⅰ. ①实… Ⅱ. ①张… Ⅲ. ①主页制作一高等学校一教材 Ⅳ. ①TP393.092

中国版本图书馆 CIP 数据核字(2015)第 004731 号

责任编辑:刘向威 薛 阳
封面设计:文 静
责任校对:焦丽丽
责任印制:刘海龙

出版发行:清华大学出版社
网　　　　址:http://www.tup.com.cn,http://www.wqbook.com
地　　　　址:北京清华大学学研大厦 A 座　　　　邮　　编:100084
社　总　机:010-62770175　　　　邮　　购:010-83470235
投稿与读者服务:010-62776969,c-service@tup.tsinghua.edu.cn
质量反馈:010-62772015,zhiliang@tup.tsinghua.edu.cn
课件下载:http://www.tup.com.cn,010-83470236

印　装　者:北京九州迅驰传媒文化有限公司
经　　销:全国新华书店
开　　本:185mm×260mm　　印　张:23　　　　字　　数:551 千字
版　　次:2015 年 3 月第 1 版　　　　印　　次:2021 年 2 月第 6 次印刷
印　　数:3501～3800
定　　价:39.00 元

产品编号:056669-01

前　言

　　21 世纪是互联网高速发展、信息无处不在的时代。1987 年 9 月北京计算机应用技术研究所的钱天白教授向德国卡尔斯鲁厄大学发出中国第一封电子邮件,首次实现与国外计算机网络的联通。20 世纪 90 年代,网站几乎是纯文字的页面,只要保证浏览者能够获取信息,网站的功能就算实现了。过去的二十多年,互联网发生了翻天覆地的变化。

　　随着网络信息技术的更新换代,人们已经不能继续满足于千篇一律的"模板式"网站了。互联网发展到今天,网站的数量已经无法估计了。截至 2014 年,我国登记在册的网站总量已经突破 350 万个。在浩瀚的网站中如何脱颖而出呢?

　　网页制作技术发展到今天,已经不再是简单的网页制作了。作为一种新媒体的媒介主体,网站被赋予了太多的使命。环顾四周,计算机、电视、手机、平板、智能终端无一不是网页浏览设备。今天的你我,在超市内的广告机上轻轻一点,需要的商品或服务就立即送到家了。这一切的一切都是建立在网页制作技术基础上的。

　　本书共 10 章,包括 4 大部分:第一部基础篇侧重于介绍网站部署环境和熟悉 Dream-weaver CS6 软件及 HTML 的基本应用。第二部分进阶篇侧重于 CSS 的页面美化和布局及 JavaScript 的基本语法的实践应用。第三部分高级应用篇侧重于最新 HTML 5 的各种特效和 Photoshop 网页切图的技巧,使 Web 更美观,制作更节省时间。第四部分综合案例篇侧重于一步步地引导读者开始新的、符合 Web 标准的 CSS 布局及 JavaScript 动态图片显示的效果。

　　本书对 Web 的介绍较为全面,从最基本的概念开始,步步深入。从开始的 HTML 的简单呈现,后又初步地以 CSS 加以修饰,最终用 JavaScript 使静态网页显示动态效果,使网页美观、生动。

　　尽管现在市面上有很多 Web 网页制作的资源,但多是一些支离破碎的技巧和经验,学习这样的资料很容易产生身处山中却不得山貌的困惑。另外,即使是有经验的 CSS 开发人员也会遇到问题。这是因为很多 Web 开发人员是靠自学成才的,他们从网上的文章或代码中学习经验,并没有全面系统地理解 Web 规范应用。加之浏览器的兼容性问题,如果没有系统的参考资料,如同摸石头过河,会严重影响开发速度。

　　本书结合本人多年来对 Web 网站前端技术的开发设计经验、对网站的一些见解,较为系统地介绍动静态网页的制作及布局,相信初学者和网页设计人员,都能从本书获得很大的收益。本书涵盖了大量的经验案例和综合布局示例,可以帮助读者很好地理解和精通 Web 前端开发技术。

　　本书主要定位于初、中级用户。不管你以前是否了解或学习过网页设计相关知识,本书都非常适合。虽然我们在策划、创造、编写中致力于追求严谨、求实、高质量,但是错误和不足在所难免,恳请读者不吝赐教,我们定会全力改进。

本书由张建波任主编,付湘琼、殷群任副主编。第 3、6 章由张建波编写,第 7、8 章由殷群编写,第 4、5 章由付湘琼编写,第 1、2 章由朱凯编写,第 9、10 章由李宇亮编写。张建波负责全书的统稿和审定工作。

张怀宁教授在本书的编写和审阅过程中,提出了许多指导性的意见;清华大学出版社对本书的出版给予了积极的支持和帮助;参与本书案例验证工作的还有魏兴、张晓云、王红伟、赵波等。在此一并致以诚挚的感谢。

由于作者水平有限,书中缺点和疏漏之处在所难免,敬请读者批评指正。

编　者

2014 年 9 月

目　录

第一部分　基　础　篇

第三部分　高级应用篇

第四部分 综合案例篇

X

第 一 部 分

基 础 篇

第1章 网站及网站部署环境概述

内容提要:

(1) 万维网概述、网页与 HTML 语言;

(2) 网页设计与开发的过程和常用网页制作工具与选择;

(3) 网站的运行环境和 Web 站点的建立与管理;

(4) 在 Internet 上发布自己的 Web 站点;

(5) 网页的兼容性问题。

1.1 万维网概述

万维网(World Wide Web)是一个大规模的、联机式的信息储藏所。万维网(亦称作"网络"、WWW、3W、Web)是一个资料空间,常称为 Web。

万维网分为 Web 客户端和 Web 服务器程序。万维网可以让 Web 客户端(常用浏览器)访问浏览 Web 服务器上的页面、音频、视频等多媒体信息,并将这些内容集合在一起,同时提供导航功能,使得用户可以方便地在各个页面之间进行浏览。

1.2 网页与 HTML 语言

网页是用 HTML 语言编写,并且通过 WWW 传播的。HTML 是网页制作的一种规范、一种标准。每一个网页存放在一个单独的文本文件中,它的扩展名通常为 html 或 htm。也有很多网页扩展名为 asp、aspx、php、jsp,带这些扩展名的网页通常为具有与服务器交互能力的带有服务器执行脚本的动态网页。当进入某个站点,浏览器打开的第一个页面称为"主页"或首页(HomePage),在服务器上习惯用 index.htm、index.html、default.html、default.htm 作为网站首页的文件名。除主页外的其他子页面称为"详细页"。

1.3 网页设计与开发的过程

网站建设包括网页设计和网页制作。网页设计与网页制作的区别在于:网页设计是一个思考的过程,在网站建设前确定网站的目的和功能,根据市场需求对网站建设中的技术、内容等做出方案设计;网页制作则是将思考的结果表现出来,网站建设包含整个网站的美工设计和程序开发,重点是网站的整体站点风格和功能的实现。

1.4 常用网页制作工具与选择

HTML 的主要工具包括网页制作工具、网页图形图像处理工具、网页动画制作工具三类。

1. 网页制作工具

网页制作工具包括如下几种。

（1）文本编辑器

文本编辑器又称为记事本。可以编辑 HTML 格式，支持 Web 技术等。

（2）Dreamweaver

可视化的网页设计和网站管理工具，支持最新的 Web 技术，包含 HTML 格式控制、可视化网页设计、图像编辑等。

（3）FrontPage

功能强大，简单易用，既能在本地计算机上工作，又能通过 Internet 直接对远程服务器上的文件进行操作。

2. 网页图形处理及动画制作工具

（1）Photoshop

图像处理软件，美国 Adobe 公司出品。在修饰和处理摄影作品和绘画作品时，具有非常强大的功能。

（2）Fireworks

网页作图软件。具有动画功能和网络图像生成器 Export 功能。Fireworks 与 Dreamweaver 结合很紧密，可以导出为配合 CSS 式样的网页及图片。

（3）Flash

Flash 是交互式矢量图和 Web 动画的标准。网页设计者使用 Flash 能创建漂亮的、可改变尺寸的、极其紧密的导航界面、技术说明以及其他奇特的效果。

1.5 网站的运行环境

1.5.1 Windows Server 2008 安装概述

本书中所涉及网站实例，都是在操作系统 Windows Server 2008 上运行的，下面介绍 Windows Server 2008 的安装步骤。

首先，光盘的启动界面如下图 1-1 所示。

单击"下一步"按钮，再单击"现在安装"按钮，提示"安装程序正在启动"，最后到安装系统版本界面，进入选择要安装的操作系统对话框，如图 1-2 所示。

（1）选择第三个企业版，然后单击"下一步"按钮，进入如图 1-3 所示的界面。

（2）勾选"我接受许可条款"复选框，并单击"下一步"按钮，出现如图 1-4 所示的界面。

（3）选择"自定义（高级）"，自动弹出系统安装位置界面，如图 1-5 所示。

（4）单击"驱动器选项（高级）"按钮，出现创建硬盘分区界面，如图 1-6 所示。

（5）单击"新建"按钮，创建一个大小为 40GB 的主分区，并单击"应用"按钮，如图 1-7 所示，这样就创建好主分区了。

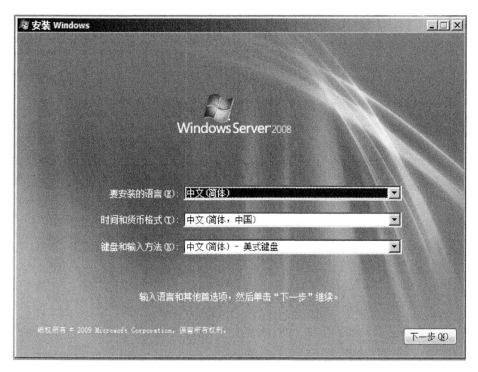

图 1-1　安装光盘启动界面

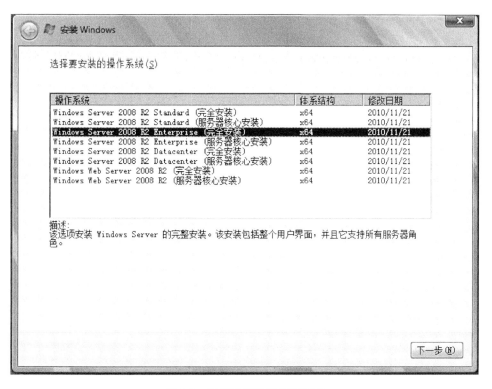

图 1-2　操作系统选择安装界面

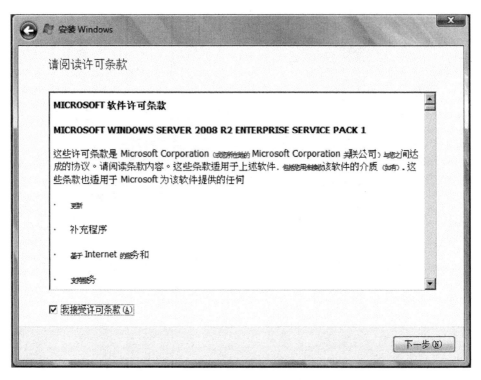

图 1-3　操作系统许可条款界面

图 1-4　操作系统安装类型界面

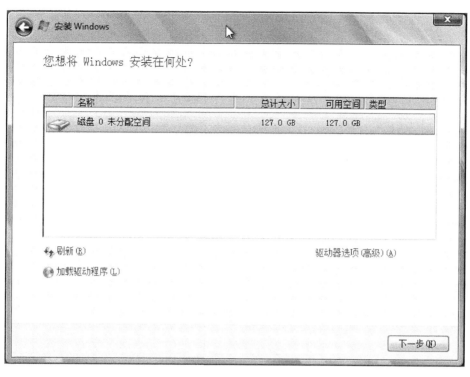

图 1-5　系统安装位置界面

图 1-6　创建硬盘分区界面

7

第
1
章

网站及网站部署环境概述

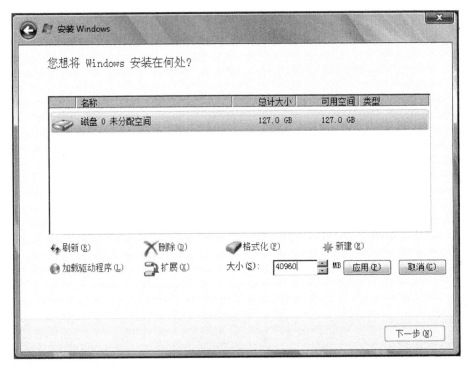

图 1-7　创建主分区界面

（6）创建主分区如图 1-8 和图 1-9 所示，把光标选中在未分配空间，再次新建一个分区作为 D 盘。

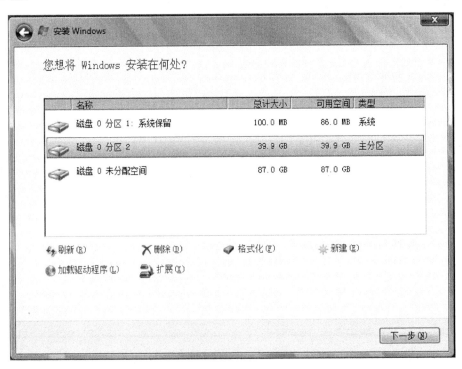

图 1-8　创建新硬盘分区新建 D 盘界面

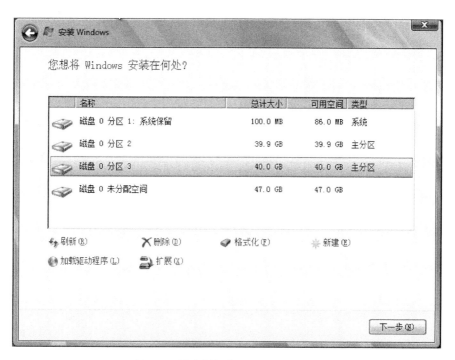

图 1-9　创建硬盘分区选择磁盘界面

（7）D 盘创建完之后，直接单击"下一步"按钮，剩下的我们先不创建分区，正在安装界面如图 1-10 所示。

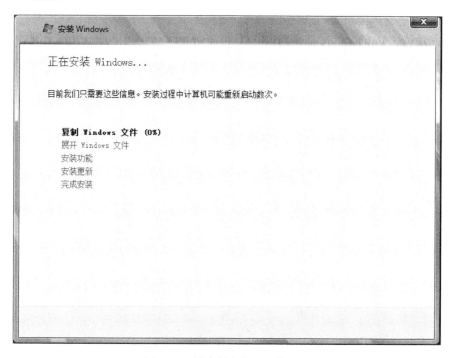

图 1-10　创建硬盘分区安装界面

网站及网站部署环境概述

（8）图 1-11 为操作系统正在安装，等到"完成安装"全部打钩后，系统自动重新启动。

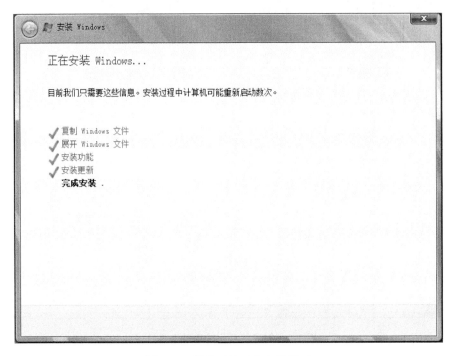

图 1-11　操作系统正在安装界面

（9）重新启动，系统要求"用户首次登录之前必须更改密码"（输入密码必须满足：包含以下 4 类字符中的 3 类字符，且至少有 6 个字符（大写字母、小写字母、数字、特殊符号），如110Aa%），单击"确定"按钮登录系统，如图 1-2 所示。

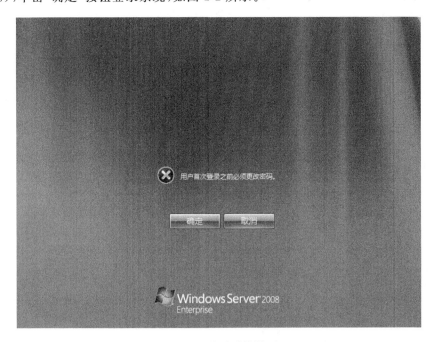

图 1-12　登录系统界面

（10）配置服务器 IP 地址：打开"开始"菜单，选择"控制面板"→"网络和 Internet"→"网络和共享中心"→"更改适配器设置"命令，选中"本地连接"右击，双击"Internet 协议版本 4(TCP/IPv4)"，配置一个 IP 地址如图 1-13 所示，单击"确定"按钮完成。

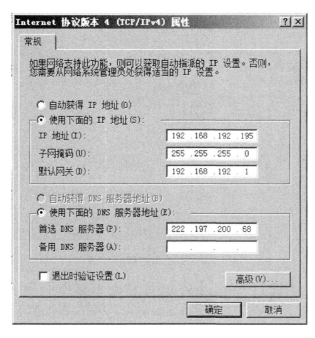

图 1-13　配置服务器 IP 地址界面

1.5.2　IIS 配置概述

1. Web 服务简介

Web 服务是 Internet 上使用最为广泛的服务。Web 服务采用 B/S 模式，在客户端使用浏览器访问存放在服务器上的 Web 网页，客户端与服务器之间采用 HTTP 协议传输数据。

客户端所使用的浏览器种类众多，目前最为常用的是 Windows 系统中自带的 IE 浏览器(Internet Explorer)。此外，火狐(FireFox)、傲游(Maxthon)、360 浏览器等使用的也比较多。

服务器端所使用的软件则主要是 Windows 平台上的 IIS 以及主要应用在 Linux 平台上的 Apache。

IIS(Internet Information Services, Internet 信息服务)是 Windows Server 系统中提供的一个服务组件，可以统一提供 WWW、FTP、SMTP 服务，Windows Server 2008 R2 中的 IIS 版本为 7.0，相比以前版本的 IIS 在安全性方面有了很大的改善。

2. 安装步骤

本节新建一台名为 web 的虚拟机来作为 Web 服务器，为其分配 IP 地址 192.168.1.5，将计算机命名为 web，激活系统并加入到域，最后再创建快照，具体步骤如下。

（1）在"开始"菜单中找到"管理工具"后，打开"服务器管理器"，光标选中"角色"后单击"添加角色"，选中"服务器角色"，在"Web 服务器(IIS)"复选框上打钩，如图 1-14 所示。

网站及网站部署环境概述

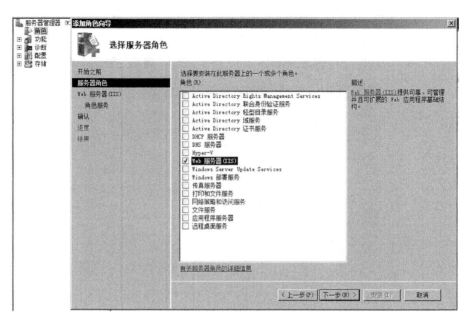

图 1-14　添加"服务器角色"界面

（2）IIS 7.0 被分割成了 40 多个不同功能的模块，管理员可以根据需要定制安装相应的功能模块，这样可以使 Web 网站的受攻击面减少，安全性和性能大大提高。所以，在"选择角色服务"步骤中采用默认设置，只安装最基本的功能模块，如图 1-15 所示。

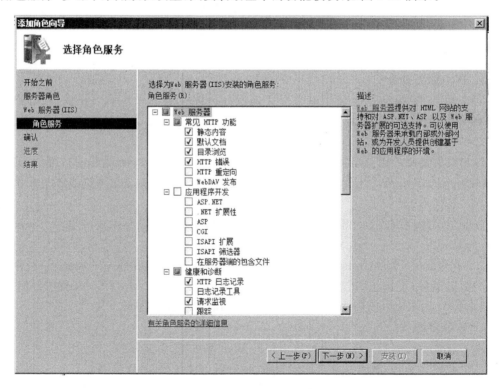

图 1-15　"选择角色服务"界面

（3）安装完成后，可以通过"管理工具"中的"Internet 信息服务（IIS）管理器"来管理 IIS 网站，可以看到其中已经建好了一个名为 Default Web Site 的站点，在客户端计算机 client1 上打开 IE 浏览器，在地址栏输入 Web 服务器的 IP 地址即可以访问这个默认网站，如图 1-16 所示。

图 1-16　配置 IIS 成功界面

（4）在"IIS 管理器"中，选中"网站"中的 Default web site，单击默认站点右侧"操作"窗口中的"基本设置"，可以看到默认站点的物理路径为％SystemDrive％\inetpub\wwwroot（％SystemDrive％表示安装 Windows Server 2008 R2 系统的磁盘分区），如图 1-17 所示，这个路径对应的就是站点的主目录。

主目录就是网站的根目录，保存着 Web 网站的网页、图片等数据，是用来存放 Web 网站的文件夹，当客户端访问该网站时，Web 服务器自动将该文件夹中的默认网页显示给客户端用户。

（5）在"操作"中单击"浏览"，可以看到里面已经有一个名为 iisstart.htm 的网页文件以及一张图片，如图 1-18 所示，这也就是我们刚才所看到的默认网站所显示的网页。

如果我们已经制作好了一个网站，那么只要将网站的所有文件上传到这个主目录中即可。一个网站中的网页文件非常多，必须得挑选其中的一个网页作为网站的首页，也就是用户在输入网站域名后所直接打开的网页文件。

（6）网站首页在 IIS 中被称为"默认文档"，在"IIS 管理器"默认站点的主窗口中，打开"默认文档"可以对其进行设置，图 1-19 所示。

14

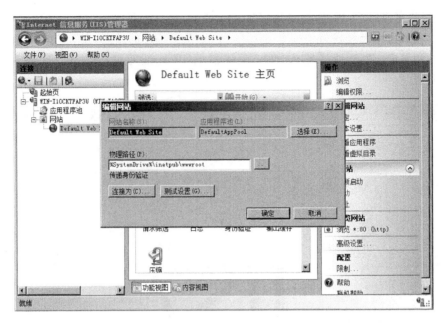

图 1-17　IIS 基本设置界面

图 1-18　浏览默认网站显示网页界面

可以看到系统自带有 5 种默认文档：Default. htm、Default. asp、index. htm、index. html、iisstar. htm，其优先级依次从高到低。作为网站首页的 Web 文件必须使用上述 5 个名字中的一种，如果使用的是其他名字，则必须将其添加到文档列表中。

图 1-19　IIS 默认文档设置界面

如图 1-20 所示,在默认网站的主目录中,用记事本任意编辑一个名为 Default.htm(注意 D 要大写)的网页文件,并随意输入一些内容。然后在客户端上访问该网站,发现可以成功打开我们设置的首页。

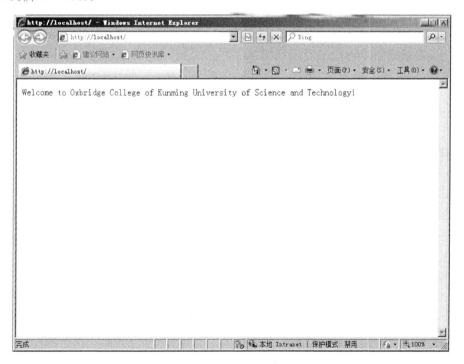

图 1-20　IIS 成功打开设置首页界面

网站及网站部署环境概述

1.5.3 FTP 权限配置

1. 服务器管理器

（1）在 Windows Server 2008 系统使用服务器管理器，选择角色。因为前面的章节已经开启了 IIS 服务器角色，所以在这里只要添加角色服务即可，如图 1-21 所示。如果没有开启过的话，直接添加角色即可。

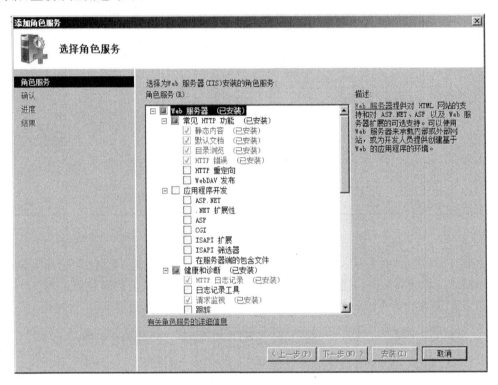

图 1-21　添加服务器角色服务界面

（2）选择 Web 服务器，打开下面的折叠，再选择 FTP 服务器，然后单击"下一步"按钮安装即可，如图 1-22 所示。

2. 添加 FTP 站点

（1）在"服务器管理器"中打开"Web 服务器"，在站点里面右击添加 FTP 站点即可，过程如图 1-23～图 1-26 所示。

单击"完成"按钮，新建 FTP 站点已经完成了，检查服务是否启动（看站点前的状态）。

（2）检查服务和防火墙设置。

① 检查是否启动服务 Microsoft FTP Service，如图 1-27 所示。

② 检查防火墙出入站规则，入站规则对话框如图 1-28 所示。

③ 在防火墙中开启相应的连接许可，进入"控制面板"→"系统和安全"→"Windows 防火墙"→"允许的程序"，并在"允许另一个程序"中添加 C:\Windows\System32\svchost. exe，如图 1-29 所示。

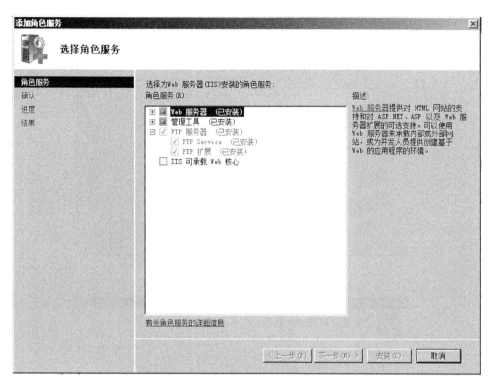

图 1-22　"选择角色服务"界面

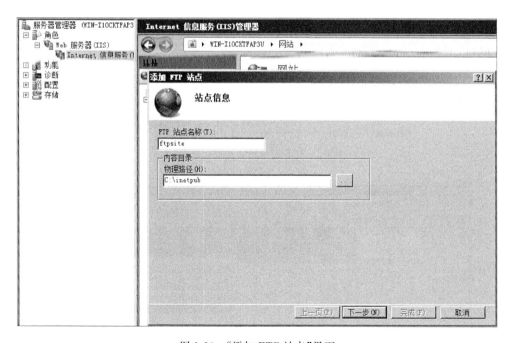

图 1-23　"添加 FTP 站点"界面

网站及网站部署环境概述

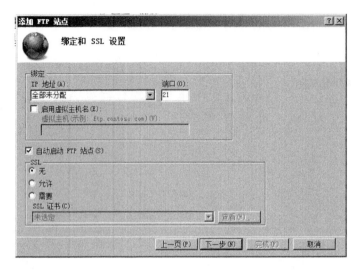

图 1-24 "绑定和 SSL 设置"界面

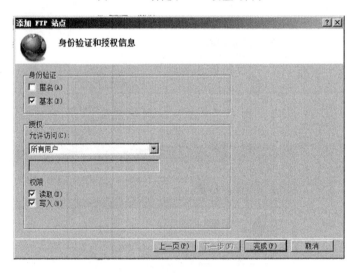

图 1-25 "身份验证和授权信息"界面

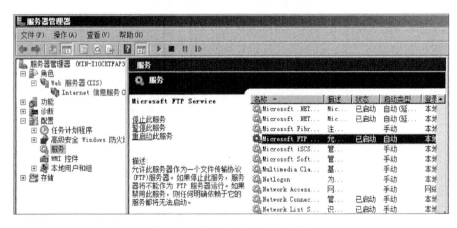

图 1-26 检查是否启动服务界面

图 1-27 检查防火墙出入站规则界面

图 1-28 防火墙"添加程序"界面

网站及网站部署环境概述

图 1-29　防火墙允许程序通过界面

完成以上步骤，双击"计算机"，在搜索栏中输入"ftp://192.168.192.195"，搜索后弹出登录身份验证（输入登录账号密码是 FTP 服务器上的用户账户密码），登录后即可访问用户文件，如图 1-30 所示。

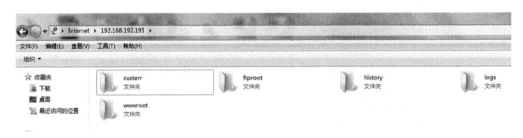

图 1-30　登录身份验证界面

1.6　Web 站点的建立与管理

1.6.1　Web 站点的建立

1. 添加网站

在 IIS 7.0 安装过程中，会在 Web 服务器上的\Inetpub\Wwwroot 目录中创建默认网站配置。可以使用此默认目录发布 Web 内容，也可以在选择的文件系统位置创建一个目录。在 IIS 7.0 中添加网站时，会在 ApplicationHost.config 文件中创建一个站点条目，此条目为站点指定网络绑定。其步骤如下。

（1）打开 IIS 管理器。

（2）在"连接"窗格中,右击树中的"网站"节点,然后单击"添加网站"。

（3）在"添加网站"对话框中的"网站名称"文本框中,为网站输入一个好记的名称,如图 1-31 所示。

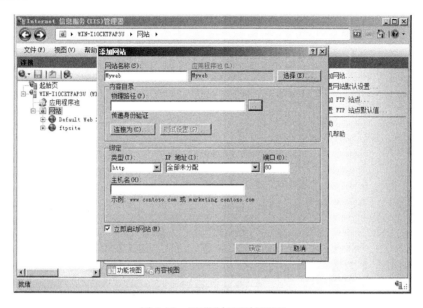

图 1-31　IIS"添加网站"界面

（4）如果要选择其他应用程序池,而不是"应用程序池"框中列出的应用程序池,请单击"选择"按钮。在"选择应用程序池"对话框中,从"应用程序池"列表中选择一个应用程序池,然后单击"确定"按钮,如图 1-32 所示。

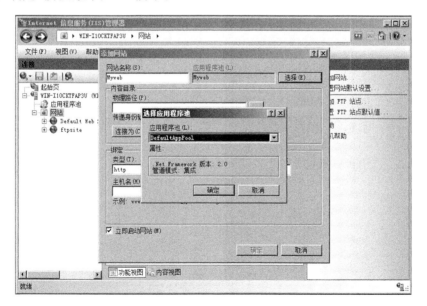

图 1-32　"选择应用程序池"界面

网站及网站部署环境概述

（5）在"物理路径"框中，输入网站的文件夹的物理路径，或者单击"浏览"按钮，并在文件系统 D 盘中新建一个文件夹，重命名为 Myweb，如图 1-33 所示。

图 1-33　新建 Myweb 文件夹

（6）如果在（5）中输入的物理路径是远程共享的路径，单击"连接为"按钮以指定有权访问该路径的凭据。如果不使用特定的凭据，在"连接为"对话框中选择"应用程序用户（通过身份验证）"选项，如图 1-34 所示。

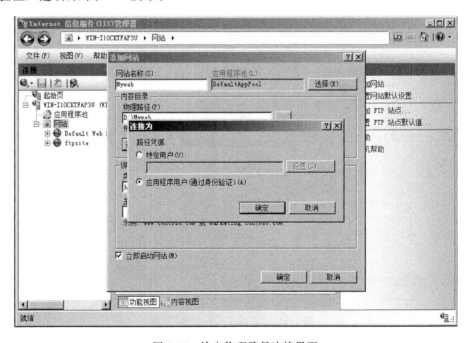

图 1-34　输入物理路径连接界面

（7）从"类型"列表中为网站选择协议。

（8）"IP 地址"文本框中的默认值为"全部未分配"。如果必须为网站指定静态 IP 地址，则在"IP 地址"文本框中输入此 IP 地址。

（9）在"端口"文本框中输入端口号，例如默认 80 端口号，此时会弹出一个提示窗口，如图 1-35 所示（新建自己网站之前，可把系统默认的删除或停用）。

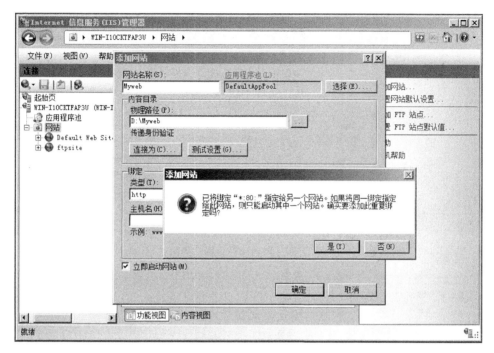

图 1-35 "添加网站"界面

（10）我们也可以在"主机头"框中为网站输入名称。如果不需要对站点做任何更改，并且希望网站立即可用，可选择"立即启动网站"复选框。单击"确定"按钮。

2. 启动或停止网站

某些时候，可能会因运行状况或性能方面的原因或者为了添加或删除内容而停止网站。如果网站已停止，则可以重新启动它。

（1）打开"IIS 管理器"，然后导航至要管理的级别。

（2）在"功能视图"中的"操作"窗格（如图 1-36 所示）中，执行以下过程之一。

① 在"管理网站"中单击"启动"按钮，以启动网站。

② 在"管理网站"中单击"停止"按钮，以停止网站。

（3）向站点中添加绑定。

（4）打开 IIS 管理器。

（5）在"连接"窗格中，展开树中的"网站"节点，然后单击要为其添加绑定的站点以将其选中。

（6）在"操作"窗格中，单击"绑定"按钮。

（7）在"网站绑定"对话框中，单击"添加"按钮，如图 1-37 所示。

（8）在"添加网站绑定"对话框中，添加所需的绑定信息，然后单击"确定"按钮。

网站及网站部署环境概述

图 1-36　启动或停止网站界面

图 1-37　"网站绑定"界面

1.6.2　网站的管理

网站设计制作完成后,如果只将它保存在自己的计算机上,那只能自己看。要想让其他人都能看到设计好的网页,就需要将网站发布到Web服务器上。

1. 网站测试

为了减少错误,所有网站在发布之前必须先测试。测试的简单方法也就是假想自己是访问者,逐个访问自己制作的网页,看看网站中的网页超链接是否有掉链、断链的情况,能否正常跳转,图片和动画等多媒体对象是否能正常显示,声音能否正常播放等,最好还能把网站的整个文件夹复制到另外一台计算机中来测试。测试的主要内容如下。

(1) 页面效果一致性测试

为了保证不同的浏览者能够看到一致的页面效果,应在不同的显示分辨率以及不同的屏幕宽高比下测试网站中的所有网页,如在800px×600px和1024px×768px,以及在4:3和16:9等屏幕比例下测试。另外,可能的话还需要在不同字体显示大小情况下进行测试。

(2) 网页内容正确性测试

通过浏览器测试网站中的每一个网页,看其内容是否能正确显示、效果是否与设计的一致。

(3) 超链接测试

首先在本机上测试所有的超链接是否都能正常跳转,如有掉链或断链,就修改相应的链接后,再进行测试,直到所有的超链接都能正常跳转为止。为了进一步检测超链接的正确性,在本机测试完成后,将整个站点目录复制到其他位置,如复制到本机中的其他硬盘或其他计算机中,再测试超链接的正确性。如果不能正常跳转,说明站点可能存在路径错误,例如使用了绝对路径创建超链接,这时应回到原来的站点中,重新设置超链接后,再进行测试。

2. 网站发布

经测试基本无错的网站,就可以上传到因特网的服务器上,如果服务器支持FTP(文件传输协议)的方式,可以用FTP软件上传站点。一些服务器也支持通过Web上传。

(1) 申请网站空间

常见的方式是到大型网站上申请网站空间。通过搜索引擎,可以在网上找一个能免费提供网站空间的服务器。现在网络上有很多的免费网站空间服务商,但是多数免费网站空间服务商需要在你的网页中加入他们的广告。前期可以利用这些免费的资源来熟悉一下流程,之后也可以根据网站的实际情况购买相应的网页空间来获得更好的服务。

在申请网站空间后,通常网页空间的服务商会用电子邮件给申请的用户发送一封邮件提供上传站点的信息,主要包括上传方式、主机地址、用户名、用户密码以及域名等。

(2) 上传站点

利用网站空间服务商提供的信息,就可以上传本地网站。如果Web服务器支持FTP上传,就可以使用FTP客户端,如FileZilla上传站点,有些网页制作工具本身就带有FTP功能,如Dreamweaver,就可以直接把网站发布到自己申请的服务器上。

网站上传以后,最好在浏览器中打开上传的网站,逐个页面、逐个链接地进行打开测试,发现问题,及时修改,然后再重新上传测试。全部测试完毕就可以把网站的网址公布以便网民浏览。

1.6.3 网站维护

网站要注意经常维护更新内容,保持内容的实时性,只有不断地给它补充新的内容,才能够吸引浏览者,因此网页的维护和管理是要经常做的工作。

当然站点的性质不同,站点内容更新的频率也不同,新闻站点应该随时更新,有许多新闻站点的更新速度比报纸、电台、电视台还快。公司的站点应紧跟公司的发展,随时公布新产品;而个人网站因内容变化不大,更新的频率可以慢一些,可以一个月更新一次,增加一些新内容,如果没有新内容也可以改变一下风格,使人有新鲜感。维护的步骤和制作网站的步骤大致相同,更新一个站点与发布一个站点的过程相同。

另外,网页做好之后还要不断地进行宣传,这样才能让更多的人认识它,提高网站的访问率和知名度。推广的方法有很多,例如到搜寻引擎上注册、与别的网站交换链接等。

1.7　本章小结

本章主要介绍网页的基本概念、网页制作语言,包括 HTML、CSS,重点介绍网页制作语言 HTML。还介绍了查看和编辑 HTML 网页的软件工具,网站的建设与设计步骤和如何管理好网站。

1.8　习　　题

1. 判断题

(1) HTML 标记符的属性一般不区分大小写。(　　)

(2) 网站就是一个链接的页面集合。(　　)

(3) 将网页上传到 Internet 时通常采用 FTP 方式。

(4) 所有的 HTML 标记符都包括开始标记符和结束标记符。(　　)

2. 单选题

(1) HTML 指的是(　　)。

　　A. 超文本标记语言(Hyper Text Markup Language)

　　B. 家庭工具标记语言(Home Tool Markup Language)

　　C. 超链接和文本标记语言(Hyperlinks and Text Markup Language)

　　D. 以上均不对

(2) Web 标准的制定者是(　　)。

　　A. 微软(Microsoft)　　　　　　　　B. 万维网联盟(W3C)

　　C. 网景公司(Netscape)　　　　　　D. 苹果公司(Apple)

(3) 服务器端的常采用的数据库系统是(　　)。

　　A. SQL Server　　　　　　　　　　B. Access

　　C. FoxPro　　　　　　　　　　　　D. A 和 B

(4) 网页中的对象存放位置应该采用(　　)描述,以保证网站的发布和移植正确。

　　A. 绝对路径　　　　　　　　　　　B. 相对路径

C. 混合路径 D. 以上都不对

（5）在本机上测试网站一切正常,但是将网站拷贝到另一台计算机后出现链接错误,说明该网站采用了(　　)链接。

A. 当前路径 B. 相对路径

C. 混合路径 D. 绝对路径

3. 简答题

（1）HTML 标记、元素和属性分别是什么？

（2）XHTML 与 HTML 的区别是什么？

（3）解释下列概念：XML JavaScript 和 CSS。

（4）简述网站发布的过程。

第 2 章 | Adobe Dreamweaver CS6 简介

内容提要：

本章主要介绍 Adobe Dreamweaver CS6 的界面及使用方法，包括 CS6 的新增功能、站点的管理、页面的总体设计、CSS 样式的创建与使用优化、模板的创建、层的创建。通过本章的学习，可以详细地了解 Dreamweaver CS6 制作网页的方法，加深对 CSS 样式的认识，为后面的学习打下一定的理论基础。

2.1 Dreamweaver CS6 简介

Adobe Dreamweaver CS6 网页设计软件是目前开发网页设计者们热衷的一个软件，它给我们提供了一套友好可视界面，方便创建、编辑网站和移动应用程序。CS6 版本专为跨平台兼容性设计的自适应网格版面创建网页。

2.1.1 Dreamweaver CS6 界面

在首次启动 Dreamweaver CS6 时会出现一个"工作区设置"对话框。

图 2-1 所示的界面称作"起始页"，中间是新建项目，初学者可以选择"Html 普通网页"来新建一个空白网页；我们可以通过选择"不再显示"来隐藏起始页面。起始页中包括"打

图 2-1　Dreamweaver CS6 开始界面

开最近的项目""新建""主要功能"三个方便实用的项目。我们可以通过新建或打开一个文档,进入 Dreamweaver CS6 的标准工作界面。

    Dreamweaver CS6 的标准工作界面包括标题显示、菜单栏、插入面板组、文档工具栏、标准工具栏、文档窗口、状态栏、属性面板和浮动面板组。工作界面如图 2-2 所示。

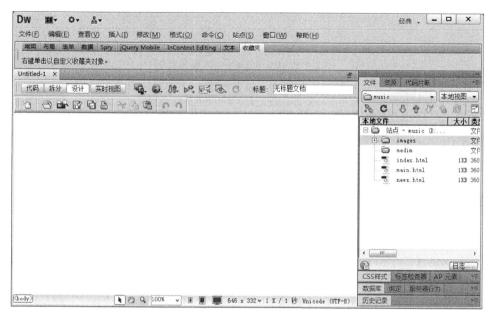

图 2-2　Dreamweaver CS6 标准工作界面

1. 菜单栏

    Dreamweaver CS6 的菜单栏如图 2-3 所示,共有 10 个菜单,即"文件"、"编辑"、"查看"、"插入"、"修改"、"格式"、"命令"、"站点"、"窗口"和"帮助"。各菜单的详细介绍如表 2-1 所示,其中,"编辑"菜单里提供了对 Dreamweaver 菜单中"首选参数"的访问。

图 2-3　Dreamweaver CS6 菜单栏

表 2-1　菜单详细介绍

菜单	作用
文件	管理文件。例如新建、打开、保存、另存为、导入、输出打印等
编辑	编辑文本。例如剪切、复制、粘贴、查找、替换和参数设置等
查看	切换视图模式以及显示、隐藏标尺、网格线等辅助视图功能
插入	插入各种元素,例如图片、多媒体组件,表格、框架及超链接等
修改	具有对页面元素修改的功能,例如在表格中插入表格,拆分、合并单元格,对齐对象等
格式	设置文本的格式样式
命令	所有的附加命令项
站点	创建和管理站点
窗口	显示和隐藏控制面板以及切换文档窗口
帮助	联机帮助功能。例如按 F1 键,就会打开电子帮助文本

2. 插入面板组

插入面板集成了所有可以在网页应用的对象,包括"插入"菜单中的选项,如图 2-4 所示。"插入面板组"其实就是图像化了的插入指令,通过一个个的按钮,读者可以很容易地加入图像、声音、多媒体动画、表格、图层、框架、表单、Flash 和 ActiveX 等网页元素。

图 2-4　Dreamweaver CS6 插入面板

3. 文档工具栏

文档工具栏包含各种按钮,如图 2-5 所示,它们提供各种"文档"窗口视图("设计"视图、"代码"视图和"拆分"视图)的选项、各种查看选项和一些常用操作(在浏览器中预览)。

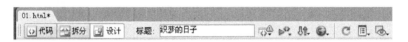

图 2-5　Dreamweaver CS6 文档工具栏

4. 文档窗口

打开或创建一个项目,进入文档窗口,可以在文档区域中进行输入文字、插入表格和编辑图片等操作。

"文档窗口"显示当前文档。可以选择下列任一视图:

(1)"设计"视图是一个用于可视化页面布局、可视化编辑和快速应用程序开发的设计环境。

(2)"代码"视图是一个用于编写和编辑 HTML、JavaScript、服务器语言代码以及任何其他类型代码的手工编码环境。

(3)"拆分"视图可以在单个窗口中同时看到同一文档的"代码"视图和"设计"视图。

5. 标准工具栏

标准工具栏包含来自"文件"和"编辑"菜单中的一般操作按钮:"新建"、"打开"、"保存"、"保存全部"、"剪切"、"复制"、"粘贴"、"撤销"和"重做",如图 2-6 所示。

图 2-6　Dreamweaver CS6 标准工具栏

6. 状态栏

"文档"窗口底部的状态栏(如图 2-7 所示)提供当前创建的文档有关的其他信息。标签选择器显示是当前选定内容标签的层次结构。单击该层次结构中的任何标签表示选择该标签及其全部内容。例如,单击<body>可以选择文档的整个正文。

图 2-7　Dreamweaver CS6 状态栏

7. 属性面板

"属性"面板并不是将所有的属性加载在面板上,而是根据我们选择的对象来动态显示对象的属性。"属性"面板的状态完全是随当前在文档中选择的对象来确定的,如图 2-8 所示。

图 2-8　Dreamweaver CS6"属性"面板

8. 浮动面板

其他面板可以统称为浮动面板。在窗口菜单中,选择不同的命令可以打开基本面板组、设计面板组、代码面板组、应用程序面板组、资源面板组和其他面板组。

2.1.2　Dreamweaver CS6 新增功能

利用 Adobe Dreamweaver CS6 软件中改善的 FTP 性能,可以更高效地传输大型文件。更新的"实时视图"和"多屏幕预览"面板可呈现 HTML 5 代码,使用户能检查自己的工作。

2.2　规划站点结构

网站是多个网页的集合,包括一个首页和若干个分页,为了达到最佳效果,在创建任何 Web 站点页面之前,要对站点的结构进行设计和规划。我们可以通过把文件分门别类地放置在各自的文件夹里,使网站的结构清晰明了,便于管理和查找。

2.2.1　创建站点

在 Dreamweaver CS6 中可以有效地建立并管理多个站点。搭建站点有两种方法,一是利用向导完成,二是利用高级设定来完成。

在搭建站点前,我们先在自己的计算机 D 盘上建一个以 Myweb 命名的空文件夹。

(1) 选择菜单栏→"站点"→"管理站点",出现"管理站点"对话框。单击"新建"按钮,选择弹出菜单中的"站点"项,如图 2-9 所示。

(2) 显示站点。单击"保存"按钮,完成本地站点的建立。这是在"文件"面板下方的列表框中将显示建好的站点列表,如图 2-10 所示。

2.2.2　建立远程 FTP 站点

(1) 打开"站点"窗口中的"站点管理",如图 2-11 所示。

(2) 双击新建的 Myweb 站点,弹出新建站点窗口,选中服务器,单击 ➕ ,过程如图 2-12~图 2-14 所示。

(3) 测试成功后,单击"保存"按钮,远程 FTP 站点建立成功。

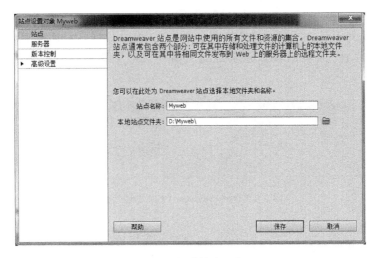

图 2-9　新建站点面板

图 2-10　显示站点界面

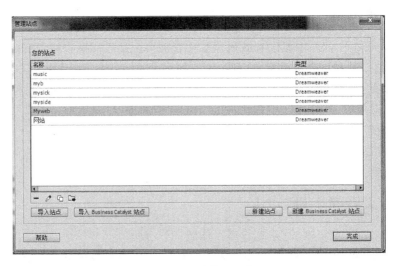

图 2-11　站点管理面板

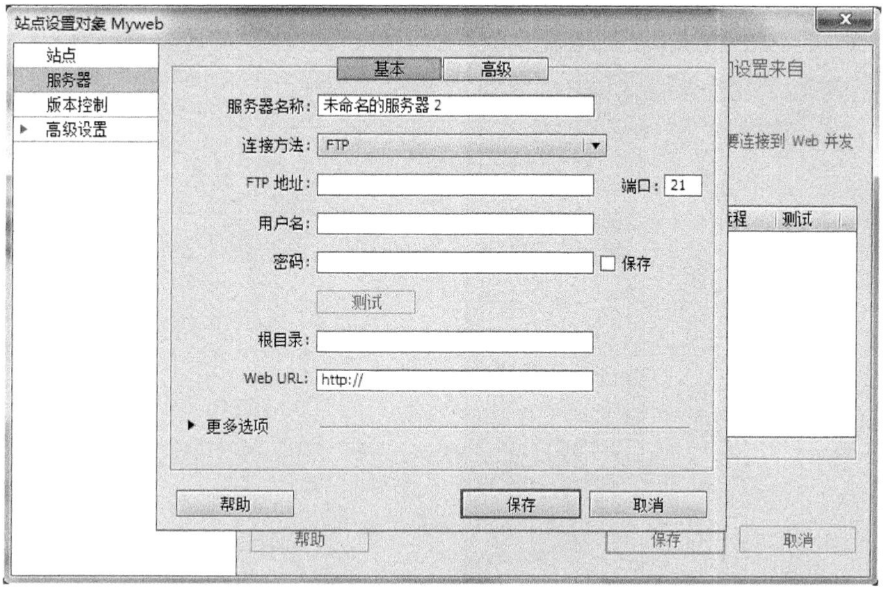

图 2-12　创建站点服务器面板

图 2-13　远程 FTP 站点建立面板一

2.2.3　搭建站点结构

　　站点是文件与文件夹的集合,下面根据前面对 Myweb 网站的设计,来新建 Myweb 站点要设置的文件夹和文件,如图 2-15 所示。新建文件夹,在文件面板的站点根目录下右击,从弹出菜单中选择"新建文件夹"项,然后给文件夹命名。这里新建 8 个文件夹,分别命名为 img、med、swf、txt、css、js、moan 和 fy。

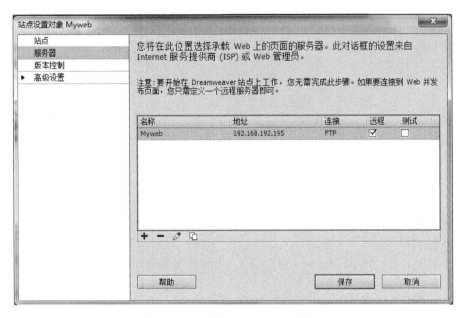

图 2-14 远程 FTP 站点建立面板二

　　创建页面,在文件面板的站点根目录下右击,从弹出菜单中选择"新建文件"项,然后给文件命名。首先要添加首页,把首页命名为 index. html,再分别新建 01. html、02. html、03. html、04. html 和 05. html,如图 2-16 所示。

图 2-15 建立 Myweb 站点面板

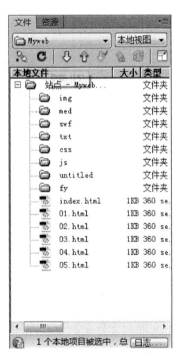

图 2-16 创建页面面板

2.2.4　文件与文件夹的管理

建立好的文件和文件夹,可以进行移动、复制、重命名和删除等基本的管理操作。单击需要管理的文件或文件夹,然后右击,在弹出菜单中选择"编辑"项,即可进行相关操作。

2.3　页面的总体设置

1. 设置页面的头内容

页面的头内容在浏览器中不可见,但是携带着网页的重要信息,例如关键字、描述文字等,还实现一些非常重要的功能,如自动刷新功能。

单击插入工具栏最左边按钮旁的下拉三角形(如图 2-17 所示),在弹出菜单中选择 HTML 项,出现"文件头"按钮,打开下拉菜单,就可以进行头内容的设置了。

设置标题,网页标题可以是中文、英文或符号,显示在浏览器的标题栏中。直接在设计窗口上方的标题栏内输入或更改,就可以完成网页标题的编辑了。

插入关键字,关键字用来协助网络上的搜索引擎寻找网页。单击图 2-17 中的"关键字"项,弹出"关键字"对话框,填入关键字即可,如图 2-18 所示。

图 2-17　头内容的设置

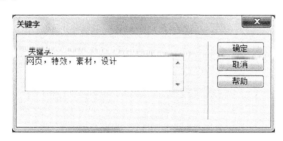

图 2-18　"关键字"控制面板

插入 META,META 标记用于记录当前网页的相关信息,如编码、作者、版权等,也可以用来给服务器提供信息。单击图 2-17 中的 META 项,弹出 META 对话框,在"属性"栏选择"名称"属性,在"值"文本框中输入相应的值,可以定义相应的信息,例如 author 为作者信息、copyright 为版权声明、generator 为网页编辑器,如图 2-19 所示。

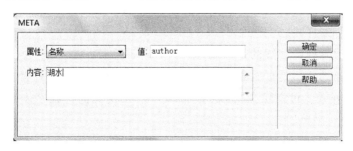

图 2-19　插入 META 信息面板

2．设置页面属性

单击"属性"栏中的"页面属性"按钮，打开"页面属性"对话框，如图 2-20 所示。

图 2-20　设置"页面属性"面板

"外观"选项卡中可以设置页面的一些基本属性，例如可以定义页面中的默认文本字体、文本字号、文本颜色、背景颜色和背景图像等。这里设置页面的所有边距为 0，如图 2-21 所示。

图 2-21　设置"页面属性""外观"面板

"链接"选项内是一些与页面的链接效果有关的设置，如图 2-22 所示。"链接颜色"定义超链接文本默认状态下的字体颜色，"变换图像链接"定义鼠标放在链接上时文本的颜色，"已访问链接"定义访问过的链接的颜色，"活动链接"定义活动链接的颜色，"下划线样式"可以定义链接的下划线样式。

"标题"用来设置标题字体的一些属性，如图 2-23 所示。在左侧"分类"列表中选择"标题"，这里的标题指的并不是页面的标题内容，而是可以应用在具体文章中各级不同标题上的一种标题字体样式。可以定义"标题字体"及 6 种预定义的标题字体样式，包括粗体、斜体、大小和颜色。

图 2-22　设置“页面属性”“链接”面板

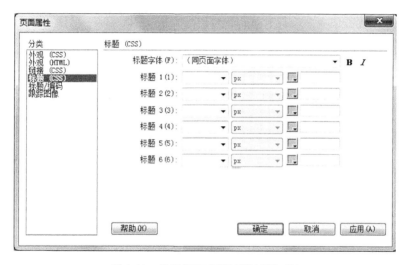

图 2-23　设置“页面属性”“标题”面板

2.4　Dreamweaver 的使用简介

2.4.1　文本的插入与编辑

1. 插入文本

要想添加文本,可以直接在 Dreamweaver“文档”窗口中输入文本,也可以剪切并粘贴,还可以从 Word 文档导入文本。在文档编辑窗口的空白区域单击,窗口中出现闪动的光标,提示文字的起始位置,将文字素材复制/粘贴进来。

2. 编辑文本格式

网页的文本分为段落和标题两种格式。在文档编辑窗口中选中一段文本,在“属性”面板“格式”后的下拉列表框中选择“段落”,把选中的文本设置成段落格式。

37

第 2 章

Adobe Dreamweaver CS6 简介

3. 设置字体组合

Dreamweaver CS6 中预设可供选择的字体组合只有 6 项英文字体组合，要想使用中文字体，必须重新编辑新的字体组合，在"字体"后的下拉列表框中选择"编辑字体列表"，弹出"编辑字体列表"对话框，如图 2-24 所示。

图 2-24   "编辑字体列表"对话框

4. 文本的其他设置

文本其他设置面板如图 2-25 所示。

图 2-25   文本其他设置面板

文本换行，按 Enter 键换行的行距较大（在代码区生成＜p＞＜/p＞标签），按 Enter＋Shift 键换行的行间距较小（在代码区生成＜br＞标签）。

文本空格，选择"编辑"→"首选参数"命令，在弹出的对话框中左侧的分类列表中选择"常规"项，然后在右边选择"允许多个连续的空格"项，就可以直接按"空格"键给文本添加空格。

特殊字符，要向网页中插入特殊字符，需要在快捷工具栏中选择"文本"，切换到字符插入栏，单击文本插入栏的最后一个按钮，可以向网页中插入相应的特殊符号。

5．插入列表

列表分为两种，有序列表和无序列表，无序列表没有顺序，每一项前边都以同样的符号显示，有序列表前边的每一项有序号引导。

6．插入水平线

水平线起到分隔文本的排版作用，选择快捷工具栏中的 HTML 项，单击 HTML 栏中的第一个按钮 ▦ ，即可向网页中插入水平线。

7．插入时间

在文档编辑窗口中，将鼠标光标移动到要插入日期的位置，单击常用插入栏的"日期"按钮，在弹出的"插入日期"对话框中选择相应的格式即可。

2.4.2 插入图像

目前互联网上支持的图像格式主要有 GIF、JPEG 和 PNG，其中使用最广泛的是 GIF 和 JPEG。

1．插入图像

在制作网页时，先构想好网页布局，在图像处理软件中将需要插入的图片进行处理，然后存放在站点根目录下的文件夹里。插入图像时，将光标放置在文档窗口需要插入图像的位置，然后单击常用插入栏的"图像对象"中的"图像占位符"，弹出"图像占位符"对话框，如图 2-26 所示。

图 2-26　插入图像占位符面板

在弹出的"选择图像源文件"对话框中，选择 img/003.jpg，单击"确定"按钮把图像 001.jpg 插入到网页中，如图 2-27 所示。

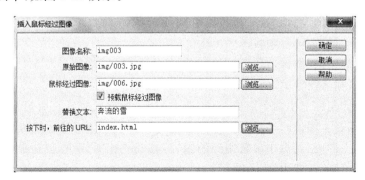

图 2-27　"插入鼠标经过图像"面板

Adobe Dreamweaver CS6 简介

注意：如果在插入图片的时候，没有将图片保存在站点根目录下，会弹出如图 2-28 所示的对话框，提醒我们要把图片保存在站点内部，这时单击"是"按钮。

图 2-28　保存对话框面板

然后选择本地站点的路径将图片保存，图像也可以被插入到网页中。

2. 设置图像属性

选中图像后，在"属性"面板中显示出图像的属性，如图 2-29 所示。

图 2-29　设置图像"属性"面板

在"属性"面板的左上角，显示当前图像的缩略图，同时显示图像的大小。在缩略图右侧有一个文本框，在其中可以输入图像标记的名称。

"水平边距"和"垂直边距"文本框用来设置图像左右和上下与其他页面元素的距离。"边框"文本框时用来设置图像边框的宽度，默认的边框宽度为 0。

"替代"文本框用来设置图像的替代文本，可以输入一段文字，当图像无法显示时，将显示这段文字。单击属性面板中的"对齐"按钮 ≡ ≡ ≡，可以分别将图像设置成浏览器居左对齐、居中对齐、居右对齐。

3. 插入其他图像元素

单击常用插入栏的"图像"按钮时可以看到，除了第 1 项"图像"外，还有"图像占位符"、"鼠标经过图像"、"导航条"等项目。

单击下拉列表中的"图像占位符"，打开"图像占位符"对话框。按设计需要设置图片的宽度和高度，输入插入图像的名称即可，如图 2-30 所示。

鼠标经过图像实际上由两个图像组成，即主图像（当首次载入页时显示的图像）和次图像（当鼠标指针移过主图像时显示的图像），"插入鼠标经过图像"对话框如图 2-31 所示。

图片与文本一样，是网页中最常用到的内容，其变化相对较少，要想制作出精致美观的网页，还需学习下面的几章内容。

图 2-30   插入其他图像元素面板

图 2-31   "插入鼠标经过图像"面板

2.4.3   插入并编辑表格

表格是网页设计制作不可缺少的元素,它以简洁明了和高效快捷的方式将图片、文本、数据和表单的元素有序地显示在页面上,使用表格排版的页面在不同平台、不同分辨率的浏览器里都能保持其原有的布局,而在不同的浏览器平台有较好的兼容性,所以表格是网页中最常用的排版方式之一。

1. 插入并编辑表格

在文档窗口中,将光标放在需要创建表格的位置,单击"常用"快捷栏中的"表格"按钮弹出"表格"对话框(如图 2-32 所示),指定表格的属性后,在文档窗口中插入设置的表格。表格中各属性的作用如表 2-2 所示。

表 2-2   表格属性

属 性	作 用
行数	设置表格的行数
列数	设置表格的列数
表格宽度	设置表格的宽度,可以填入数值,紧随其后的下拉列表框用来设置宽度的单位,有两个选项——百分比和像素
单元格边距	设置单元格内部空白的大小
单元格间距	设置单元格与单元格之间的距离
边框粗细	设置表格的边框的宽度
页眉	定义页眉样式,可以在 4 种样式中选择一种
标题	定义表格的标题
摘要	可以在这里对表格进行注释

图 2-32 "表格"对话框

2. 选择单元格对象

对于表格、行、列、单元格属性的设置是以选择这些对象为前提的。有三种方法：

（1）选择整个表格的方法是把鼠标放在表格边框的任意处，当出现 ╬ 标志时单击即可选中整个表格。

（2）在表格内任意处单击，然后在状态栏选中<table>标签即可。

（3）在单元格任意处单击，在右键快捷菜单中选择"表格"→"选择表格"。

要选中某一单元格，按住 Ctrl 键，单击需要选中的单元格即可；或者，选中状态栏中的<td>标签。

要选中连续的单元格，按住鼠标左键从一个单元格的左上方开始向要连续选择单元格的方向拖动。要选中不连续的几个单元格，可以按住 Ctrl 键，单击要选择的所有单元格即可。

要选择某一行或某一列，将光标移动到行左侧或列上方，当鼠标指针变为向右或向下的箭头图标时，单击即可。

3. 设置表格属性

选中一个表格后，可以通过"属性"面板更改表格属性，如图 2-33 所示。其中，各属性的作用如表 2-3 所示。

图 2-33 更改表格"属性"面板

表 2-3　　表格"属性"面板及作用

属性	作　　用
填充	设置单元格边距
间距	设置单元格间距
对齐	设置表格的对齐方式,默认的对齐方式一般为左对齐
边框	设置表格边框的宽度
背景颜色	设置表格的背景颜色
边框颜色	设置表格边框的颜色
背景图像	文本框填入表格背景图像的路径,可以给表格添加背景图像

4. 单元格属性

把光标移动到某个单元格内,可以利用单元格"属性"面板对这个单元格的属性进行设置,如图 2-34 所示。其中,各属性的作用如表 2-4 所示。

图 2-34　单元格"属性"面板

表 2-4　　单元格属性及作用

属　　性	作　　用
水平文本框	设置单元格内元素的水平排版方式,是居左、居右或是居中
垂直文本框	设置单元格内的垂直排版方式,是顶端对齐、底端对齐或是居中对齐
高、宽	设置单元格的宽度和高度
不换行复选框	可以防止单元格中较长的文本自动换行
标题	使选择的单元格成为标题单元格,单元格内的文字自动以标题格式显示出来
背景文本框	设置表格的背景图像
背景颜色文本框	设置表格的背景颜色
边框文本框	设置表格边框的颜色

5. 表格的行和列

右击要插入行或列的单元格,在弹出菜单中选择"插入行"、"插入列"或"插入行或列"命令,如图 2-35 所示。

如果选择了"插入行"命令,在选择行的上方就插入了一个空白行;如果选择了"插入列"命令,就在选择列的左侧插入了一列空白列。

如果选择了"插入行或列"命令,会弹出"插入行或列"对话框,可以设置插入行还是列、插入的数量,以及是在当前选择的单元格的上方、下方、左侧或是右侧插入行或列,如图 2-36 所示。

要删除行或列,右击要删除的行或列,在弹出菜单中选择"删除行"或"删除列"命令即可。

图 2-35　表格的行与列面板

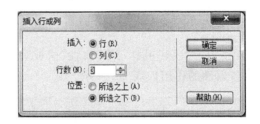

图 2-36　"插入行或列"面板

6. 拆分与合并单元格

拆分单元格时,将光标放在待拆分的单元格内,单击属性面板上的"拆分"按钮,在弹出的对话框中,按需要设置即可,如图 2-37 所示。

图 2-37　"拆分单元格"面板

合并单元格时,选中要合并的单元格,单击属性面板中的"合并"按钮即可。

7. 嵌套表格

表格之中还有表格即嵌套表格。创建嵌套表格的操作方法是先插入总表格,然后将光标置于要插入嵌套表格的地方,继续插入表格即可。例如,想要得到如图 2-38 所示的效果,所需步骤如下。

(1)光标放置在文档窗口要插入表格的位置,单击常用插入栏中的"表格"按钮,插入一个 1 行 1 列的表格一,宽度为 500 像素,高度为 100%,边框为 0,单元格间距为 0,单元格边距为 12 像素。背景图像选择 beij/003.gif。

(2)将光标放置在表格一内,插入表格二,1 行 1 列,宽度为 100%,高度为 100%,边框为 0,单元格间距为 0,单元格边距为 12 像素。背景图像选择 beij/002.gif。

(3)将光标放置在表格二内,插入表格三,1 行 1 列,宽度为 100%,高度为 100%,单元格间距和单元格边距都为 8 像素,边框为 10,背景图像选择 beij/005.gif。

图 2-38　嵌套表格运用面板

（4）将光标放置在表格三内，选择单元格的背景图像为 beij/006.gif。添加文字"马年大吉"，楷体，颜色为♯FFFF33。

8. 表格的格式化

做好的表格可以使用 DW 提供的预设外观，可以提高制作效率，保持表格外观的统一性，同时样式提供的色彩搭配也比较美观。

插入一个 5 行 6 列的表格（如图 2-39 所示），表格的宽为 500px，高为 300px，边框粗细为 1px，单元格间距、边距为 0。

表	格	的	格	式	化
表格	表格	表格	表格	表格	表格
表格	表格	表格	表格	表格	表格
表格	表格	表格	表格	表格	表格
表格	表格	表格	表格	表格	表格

图 2-39　插入一个 5 行 6 列的表格面板

这里，还可以自己设定相应的参数值。

2.4.4　插入 Flash 动画

一个优秀的网站应该不仅仅是由文字和图片组成的，而应是动态的、多媒体的。为了增强网页的表现力，丰富文档的显示效果，可以在网站上增加 Flash 动画、Java 小程序、音频播放插件等多媒体内容。

45

第 2 章

1. 插入 Flash 动画

在插入 Flash 动画之前,要先对表格进行布局。新建一空白文档,保存文件为 03. html, 设置页面属性,在弹出的"页面属性"对话框中,在"外观"项中设置字体为"宋体",字号为 16px,文本颜色为♯F282A8,背景图像为 img/008.JPG,上边距为 50px,下、左、右的边距都 为 0。在"链接"项中选择"始终无下划线",链接颜色为♯F282A8,已访问链接颜色为 ♯F5E458。

之后对页面进行布局,插入一个 1 行 1 列的表格(表格 1),表格的宽度为 726px,边框粗 细为 0,单元格边距为 0、单元格间距为 1,背景颜色为♯892321,将表格居中对齐。

布局后,我们可以插入页面元素。将光标放置在表格 4 右侧的单元格中,单击常用快捷 栏中的"媒体"按钮,在弹出的列表中选择 Flash,插入 Flash 选项面板如图 2-40 所示。

图 2-40 插入 Flash 选项面板

弹出"选择文件"对话框,选择 SWF 文件夹中的 huaduo. swf 文件。单击"确定"按钮 后,插入的 Flash 动画并不会在文档窗口中显示内容,而是以一个带有字母 F 的灰色框来表 示。在文档窗口单击这个 Flash 文件,就可以在"属性"面板中设置它的属性了,如图 2-41 所示。

图 2-41 编辑 Flash"属性"面板

选择"循环"复选框时影片将连续播放,否则影片在播放一次后自动停止。通过选择"自 动播放"复选框,可以设定 Flash 文件是否在页面加载时就播放。在"品质"下拉列表中可以 选择 Flash 影片的画质,以最佳状态显示,就选择"高品质"。"对齐"下拉列表用来设置 Flash 动画的对齐方式。

为了使页面的背景在 Flash 下能够衬托出来,可以使 Flash 的背景变为透明。单击属 性面板中的"参数"按钮,打开"参数"对话框,设置"参数"为 wmode,"值"为 transparent,如 图 2-42 所示。

这样在任何背景下,Flash 动画都能实现透明背景的显示。

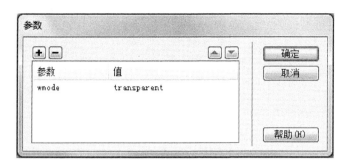

图 2-42　Flash 透明背景的显示面板

2. 插入 Flash 文本

将光标放置在表格 3 第二行的单元格中,用 Flash 文本制作导航栏目。单击常用快捷栏中的"媒体"按钮,在列表中选择 Flash 文本,弹出"插入 Flash 文本"对话框,字体随意,大小 22px,颜色设置为♯F5E458,转滚颜色为♯54C994,文本为"图片素材",背景颜色为♯6DCFF6,选择自己需要的路径链接。

3. 插入 FlashPaper

还可以在网页中插入 Macromedia FlashPaper 文档。在浏览器中打开包含 FlashPaper 文档的页面时,浏览者能够浏览 FlashPaper 文档中的所有页面,而无须加载新的 Web 页。也可以搜索、打印和缩放该文档。

在"文档"窗口中,将光标放在页面上想要显示 FlashPaper 文档的位置,然后选择"插入"→"媒体"→FlashPaper。

在"插入 FlashPaper"对话框中,浏览到一个 FlashPaper 文档并将其选定。如果需要,通过输入宽度和高度(以 px 为单位)指定 FlashPaper 对象在网页上的尺寸。FlashPaper 将缩放文档以适合宽高。单击"确定"按钮在页面中插入文档。由于 FlashPaper 文档是 Flash 对象,因此页面上将出现一个 Flash 占位符。

2.4.5　嵌入音频

嵌入音频可以将声音直接插入页面中,但只有浏览者在浏览网页时具有所选声音文件的适当插件后,声音才可以播放。如果希望在页面显示浏览器的外观,可以使用这种方法。新建一网页,保存为 02.html。将光标放置于想要显示播放器的位置。单击快捷栏中的"媒体"按钮,从下拉列表中选择"插件"。

弹出"选择文件"对话框,在对话框中选择 02.WAV 音频文件,如图 2-43 所示。

单击"确定"按钮后,插入的插件在文档窗口中并保存,用 IE 浏览器预览如图 2-44 所示显示。

选中该图标,在属性面板中可以对播放器的属性进行设置,如图 2-45 所示。

要实现循环播放音乐的效果,单击属性面板中的"参数"按钮,然后单击"+"按钮,在"参数"列中输入 loop,并在"值"列中输入 true 后,单击"确定"按钮,如图 2-46 所示。

要实现自动播放,可以继续编辑参数,在"参数"对话框的"参数"列中输入 autostart,并在值中输入 true,单击"确定"按钮,如图 2-47 所示。

按 F12 键,打开浏览器预览,这个页面实现了嵌入音乐的效果,在浏览器里显示了播放插件。

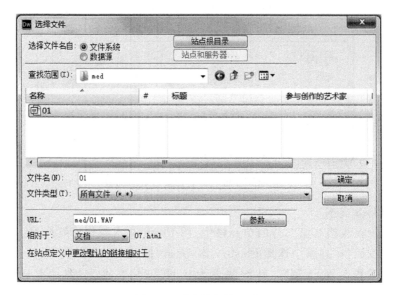

图 2-43 "选择文件"面板

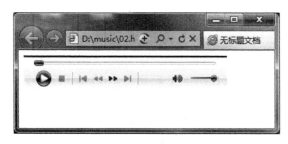

图 2-44 IE 浏览器预览界面

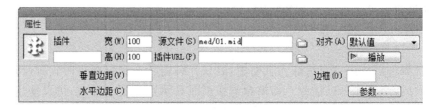

图 2-45 "属性"面板

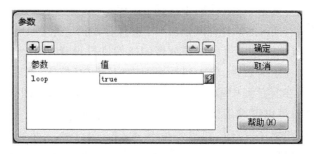

图 2-46 设置循环播放音乐

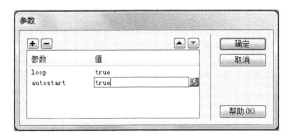

图 2-47　设置自动播放音乐

2.4.6　创建链接关系

链接是一个网站的灵魂,一个网站是由多个页面组成的,而这些页面之间依据链接确定相互之间的导航关系。超链接由两部分组成:链接载体和链接目标。许多页面元素可以作为链接载体,如文本、图像、图像热区、动画等。而链接目标可以是任意网络资源,如页面、图像、声音、程序、其他网站、Email 甚至是页面中的某个位置,即锚点。

1. 链接的类型

如果按链接目标分类,可以将超级链接分为如表 2-5 所示的几种类型。

表 2-5　超级链接类型

类　型	特　点
内部链接	同一网站文档之间的链接
外部链接	不同网站文档之间的链接
锚点链接	同一网页或不同网页中指定位置的链接
E-mail 链接	发送电子邮件的链接

2. 关于链接路径

链接路径可分类如表 2-6 所示的几种类型。

表 2-6　链接路径分类

类　型	特　点
绝对路径	为文件提供完全的路径,包括适用的协议,例如 HTTP、FTP,RTSP 等
相对路径	相对路径最适合网站的内部链接。如果链接到同一目录下,则只需要输入要链接文件的名称。要链接到下一级目录中的文件,只需要输入目录名。然后输入"/",再输入文件名。如链接到上一级目录中的文件,则先输入"../"再输入目录名、文件名
根路径	从站点根文件夹到被链接文档经由的路径,以前斜杠开头,例如,/Myweb/01.html 就是站点根文件夹下的 Myweb 子文件夹中的一个文件(.html)的根路径

3. 创建外部链接

不论是文字还是图像,都可以创建链接到绝对地址的外部链接。要创建链接,可以直接输入地址,也可以使用"超链接"对话框。

(1) 直接输入地址,具体步骤如下。

① 打开 02.html 页面,输入并选中文字"网页技术"。

② 在"属性"面板中,"链接"用来设置图像或文字的超链接,"目标"用来设置打开方式。

③ 在"链接"文本框直接输入外部绝对地址 http://www.wangyeba.com,在"目标"项的下拉列表中选择_blank(在一个新的未命名的浏览器窗口中打开链接),如图 2-48 所示。

图 2-48　直接输入地址面板

(2) 使用超级链接对话框,具体步骤如下。

① 打开 03.html 页面,选中文字"我的网页"。单击常用快捷栏中的"超级链接"按钮,如图 2-49 所示。

图 2-49　"超级链接"面板

② 弹出"超级链接"对话框,设置以下各项,如表 2-7 所示。

表 2-7　设置"超级链接"属性

选项	特　点
文本	设置超级链接显示的文本
链接	超链接连接到的路径
目标	设置超链接的打开方式,有 4 个选项
标题	设置超链接的标题

设置好后,单击"确定"按钮,向网页中插入超链接。

4. 创建内部链接

在文档窗口选中文字,单击属性面板"链接"后的按钮,弹出"选择文件"对话框,选择要链接到的网页文件,即可链接到这个网页。

5. 创建 E-mail 链接

单击常用快捷栏中的"电子邮件链接"按钮,弹出"电子邮件链接"对话框,在对话框的文本框中输入要链接的文本,然后在 E-mail 文本框内输入邮箱地址即可。

6. 创建锚点链接

所谓锚点链接,是指在同一个页面中的不同位置的链接。打开一个页面较长的网页,将光标放置于要插入锚点的地方,单击常用快捷栏中的"命名锚记"按钮,插入锚点。再选中需要链接锚点的文字,在属性面板中拖动链接后的文字到锚点上即可。

7. 制作图像映射

打开 03.html 文件,选中 102.gif 图片,在属性面板中,有不同形状的图像热区按钮,选择一个热区按钮单击。然后在图像上需要创建热区的位置拖动鼠标,即可创建热区。此时,选中的部分被称为图像热点。选中这个图像热点,在属性面板上可以给这个图像热点设置超链接。

2.4.7 创建 CSS 样式

层叠样式表(CSS)是一系列格式设置规则,它们控制 Web 页面内容的外观。页面内容(HTML 代码)位于自身的 HTML 文件中,而定义代码表现形式的 CSS 规则位于另一个文件(外部样式表)或 HTML 文档的另一部分(通常为<head>部分)中。使用 CSS 可以非常灵活并更好地控制页面的外观,从精确的布局定位到特定的字体和样式等。CSS 样式表的创建,可以统一定制网页文字的大小、字体、颜色、边框、链接状态等效果。在 Dreamweaver CS6 中 CSS 样式的设置方式有了很大的改进,更为方便、实用、快捷。

1. 创建 CSS 样式

(1) 选中菜单“窗口”→“CSS 样式”,打开“CSS 样式”面板,如图 2-53 所示。

图 2-50　“CSS 样式”面板

(2) 单击“CSS 样式”面板右下角的“新建 CSS 规则”按钮 ![button]，打开“新建 CSS 规则”对话框,如图 2-51 所示。

在“选择器类型”选项中,可以选择创建 CSS 样式的方法有三种,如表 2-8 所示。

表 2-8　创建 CSS 样式的方法

类	可以在文档窗口的任何区域或文本中应用类样式,如果将类样式应用于一整段文字,那么会在相应的标签中出现 CLASS 属性,该属性值即为类样式的名称	
标签	重新定义 HTML 标记的默认格式。可以针对某一个标签来定义层叠样式表,例如,为<body>和</body>标签定义了层叠样式表,那么所有包含在<body>和</body>标签的内容将遵循定义的层叠样式表	
高级(ID、伪类选择器等)	为特定的组合标签定义层叠样式表,使用 ID 作为属性,以保证文档具有唯一可用的值。高级样式是一种特殊类型的样式	a:link 设定正常状态下链接文字的样式
		a:active 设定鼠标单击时链接的外观
		a:visited 设定访问过的链接的外观
		a:hover 设定鼠标放置在链接文字之上时,文字的外观

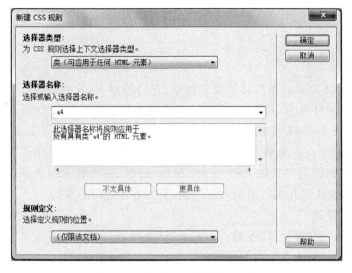

图 2-51 "新建 CSS 规则"对话框

2. 为新建 CSS 样式输入或选择名称、标记或选择器

对于自定义样式,其名称必须以点(.)开始,如果没有输入该点,则 DW 会自动添加。自定义样式名可以是字母与数字的组合,但. 之后必须是字母。

对于重新定义 HTML 标记,可以在"标签"下拉列表中输入或选择重新定义的标记。

对于 CSS 选择器样式,可以在"选择器"下拉列表中输入或选择需要的选择器。

(1) 在"定义在"区域选择定义的样式位置,可以是"新建样式表文件"或"仅对该文档",单击"确定"按钮。

(2) 在"CSS 规则定义"对话框中设置 CSS 规则定义,如图 2-52 所示。"分类"包括"类型"、"背景"、"区块"、"方框"、"边框"、"列表"、"定位"、"扩展"和"过渡"9 项。每个选项都可以对所选标签做不同方面的定义,可以根据需要设定。定义完毕后,单击"确定"按钮,完成创建 CSS 样式。

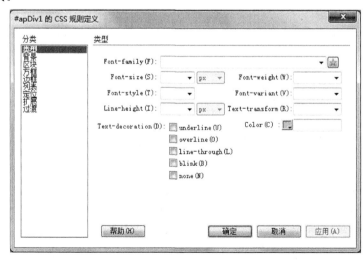

图 2-52 CSS 规则定义面板

2.4.8 使用 CSS 样式美化页面

在"CSS 规则对话框"中，可以通过"类型"、"背景"、"区块"、"方框"、"边框"、"列表"、"定位"和"扩展"项的设置来美化页面。

1. 文本样式的设置

新建 CSS 样式，"选择器类型"为类，名称为 style1，定义在"仅对该文档"。保存至站点根目录下的 CSS 文件夹内，弹出"CSS 规则定义"对话框，默认显示的就是对文本进行设置的"类型"选项卡，"类型"项中可以对如表 2-9 所示的各项目进行设置。

表 2-9 文本样式设置项目及作用

项目	作用
字体	可以在下拉菜单中选择相应的字体
大小	大小就是字号，可以直接填入
样式	设置文字的外观，包括正常、斜体、偏斜体
行高	这项设置在网页制作中很常用。设置行高，可以选择"正常"，让计算机自动调整行高，也可以使用数值和单位结合的形式自行设置。需要注意的是，单位应该和文字的单位一致，行高的数值是包括字号数值在内的。例如，文字设置为 12pt，如果要创建一倍行距，则行高应该为 24pt
变量	在英文中，大写字母的字号一般比较大，采用"变量"中的"小型大写字母"设置，可以缩小大写字母
颜色	设置文字的色彩

2. 背景样式的设置

在 HTML 中，背景只能使用单一的色彩或利用图像水平垂直方向的平铺。使用 CSS 之后，有了更加灵活的设置。

在"CSS 规则定义"对话框左侧选择"背景"标签，可以在右边区域设置 CSS 样式的背景格式，其中主要包括如表 2-10 所示的项目。

表 2-10 背景样式设置项目及作用

项目	作用
背景颜色	选择固定色作为背景
背景图像	直接填写背景图像的路径，或单击"浏览"按钮找到背景图像的位置
重复	在使用图像作为背景时，可以使用此项设置背景图像的重复方式，包括"不重复"、"重复"、"横向重复"和"纵向重复"
附件	选择图像做背景的时候，可以设置图像是否跟随网页一同滚动
水平位置	设置水平方向的位置，可以"左对齐"、"右对齐"、"居中"。还可以使用数值与单位结合表示位置的方式，比较常用的是像素单位
垂直位置	可以选择"顶部"、"底部"、"居中"。还可以设置数值和单位结合表示位置的方式

3. 区块样式设置

在"CSS 规则定义"对话框左侧选择"区块"标签，可以在右边区域设置 CSS 样式的区块格式，其中主要包括如表 2-11 所示的项目。

表 2-11　区块样式设置项目及作用

项　　目	作　　用
字母间距	设置英文字母间距,使用正值为增加字母间距,使用负值为减小字母间距
垂直对齐	设置对象的垂直对齐方式
文字缩进	中文文字的首行缩进就是由它来实现的。首先填入具体的数值,然后选择单位。文字的缩进和字号要保持统一。如字号为 12px,想创建两个中文字的缩进效果,文字缩进就应该为 18px
空格	对源代码文字空格的控制。选择"正常"则忽略源代码文字之间的所有空格。选择"保留"将保留源代码中所有的空格形式,包括由空格键、Tab 键、Enter 键创建的空格
文本对齐	设置文本的水平对齐方式
显示	制定是否以及如何显示元素。选择"无"则关闭它制定的元素的显示

4. 方框样式的设置

在前面我们设置过图像的大小、设置图像水平和垂直方向上的空白区域、设置图像是否有文字环绕效果等。方框设置进一步完善,丰富了这些设置。

在"CSS 规则定义"对话框左侧选择"方框"标签,可以在右边区域设置 CSS 样式的方框格式。

5. 边框样式设置

边框样式设置可以给对象添加边框,设置边框的颜色、粗细、样式。在 CSS 规则定义"对话框左侧选择"边框"标签,可以在右边区域设置 CSS 样式的边框格式。其中:

(1) 宽度代表设置 4 个方向边框的宽度。可以选择相对值"细"、"中"、"粗",也可以设置边框的宽度值和单位。

(2) 颜色代表设置边框对应的颜色,如果选中"全部相同"复选框,则其他方向的设置都与"上"相同。

6. 列表样式设置

CSS 中有关列表的设置丰富了列表的外观。在"CSS 规则定义"对话框左侧选择"列表"标签,可以在右边区域设置 CSS 样式的列表格式,其中主要包括如表 2-12 所示的项目。

表 2-12　列表样式设置项目及作用

项　　目	作　　用
类型	设置引导列表项目的符号类型。可以选择圆点、圆圈、方块、数字、小写罗马数字、大写罗马数字、小写字母、大写字母、无列表符号等
项目符号图像	可以选择图像作为项目的引导符号,单击右侧的"浏览"按钮,找到图像文件即可。选择 ul 标签可以对整个列表应用设置,选中 li 标签可对单独的项目应用
位置	决定列表项目缩进的程度。选择"外"则列表贴近左侧边框,选择"内"则列表缩进

7. 定位样式设置

"定位"选项卡实际上是对层的设置,但是因为 DW 提供了可视化的层制作功能,所以此项设置在实际操作中几乎不会使用。

8. 扩展样式的设置

CSS 样式还可以实现一些扩展功能,主要包括 3 种效果:分页、光标和过滤器。分页指在打印期间在样式所控制的对象之前或者之后强行分页。光标指位于"视觉效果"下的"光标"选项,是光标显示属性设置。当指针位于样式所控制的对象上时改变指针图像。过滤器又称 CSS 滤镜,对样式所控制的对象应用特殊效果。它把我们带入绚丽多姿的世界。正是有了滤镜属性,页面才变得更加漂亮。表 2-13 列出了滤镜效果及说明。

表 2-13　滤镜效果及说明

滤镜效果	说　　明
Alpha	设置透明效果
Blru	设置模糊效果
Chroma	把指定的颜色设置为透明
DropShadow	设置投射阴影
FlipH	水平反转
FlipV	垂直反转
Glow	为对象的外边界增加光效
Grayscale	降低图片的彩色度
Invert	将色彩、饱和度以及亮度值完全反转建立底片效果
Light	设置灯光投影效果
Mask	设置遮罩效果,Color 指定遮罩的颜色
Shadow	设置阴影效果
Wave	设置水平方向和垂直方向的波动效果
Xray	设置 X 光照效果

2.4.9　CSS 样式表的其他操作

单击 CSS 样式面板右上方的"扩展"按钮,弹出如图 2-53 所示的菜单。CSS 的相关操作都是通过这个菜单上的项目来实现的。

图 2-53　CSS 样式表的其他操作面板

1. 编辑 CSS 样式

选中需要编辑的样式类型,选择图 2-53 中的"编辑"项或直接单击"编辑样式"按钮,在弹出的"CSS 规则定义"对话框中修改相应的设置。编辑完成后单击"确定"按钮,CSS 样式就编辑完成了。

2. 应用 CSS 自定义样式

右击网页中选中的元素，在弹出的快捷菜单中选择"CSS 样式"，在其子菜单中选择需要的自定义样式。

3. 附加样式表

选择"附加样式表"项，打开"链接外部样式表"对话框，可以链接外部的 CSS 样式文件，如图 2-54 所示。

图 2-54 "链接外部样式表"对话框

（1）"文件/URL"设置外部样式表文件的路径，可以单击"浏览"按钮，在浏览窗口中找到样式表文件。

（2）"添加为"中选择"链接"单选按钮，这是 IE 和 Netscape 两种浏览器都支持的导入方式。"导入"只有 Netscape 浏览器支持。

设置完毕后单击"确定"按钮，CSS 文件即被导入到当前页面。

2.4.10 CSS 样式表滤镜实例

制作模糊文字效果

（1）在新建的 05.html 文件中插入一个 1 行 1 列的表格，边框和边距全部设置为 0。然后在表格中输入要修饰的文字。

（2）打开 CSS 样式面板，创建一个 CSS 样式，在弹出的"新建样式对话框"中进行设置。

（3）设置完成后，单击"确定"按钮弹出"CSS 样式定义"对话框，在类型设置区域中设置"大小"为 60，"字体"为黑体，"粗细"为粗，"颜色"为 #FF9900。

（4）要产生文字特效，最重要的是在扩展设置区域中进行特殊设置。

例如，Blur 滤镜产生像被风吹一样的模糊效果。打开滤镜选项的下拉菜单，对 Blur 滤镜进行设置。

① Add 参数是一个布尔值，一般来说，当滤镜用于图片时取 0，用于文字时取 1。

② Direction=代表模糊方向，以 45°为单位改变，0 为垂直向上，45 向右上，90 水平向右，135 向右下，以此类推改变。这里设置 Direction=90。

③ Strength 代表模糊移动值，单位为像素。设置 Strength=180。设置完成后，单击"确定"按钮。

（5）在文档编辑区选中文字所在单元格，在属性面板设置文字的样式为.test。保存文件，按 F12 键预览效果。

在只有 HTML 的时代,只能实现简单的网页效果。有了 CSS 样式,网页排版发生了翻天覆地的变化,在 Dreamweaver CS6 里,使用 CSS 样式是如此简单,而制作出来的效果可以如此炫目。

2.4.11 创建模板

在制作网站的过程中,为了统一风格,很多页面会用到相同的布局、图片和文字元素。为了避免大量的重复劳动,可以使用 Dreamweaver CS6 提供的模板功能,将具有相同版面结构的页面制作为模板,将相同的元素(如导航栏)制作为库项目,并存放在库中随时调用。

1. 创建模板

模板的创建有三种方式。

1) 直接创建模板

选择"窗口"→"资源"命令,打开"资源"面板,切换到模板子面板,如图 2-55 所示。

图 2-55　模板子面板

单击模板面板上的"扩展"按钮,在弹出菜单中选择"新建模板"。这时在浏览窗口出现一个未命名的模板文件,给模板命名,如图 2-56 所示。

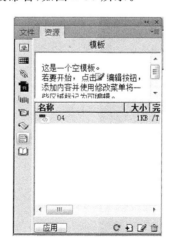

图 2-56　创建模板面板

然后单击"编辑"按钮,打开模板进行编辑。编辑完成后,保存模板,完成模板的建立。

2) 将普通网页另存为模板

打开一个已经制作完成的网页,删除网页中不需要的部分,保留几个网页共同需要的区域。选择"文件"→"另存为模板"命令将网页另存为模板。在弹出的"另存模板"对话框中,"站点"下拉列表框用来设置模板保存的站点,选择一个选项;"现存的模板"选框显示了当前站点的所有模板;"另存为"文本框用来设置模板的命名。单击"另存模板"对话框中的"保存"按钮,就把当前网页转换为了模板,同时将模板另存到选择的站点,如图 2-57 所示。

图 2-57 "另存模板"对话框

单击"保存"按钮,保存模板。系统将自动在根目录下创建 Template 文件夹,并将创建的模板文件保存在该文件夹中。

3) 从文件菜单新建模板

选择"文件"→"新建"命令,打开"新建文档"对话框,然后在类别中选择"模板页",并选取相关的模板类型,直接单击"创建"按钮即可,如图 2-58 所示。

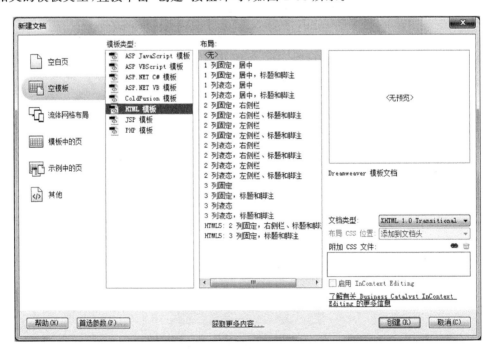

图 2-58 新建 HTML 模板面板

2. 定义可编辑区域

模板创建好后,要在模板中建立可编辑区,只有在可编辑区里,才可以编辑网页内容。可以将网页上任意选中的区域设置为可编辑区域,但是最好是基于 HTML 代码的,这样在制作的时候更加清楚。

在文档窗口中,选中需要设置为可编辑区域的部分,单击常用快捷栏中的"模板"按钮,在弹出菜单中选择"可编辑区域"项,如图 2-59 所示。

图 2-59　定义可编辑区域面板

在弹出的"新建可编辑区域"对话框中给该区域命名,然后单击"确定"按钮。新添加的可编辑区域有蓝色标签,标签上是可编辑区域的名称。

如果希望删除可编辑区域,可以将光标置于要删除的可编辑区域内,选择"修改"→"模板"→"删除模板标记"命令,光标所在区域的可编辑区即被删除。

3. 其他模板区域

模板中除了可以插入最常用的"可编辑区域"外,还可以插入一些其他类型的区域,分别为"可选区域"、"重复区域"、"可编辑可选区域"和"重复表格"。

1) 可选区域

可选区域是模板中的区域,用户可将其设置为在基于模板的文件中显示或隐藏。当要为在文件中显示的内容设置条件时,即可使用可选区域。

2) 重复区域

重复区域是可以根据需要在基于模板的页面中赋值任意次数的模板部分。重复区域通常用于表格,也可以为其他页面元素定义重复区域。

3) 可编辑可选区域

可编辑可选区域是可选区域的一种,可以设置显示或隐藏所选区域,并且可以编辑该区域中的内容。

4. 使用库

所谓库项目,实际上就是文档内容的任意组合,可以将文档中的任意内容存储为库项目,使它在其他地方被重复使用。

1) 创建库

在文档窗口中选择需要保存为库项目的内容。单击"资源"面板"库"分类中右下角的"新建库项目"按钮。一个新的项目出现在"资源"面板"库"分类的列表中,预览框中显示预览的效果,还可以给该项目定义新名称。这样,一个库项目就创建好了。

2) 插入库

将光标放在网页中需要插入库文件的位置,在"资源"面板"库"分类中选择需要插入的库项目,直接拖动到光标所在位置即可。

3)更改库

如果修改了库文件,选择"文件"→"保存"命令,弹出"更新库项目"对话框,询问是否更新网站中使用了该库文件的网页。单击"更新"按钮,将更新网站中使用了该库文件的网页。

5. 创建基于模板的页面

(1)打开素材 csslianxi. html 文件,选择"文件"→"另存为模板"命令。

(2)在弹出的"另存为模板"对话框中,在"站点"文本框中选择 xmweb,在"另存为"中将模板命名为 mo1,单击"确定"按钮。

(3)弹出是否更改链接的提示,选择"是"按钮。此时,在站点内自动生成一个名为 Templates 的文件夹,名称为 mo1. dwt 的模板文件被保存在该文件夹中。

(4)鼠标在网页表格的最下一行空白处单击,选中状态栏的<table>标签,选择"插入"→"模板对象"→"可编辑区域"命令。

(5)弹出"可编辑区域"对话框,单击"确定"按钮。这样就完成了模板的制作。

(6)新建 06. html 文件,选择"窗口"→"资源"命令,打开"资源"面板。

(7)单击"资源"面板中的"模板"按钮,在"资源"面板中就可以看见 mo1. dwt 文件,选中 mo1. dwt,按住鼠标左键直接拖曳到 06. html 的文档窗口中,即可将该模板应用到 06. html 中。

2.4.12 制作框架网站

框架是网页中经常使用的页面设计方式,框架的作用就是把网页在一个浏览器窗口下分割成几个不同的区域,实现在一个浏览器窗口中显示多个 HTML 页面。使用框架可以非常方便地完成导航工作,使网站的结构更加清晰,而且各个框架之间绝不存在干扰问题。利用框架最大的特点就是使网站的风格一致。一个框架结构由以下两部分网页文件构成。

(1)框架(Frame):框架是浏览器窗口中的一个区域,它可以显示与浏览器窗口的其余部分中所显示内容无关的网页文件。

(2)框架集(Frameset):框架集也是一个网页文件,它将一个窗口通过行和列的方式分割成多个框架,框架的多少根据具体有多少网页来决定,每个框架中要显示的就是不同的网页文件。

1. 创建框架

在创建框架集或使用框架前,通过选择"查看"→"可视化助理"→"框架边框"命令,使框架边框在文档窗口的设计视图中可见。

(1)使用预制框架集。

① 新建一个 HTML 文件,在快捷工具栏中选择"布局",单击"框架集"按钮,在弹出的下拉菜单中选择"顶部和嵌套的左侧框架",如图 2-60 所示。

② 使用鼠标直接从框架的左侧边缘和上边缘向中间拖动,直至合适的位置,或者从框架属性面板中设置属性如图 2-61 所示。这样,顶部和嵌套的左侧框架就完成了。

(2)鼠标拖动创建框架。

① 新建普通网页,命名后将其打开。

② 把鼠标放到框架边框上,出现双箭头光标时拖曳框架边框,可以垂直或水平分割网页。

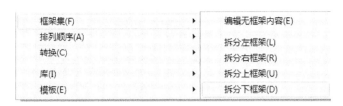

图 2-60　预制框架集面板

图 2-61　框架集属性面板

2. 保存框架

每一个框架都有一个框架名称,可以用默认的框架名称,也可以在"属性"面板中修改名称,我们采用系统默认的框架名称 topFrame(上方)、leftFrame(左侧)、mainFrame(右侧)。

选择"文件"→"保存全部",将框架集保存为 index.html、上方框架保存为 07.html、左侧框架保存为 08.html、右侧框架保存为 09.html。

这个步骤虽然简单,但是很关键,只有将总框架集和各个框架保存在本地站点根目录下,才能保证浏览页面时显示正常。

3. 编辑框架式网页

虽然框架式网页把屏幕分割成几个窗口,每个框架(窗口)中放置一个普通的网页,但是编辑框架式网页时,要把整个编辑窗口当作一个网页来编辑,插入的网页元素位于哪个框架,就保存在哪个框架的网页中。框架的大小可以随意修改。

(1) 改变框架大小。

用鼠标拖曳框架边框可随意改变框架大小。

(2) 删除框架。

用鼠标把框架边框拖曳到父框架的边框上,可删除框架。

4. 设置框架属性

设置框架属性时,必须先选中框架。选择框架方法如下。

(1) 选择"窗口"→"框架",打开框架面板,单击某个框架,即可选中该框架。

(2) 在编辑窗口某个框架内按住 Alt 键并单击,即可选择该框架。当一个框架被选中时,它的边框将带有点线轮廓。

5. 在框架中使用超级链接

在框架式网页中制作超链接时,一定要设置链接的目标属性,为链接的目标文档指定显示窗口。链接目标较远(其他网站)时,一般放在新窗口,在导航条上创建链接时,一般将目标文档放在另一个框架中显示(当页面较小时)或全屏幕显示(当页面较大时)。"目标"下拉菜单中的选项如表 2-14 所示。

表 2-14　"目标"下拉菜单中的选项

选　项	特　点
* _blank	放在新窗口中
* _parent	放到父框架集或包含该链接的框架窗口中
* _self	放在相同窗口中(默认窗口无须指定)
* _top	放到整个浏览器窗口并删除所有框架

保存框架名为 mainFrame、leftFrame、topFrame 的框架后,在目标下拉菜单中,还会出现 mainFrame、leftFrame、topFrame 选项,如表 2-15 所示。

表 2-15　保存框架选项

选　项	特　点
* mainFrame	放到名为 mainFrame 的框架中
* leftFrame	放到名为 leftFrame 的框架中
* topFrame	放到名为 topFrame 的框架中

6. 制作框架页面

(1) 选择"窗口"→"框架",打开"框架"面板,选中整个框架集,如图 2-62 所示。

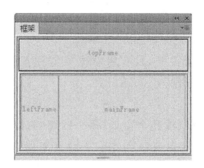

图 2-62　制作"框架"面板

在"属性"面板中,将"行"的值设置为 100,"单位"为"像素",如图 2-63 所示。

图 2-63　制作框架属性面板

(2) 选择"窗口"→"框架",打开"框架"面板,选中子框架集,如图 2-64 所示。

在"属性"面板中,将"列"的值设置为 200,"单位"为"像素",如图 2-65 所示。

这样就完成了对整个框架的布局。下面来布局各个框架页面。

(3) 单击 topFrame 框架中的空白处,会看见文档窗口上方的文件名变为了 07. html。在页面属性中将上、下、左、右边距全部设为 0。

插入一个 1 行 2 列的表格,宽度为 100%,高度为 100px,左单元格宽度为 382px 并插入

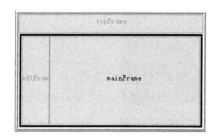

图 2-64　制作框架子框架集面板

图 2-65　制作框架子框架集"属性"面板

背景图片 img/103.jpg,设置表格的背景颜色为 103.jpg,图片右边缘为绿色(用吸管吸取)。

(4) 单击 leftFrame 框架中的空白处,会看见文档窗口上方的文件名变为了 08.html,在页面属性中将上、下、左、右边距全部设为 0。

插入一个 6 行 1 列的表格,表格宽度为 95%,居中对齐。将第一个单元格的高度设为 20px,选中其余单元格将高度设置为 50px,分别输入文字设置导航栏目。

分别对各个导航栏目建立链接关系,链接路径指向要链接到的网页,目标选择 mainFrame 框架。

(5) 单击 mainFrame 框架中的空白处,会看见文档窗口上方的文件名变为了 09.html,在页面属性中将上、下、左、右边距全部设为 0。

2.4.13　创建层

层是 CSS 中的定位技术,层可以放置在网页文档内的任何一个位置,层内可以放置网页文档中的其他构成元素,层可以自由移动,层与层之间还可以重叠,层体现了网页技术从二维空间向三维空间的一种延伸。

1. 插入层

选择"插入"→"布局对象"→AP Div 命令,即可将层插入到页面中。插入层面板如图 2-66 所示。

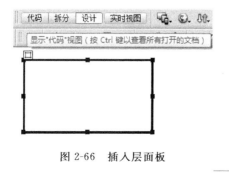

图 2-66　插入层面板

Adobe Dreamweaver CS6 简介

使用这种方法插入层,层的位置由光标所在的位置决定,光标放置在什么位置,层就在什么位置出现。选中层会出现 6 个小手柄,拖动小手柄可以改变层的大小。

2. 拖放层

打开快捷栏的"布局"选项,单击"绘制层"按钮,如图 2-67 所示,按住鼠标左键,拖动图标到文档窗口中,然后释放鼠标,这时层就会出现在页面中了。

图 2-67　拖放层面板

3. 绘制层

打开快捷栏的"布局"选项,单击"绘制层"按钮,在文档窗口内鼠标光标变成十字光标,然后按住鼠标,拖动出一个矩形,矩形的大小就是层的大小,释放鼠标后层就会出现在页面中。

1) 创建嵌套层

创建嵌套层就是在一个层内插入另外的层,有两种方法。

(1) 将光标放在某层内,选择"插入"→"布局对象"→层命令,即可在该层内插入一个层,如图 2-68 所示。

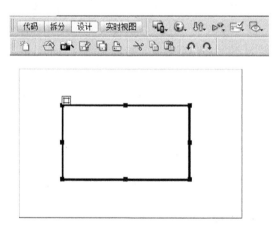

图 2-68　插入一个层面板

(2) 打开层面板,从中选择需要嵌套的层,此时按住 Ctrl 键同时拖动该层到另外一个层上,直到出现如图 2-69 所示图标后,释放 Ctrl 键和鼠标,这样普通层就转换为嵌套层了。

图 2-69　用快捷键插入一个层面板

2）设置层的属性

选中要设置的层，就可以在"属性"面板中设置层的属性了，如图 2-70 所示。层的属性如表 2-16 所示。

图 2-70　设置层的"属性"面板

表 2-16　设置层的属性

属性	作　用		
层编号	给层命名，以便在"层"面板和 JavaScript 代码中标识该层		
左、上	指定层的左上角相对于页面（如果嵌套，则为父层）左上角的位		
宽、高	指定层的宽度和高度		
Z 轴	设置层的层次属性		
可见性	在"可见性"下拉列表中，设置层的可见性。使用脚本语言如 JavaScrip 可以控制层的动态显示和隐藏	Default：选择该选项，则不指明层的可见性	
		Inherit：选择该选项，可以继承父层的可见性	
		Visible：选择该选项，可以显示层及其包含的内容，无论其父级层是否可见	
		Hidden：选择该选项，可以隐藏层及其包含的内容，无论其父级层是否可见	
背景颜色	设置层的背景颜色		
背景图像	设置层的背景图像		
溢出	选择当层内容超过层的大小时的处理方式	Visible（显示）：选择该选项，当层内容超出层的范围时，可自动增加层尺寸	
		Hidden（隐藏）：选择该选项，当层内容超出层的范围时，保持层尺寸不变，隐藏超出部分的内容	
		Croll（滚动条）：选择该选项，则层内容无论是否超出层的范围，都会自动增加滚动条	
		Auto（自动）：选择该选项，当层内容超出层的范围时，自动增加滚动条（默认）	
剪辑	设置层的可视区域。通过上、下、左、右文本框设置可视区域与层边界的像素值。层经过"剪辑"后，只有指定的矩形区域才可见		
类	类的下拉列表中，可以选择已经设置好的 CSS 样式或新建 CSS 样式		

注意：位置和大小的默认单位为像素。也可以指定以下单位：pc（pica）、pt（点）、in（英寸）、mm（毫米）、cm（厘米）或％（父层相应值的百分比）。缩写必须紧跟在值之后，中间不留空格。

在创建网页的时候使用层制作特效，可以发现层可以在网页上随意改变位置，在设定层的属性时，可以知道层有显示隐藏的功能，通过这两个特点可以实现很多令人激动的网页动态效果。

2.4.14 利用行为制作动态页面

一般说来,动态网页是通过 JavaScript 或基于 JavaScript 的 DHTML 代码来实现的。包含 JavaScript 脚本的网页,还能够实现用户与页面的简单交互。在可视化环境中按几个按钮、填几个选项就可以实现丰富的动态页面效果,实现人与页面的简单交互。

1. 了解行为

"行为"可以创建网页动态效果,实现用户与页面的交互。行为是由事件和动作组成的,例如将鼠标移到一幅图像上产生了一个事件,如果图像发生变化(前面介绍过的轮替图像),就导致发生了一个动作。与行为相关的有三个重要的部分——对象、事件和动作。

1) 对象

对象(Object)是产生行为的主体,很多网页元素都可以成为对象,如图片、文字、多媒体文件等,甚至是整个页面。

2) 事件

事件(Event)是触发动态效果的原因,它可以被附加到各种页面元素上,也可以被附加到 HTML 标记中。一个事件总是针对页面元素或标记而言的,例如将鼠标移到图片上、把鼠标放在图片之外、单击鼠标是与鼠标有关的三个最常见的事件(onMouseOver、onMouseOut、onClick)。不同的浏览器支持的事件种类和多少是不一样的,通常高版本的浏览器支持更多的事件。

2. 认识表单对象

在 Dreamweaver 中,表单输入类型称为表单对象。可以通过选择"插入"→"表单对象"命令来插入表单对象,或者通过从图 2-71 所示的"插入"栏的表单面板访问表单对象来插入表单对象。

图 2-71 表单对象面板

使用表单可以帮助 Internet 服务器从用户那里收集信息,例如收集用户资料、获取用户订单,在 Internet 上也同样存在大量的表单,让用户输入文字进行选择。

(1) 通常表单的工作过程如下。

① 访问者在浏览有表单的页面时,可填写必要的信息,然后单击"提交"按钮。

② 这些信息通过 Internet 传送到服务器上。

③ 服务器上有专门的程序对这些数据进行处理,如果有错误会返回错误信息,并要求纠正错误。

④ 当数据完整无误后,服务器反馈一个输入完成信息。

(2) 一个完整的表单包含两个部分。

① 在网页中进行描述的表单对象。

② 应用程序,它可以是服务器端的,也可以是客户端的,用于对客户信息进行分析处理。

(3) 认识界面。各界面包括的项目如表 2-17 所示。

表 2-17　界面项目

项　　　目	特　　　点
表单	在文档中插入表单。任何其他表单对象,如文本域、按钮等,都必须插入表单之中,这样所有浏览器才能正确处理这些数据
文本域	在表单中插入文本域。文本域可接受任何类型的字母数字项。输入的文本可以显示为单行、多行或者显示为项目符号或星号(用于保护密码)
复选框	在表单中插入复选框。复选框允许在一组选项中选择多项,用户可以选择任意多个适用的选项
单选按钮	在表单中插入单选按钮。单选按钮代表互相排斥的选择。选择一组中的某个按钮,就会取消选择该组中的所有其他按钮。例如,用户可以选择"是"或"否"
单选按钮组	插入共享同一名称的单选按钮的集合
列表/菜单	可以在列表中创建用户选项。"列表"选项在滚动列表中显示选项值,并允许用户在列表中选择多个选项。"菜单"选项在弹出式菜单中显示选项值,而且只允许用户选择一个选项
跳转菜单	插入可导航的列表或弹出式菜单。跳转菜单允许插入一种菜单,在这种菜单中的每个选项都链接到文档或文件。请参见创建跳转菜单
图像域	可以在表单中插入图像。可以使用图像域替换"提交"按钮,以生成图形化按钮
文件域	在文档中插入空白文本域和"浏览"按钮。文件域使用户可以浏览到其硬盘上的文件,并将这些文件作为表单数据上传
按钮	在表单中插入文本按钮。按钮在单击时执行任务,如提交或重置表单。可以为按钮添加自定义名称或标签,或者使用预定义的"提交"或"重置"标签之一
标签	在文档中给表单加上标签,以<label></label>形式开头和结尾
字段集	在文本中设置文本标签

认识了表单,那么创建和使用表单时就可以根据需要进行选择。表单是动态网页的灵魂。

3. 创建表单

在 Dreamweaver 中可以创建各种各样的表单,表单中可以包含各种对象,例如文本域、按钮、列表等。

(1) 在网页中添加表单对象,首先必须创建表单。表单在浏览网页中属于不可见元素。在 Dreamweaver CS6 中插入一个表单。当页面处于"设计"视图中时,用红色的虚轮廓线指示表单。如果没有看到此轮廓线,请检查是否选中了"查看"→"可视化助理"→"不可见元素"。将插入点放在希望表单出现的位置。选择"插入"→"表单",或选择"插入"栏上的"表单"类别,然后单击"表单"图标。

(2) 用鼠标选中表单,在属性面板上可以设置表单的各项属性,如图 2-72 所示。

图 2-72　插入表单对象面板

Adobe Dreamweaver CS6 简介

在"动作"文本框中指定处理该表单的动态页或脚本的路径。

在"方法"下拉列表中,选择将表单数据传输到服务器的方法。

4. 表单的应用

(1)一个简单的提交留言页面

新建网页文件 11. html,选择表单插入栏,插入表单,将光标放置在表单内,插入一个 5 行 2 列的表格,将第 1、5 行合并。分别在第 2、3 行插入文字。图 2-73 为表单对象运用面板。

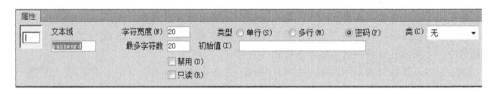

图 2-73　表单对象运用面板

(2)页面布局效果

页面布局效果如图 2-74 所示。

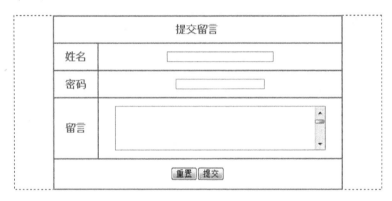

图 2-74　页面布局效果图

(3)制作网页跳转菜单

打开一个建立好的网页文件,把鼠标的光标放置在需要插入跳转菜单的位置。选择表单插入栏中的"跳转菜单"命令,在网页中插入一个跳转菜单,如图 2-75 所示。

图 2-75　网页跳转菜单界面

在弹出的"插入跳转菜单"对话框中,根据提示输入相应内容,如图 2-76 所示。

单击"确定"按钮,按 F12 键预览效果。

(4)运行代码实例

新建文件 12. html。打开 12. html,插入表单,在表单中插入一个文本区域后回车,再插入一个按钮。选中文本区域,在属性面板中,设置文本区域的文本宽度为 50,行数为 8。选

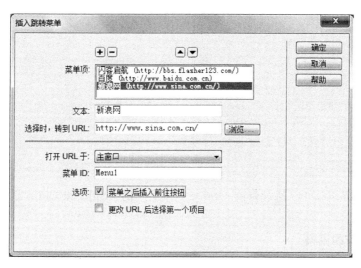

图 2-76　"插入跳转菜单"对话框

中按钮,在"属性"面板中,将按钮的值设为"运行代码"。选中 form 表单,在属性面板中,单击动作文本框旁的"浏览"按钮,选择指向 13. html,目标选择_blank。

在 11. html 的代码区复制整段代码,再打开 12. html 文件,在设计视图中选中文本区域,转到代码区,将光标放置在＜textarea name＝"textarea" cols＝"50" rows＝"8"＞＜/textarea＞的"＞＜"之间,按住 Ctrl＋V 粘贴 11. html 页面的代码。保存后,按 F12 键预览,效果如图 2-77 所示。

图 2-77　跳转菜单代码运行界面

2.4.15　网页表格深层探密

网页制作中表格扮演了很重要的角色。那你是否知道,表格还有很多的秘密呢? 通过与 JavaScript、CSS 等的结合,表格还有很多巧妙的用处。

1. 用表格做流动分割线

我们知道,在网页中可以用＜hr＞标识来做分割线,也可以把表格设置为 1px 高或宽充当分割线。将表格与 JavaScript 结合,可以做出更生动的分割线——流动的分割线。加入以下代码,就可以看到一条分割线,颜色在不断地流动。

```
<script>
l = Array(6,7,8,9,'a','b','b','c','d','e','f')
t = "< table height = 2 width = 60 % cellspacing = 0 cellpadding = 0 >< tr >"
for(x = 0;x < 40;x++){t += "< td id = a_mo" + x + "></td>"}
document.write(t + "</tr></table >")
function f1(y){for(i = 0;i < 40;i++){c = (i + y) % 20;if(c > 10)c = 20 - c
document.all["a_mo" + (i)].bgColor = "'#00" + l[c] + l[c] + "00'"}y++
setTimeout('f1(' + y + ')',1)}f1(1)
</script>
```

在上面的代码中,可以通过修改<table>标识中的 height 和 width 设置分割线的高度和长度。

2. 带滚动条的表格

看看上述代码的效果,可千万不要以为是 IFRAME,这可是地地道道的表格! 其实,这是表格和 CSS 结合的效果。当网页上有大段文字要显示,而又没有足够的空间时,表格就派上用场了。虽然用文本框也可以实现类似效果,但却远没有用表格灵活。代码很简单,只要在单元格<td>标识后加上如下代码就可以了。

```
< div style = "overflow: auto; height: 200;">
```

当然,对应地在单元格结束</td>标识前加上</div>。可以更改 height 的值,来修改显示文段区域的高度。

```
< table width = "260" border = "0">
< tr >< td bgcolor = "#999999">< font color = "#FFFFFF">< b >标题</b></font ></td></tr>
< tr >< td bgcolor = "#CCCCCC">
< div style = "overflow:auto;height:160;">
</div ></td></tr>
</table>
```

3. 带标题的表格

通常,要给表格加标题,不是用单元格的方法就是用图片,很麻烦。其实,可以只用一些很简单的 HTML 标识,就可以轻松实现给表格加标题了。这个标识似乎已被人遗忘,很少使用,不过它实现的效果还是很不错的。下面就来看看如何实现,代码如下。

```
< fieldset style = "width:220" align = "center">
< legend >这里是表格的标题</legend >这里添加表格中的内容
</fieldset >
```

几行代码就可以完成了! 修改 width 值可以设置表格宽度。可以自行设置表格标题的颜色、大小等,甚至是加上一个链接。</legend>标识之后,就可以添加表格中的内容了,同样也可以添加任意的内容,如文字、表格、图片等。

2.5 本章小结

本章介绍了 Adobe Dreamweaver 的界面、站点的管理以及 Dreamweaver 的使用简介。重点掌握规划站点的方法,学习用向导完成建立站点和用高级设定完成建立站点。建立好站点是设计网页的重要一步,大家要养成习惯。了解并掌握 Dreamweaver 的使用,学习文本的插入与编辑,图像的插入,表格、单元格的插入与编辑,嵌套表格的方法,Flash 动画的插入,创建超链接,创建 CSS 样式,其中重点掌握 CSS 样式的创建方法,CSS 样式是很强的一种美化页面的重要工具,以后会经常用到。了解了怎么创建模板,重点掌握创建基于模板的页面,重点掌握 CSS 层的创建方法,层是 CSS 中的定位技术,正确使用层,可以加深网页的可视化操作,使网页更形象生动。

希望读者学了这一章后,可以加深对 Dreamweaver 的了解,学会创建 CSS 样式及整体布局的方法,只要大家多多练习并思考,一定会有意想不到的收获。

2.6 习 题

1. 选择题

(1) 通常一个站点的主页默认文档名是( )。

    A. main.html   B. webpage.html

    C. index.html   D. homepage.html

(2) Flash 动画的扩展名为( )。

    A. *.flv   B. *.swl

    C. *.swt   D. *.fla

(3) 在设置图像超链接时,可以在 alt 文本框中填入注释的文字,下列不是其作用的是( )。

    A. 当浏览器不支持的图像时,使用文字代替图像

    B. 当鼠标移到图像并停留一段时间后,这些注释文字将显示出来

    C. 在浏览者关闭图像显示功能时,使用文字代替图像

    D. 每过一段时间图像上都会定时显示注释文字

(4) 如果要使图像在缩放时不失真,在图像显示原始大小时,按下( )键,拖动图像右下方的控制点,可以按比例调整图像的大小。

    A. Ctrl   B. Shift

    C. Alt   D. Shift+Alt

(5) 在 Dreamweaver CS6 中,可以为链接设立目标,表示在新窗口打开网页的是( )。

    A. _blank   B. _parent

    C. _self   D. _top

(6) 关于 Dreamweaver 的操作界面,下列说法正确的是( )。

    A. 工具箱包含了常用的工具,制作网页时会用到这些工具

    B. 对象属性浮动工具栏,与网页制作时选择的对象相适应,用来设置对象的属性

    C. 状态栏表示出被编辑网页的效果

D. 状态栏表示出被编辑网页中正在被编辑的标记名

（7）在 Dreamweaver 中，打开 HTML 检查器的方法是（　　）。

    A. 单击 Window 下拉菜单中的 HTML Source 命令

    B. 单击 Window 下拉菜单中的 Laucher 命令，在打开的对话框中单击 HTML Source 图标

    C. 单击 Document 窗口右下角处的 Show HTML Source 图标

    D. 按 F10 键

（8）在 Dreamweaver 中，用时间线建立动画效果时，可以包括的动画有（　　）。

    A. 图像位置、大小改变的动画

    B. 图层位置改变的动画

    C. 图层可见性改变的动画

    D. 图片文件来源改变的动画

（9）下列（　　）不能在网页的"页面属性"中进行设置。

    A. 网页背景图及其透明度

    B. 背景颜色、文本颜色、链接颜色

    C. 文档编码

    D. 跟踪图像及其透明度

（10）在 Dreamweaver CS6 中，无法在网页中插入图像的是（　　）。

    A. 直接复制粘贴

    B. 选择"插入"菜单中的"图像"命令

    C. 单击主窗体状态栏中的"插入图像"按钮

    D. 右击网页，在弹出的快捷菜单中选择"插入图像"命令

2. 填空题

（1）Dreamweaver CS6 的工作窗口由 5 部分组成，分别是 _____、_____、_____、_____和_____。

（2）文档窗口中有三种视图方式，分别是_____、_____、_____。

（3）特殊字符包括_____、_____、_____、_____等。

（4）Dreamweaver CS6 中链接打开的方式有_____、_____、_____、_____。

（5）站点管理器的主要功能包括_____、_____、_____、_____和_____。

3. 问答题

（1）在 Dreamweaver CS6 中，创建超链接有哪些方法？

（2）插入图像到网页中的方法有哪些？

（3）选定表格的操作有几种方法？

第3章 HTML 基础篇

内容提要：
(1) HTML 标记语言介绍；
(2) 文本排版标记；
(3) 图像、超链接、层标记；
(4) 表格、框架标记；
(5) 表单标记。

3.1 HTML 标记语言介绍

3.1.1 HTML 概述

HTML(Hyper Text Markup Language,超文本标记语言)是用于描述文档的一种标记语言,也是网络的通用语言,它是通过标签(Tag)来描述将在网页上显示的信息(如文字、图像、声音、动画等各种资源),它只需在一个简单的文字编辑器中按 HTML 的固定格式编写所需内容即可,但所建立的文本文件的扩展名必须为 html 或 htm。用它编写的 html 文件可以被网上任何人浏览,浏览器是通过解释的方式来执行 HTML 代码,将信息展示给浏览者的。

HTML 的编辑器包括简单文本编辑器、Dreamweaver、FrontPage、EditPlus 等。

3.1.2 HTML 文件的基本框架

HTML 文件通常由文档头、正文两部分构成。在外层以＜html＞…＜/html＞标识 HTML 文件,HTML 文件的基本格式为：

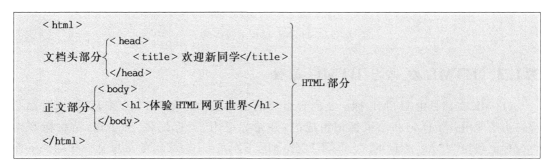

(1) html：标记＜html＞和＜/html＞之间包含了整个文档,大多数浏览器会忽略这两

个符号以外的任何文字和符号。

（2）head：标记<head>和</head>之间包含的文字是关于文件的一些常规信息，如标题、脚本，不会作为文档文字本身的一部分显示出来；常见的<meta>表示嵌入任何附加信息。

（3）body：标记<body> 和</body>之间包含的文字是用户在浏览时实际看到的文档正文信息.

（4）文档标题：出现在标记<body> 和</body>之间，用标记<h*n*> 和</h*n*>，其中 n 为整数 1～6，指定文档标题的级别，h1 最大，h6 最小。

【例 3-1】 用 HTML 标记语言实现第一个网页，保存文件名为 firstpage. html，执行代码如下，最终效果如图 3-1 所示。

```
< html >
< head >
    < title >第一个网页</title>
</head>
< body >
    < h1 >同学们好!</h1>
    < br/>< hr/>
    < font color = "blue">
        开始学习做网页了,努力啊!
    </ font >
</body>
</html>
```

图 3-1　HTML 标记语言实例

3.1.3　HTML 标记与 HTML 属性

HTML 文档是由 HTML 标记及内容组成的文本文件。在 HTML 中,标记通常都是成对出现即由开始标记和结束标记组成的,开始标记用"<标记名>"表示,结束标签用"</标记名>"表示。标记的大小写不区分,如<b>和<B>表示的意思是一样的。下面举例说明一个字体标记的写法：

```
<h1>世界你好</h1>
```

标记的属性为页面上的 HTML 元素提供附加信息。一个标记通常会有多个属性,属性值应该被包含在引号中,常用双引号。可嵌套使用单引号。属性用来表示该标记的性质和特性,如果一个标记有多个属性,属性之间用"空格"隔开。标记的属性不区分顺序,属性以"属性名=值"的形式表示。例如为正文设置属性"红色、40pt"。

```
<body style = "font-size:'40pt';color:'red'">……</body>
```

3.2 文本排版标记

3.2.1 标题标记

在 HTML 文档中,可以通过<hn>…</hn>标记设置 Web 页面的层次的标题,这些标记包括<h1>…</h1>、<h2>…</h2>、<h3>…</h3>、<h4>…</4>、<h5>…</h5>、<h6>…</h6>。其中<h1>…</h1>表示最大的标题,<h6>…</h6>表示最小的标题。

标记的常用属性为 align,用于设置标题在 Web 页面中的水平对齐方式,其值为 left、right 和 center。其中,align 是默认值,代表标题左对齐,center 表示标题居中对齐,right 表示标题右对齐。

【例 3-2】 标题效果示例,运行结果如图 3-2 所示。

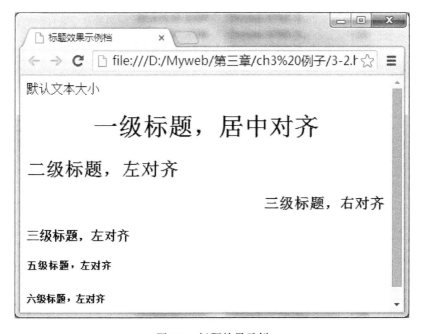

图 3-2　标题效果示例

代码如下:

```
< html >
< head >
< title >标题效果示例档</title >
</head >
< body >
默认文本大小
< h1 align = center >一级标题,居中对齐</h1 >
< h2 >二级标题,左对齐</h2 >
< h3 align = right >三级标题,右对齐</h3 >
< h4 >三级标题,左对齐</h4 >
< h5 >五级标题,左对齐</h5 >
< h6 >六级标题,左对齐</h6 >
</body >
</html >
```

3.2.2 字体控制标记

<font>…</font>标记可控制字体的样式,其常用属性如表 3-1 所示。

表 3-1 <font>标记属性

属性名	说　　明
size	设置字号,取绝对值时,可取 1~7(默认值为 3),值越大,文本显示越大; 取相对值时,+1 表示比默认字号大 1 号,-1 表示比默认字号小一号
color	设置文本的颜色,默认为黑色,其值可取颜色名称或者十六进制值
face	设置文本样式,可指定一个或者几个字体名称(使用逗号分隔),中文默认字体为宋体,英文默认字体为 Times New Roman

【例 3-3】 字体样式效果如图 3-3 所示。

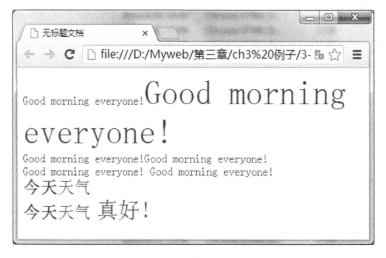

图 3-3　字体样式效果

代码如下:

```
< html >
< body text = "green">
< basefont size = 3 >
    Good morning everyone!
    < font size = 7 > Good morning everyone!</font>< br >
    Good morning everyone!
    < font color = "red"> Good morning everyone!</font>< br >
    Good morning everyone!
    < fontface = "Arial,,Helvetica"> Good morning everyone!</font>< br >
    < font size = 5 >< b >今天</b>天气</font>< br >
    < font size = +2 >< b >今天</b>天气</font>
    < font size = 6 >真好!</font>
</basefont >
</body >
</html >
```

3.2.3 段落标记

<p>…</p>标记用于将文本划分为段落,常用的属性为 align,用于设置段落在 Web 页面中的水平对齐方式,其值为 left、center、right 和 justify。其中,left(默认值)表示左对齐,center 表示居中对齐,justify 表示两端对齐。

【例 3-4】 段落标记示例,运行结果如图 3-4 所示。

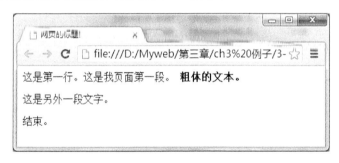

图 3-4 段落标记示例

代码如下:

```
< html >
< head >
< title >网页的标题!</title>
</head >
< body >
这是第一行。这是我页面第一段。
< b >粗体的文本。</b>
< p align = "left">这是另外一段文字。</p>
结束。
</body >
</html >
```

3.2.4 换行标记

标记用于 HTML 语言中的强制换行。在 HTML 文档中,<body>…</body>标记之间的文本一般是以无格式的方式显示的,Web 浏览器将忽略 HTML 文档中的多余空格和换行符。如果需要在 Web 页面中进行换行,这可以使用
标记。<nobr>…</nobr>标记为禁止标记中间的文本换行。<wbr>将此标记加在建议换行的位置,如页面中显示网址,一般不会在网址字符串中间换行,加此标记后可能会换行。

【例 3-5】
标记示例,运行结果如图 3-5 所示。

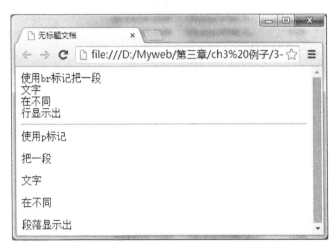

图 3-5
标记效果

代码如下:

```
<html>
    <head>
        <title>网页的标题!</title>
    </head>
        <body>
        使用 br 标记把一段<br/>文字<br/>在不同<br/>行显示出
        <br/>
        使用 p 标记<p>把一段</p>文字<p>在不同</p>段落显示出
    </body>
</html>
```

3.2.5 字符样式标记

在 Web 页面中常常需要显示一些特殊的字符样式,例如将文本显示为粗体或者斜体以及定义上标或者下表标,这就需要使用字符样式进行标记。常用的字符样式标记如表 3-2 所示。

表 3-2　常用的字符样式标记

属　性　名	说　　明
＜b＞…＜/b＞	将文本设置为粗体
＜i＞…＜/i＞	将文本设置为斜体
＜u＞…＜/u＞	在文本下面添加下划线
＜big＞…＜/big＞	将文本设置为大字体
＜small＞…＜/small＞	将文本设置为小字体
＜strike＞…＜/strike＞	在文本中添加删除线
＜s＞…＜/s＞	在文本中添加删除线
＜sub＞…＜/sub＞	将文本设置为下标
＜sup＞…＜/sup＞	将文本设置为上标
＜address＞…＜/address＞	指出网页设计者或维护者的信息,通常显示为斜体
＜cite＞…＜/cite＞	表示文本属于引用,通常显示为斜体
＜code＞…＜/code＞	表示程序代码,通常显示为等宽字体
＜dfn＞…＜/dfn＞	表示定义的术语,通常显示为黑体或者斜体
＜em＞…＜/em＞	强调某些字词,通常表现为斜体
＜kbd＞…＜/kbd＞	表示用户的键盘输入,通常显示为等宽字体
＜samp＞…＜/samp＞	表示文本样本,通常显示为等宽字体
＜strong＞…＜/strong＞	特别强调某些字词,通常显示为粗体
＜var＞…＜/var＞	表示变量,通常显示为斜体

【例 3-6】 字符样式示例,运行结果如图 3-6 所示。

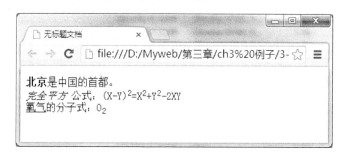

图 3-6　字符样式示例

代码如下:

```
<html>
<head>
    <title>字符样式示例</title>
</head>
<body>
    <br><b>北京</b>是中国的首都.</br>
    <i>完全平方</i>
    </br>
    公式:(X-Y)<sup>2</sup>=X<sup>2</sup>+Y<sup>2</sup>-2XY</br>
    <br>
    <u>氧气</u>的分子式:0<sub>2</sub></br>
</body>
</html>
```

3.2.6 水平标记

<hr>标记用于 HTML 文档中添加水平线,水平线不仅可以划分段落,而且可以起到美化装饰 Web 页面的作用。<hr>标记常用属性表说明如表 3-3 所示。

表 3-3 <hr>标记常用属性

属性名	说 明
size	设置水平线的粗细程度,取值为正整数,默认值为 2,单位为像素
width	设置水平线的长度,取绝对值时,单位为像素;取相对值时,为水平线长度占 Web 浏览器窗口宽度的百分比,默认值为 100%
noshade	设置不带阴影的水平线,在默认情况下为带阴影的水平线
color	设置水平线的颜色,默认值为黑色
align	设置水平线的对齐方式,取值为 left、right 或者 center,默认值为 center

【例 3-7】 水平线标记示例,运动结果如图 3-7 所示。

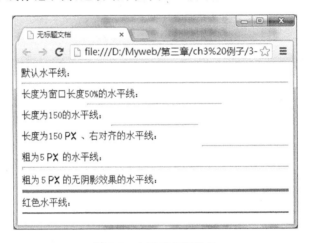

图 3-7 水平线标记效果

代码如下:

```
< html >
< head >
    < title >水平线示例</title>
</head>
< body >
    默认水平线: < hr >
    长度为窗口长度 50 % 的水平线: < hr width = "50 % ">
    长度为 150 的水平线: < hr width = "150">
    长度为 150px、右对齐的水平线: < hr width = "150" align = "right">
    粗为 5px 的水平线: < hr size = "5">
    粗为 5px 的无阴影效果的水平线: < hr size = "5" noshade >
    红色水平线: < hr color = "green">
</body>
</html>
```

3.3 文字列表标记

HTML 中文字列表共有三种：无序列表、有序列表、定义列表。

3.3.1 无序列表

创建无序列表需要使用无序列表标记<ul>…</ul>和列表项标记<li>…</li>，其语法结构如下：

```
<ul>
    <li>列表项</li>
    <li>列表项</li>
    <li>列表项</li>
</ul>
```

<ul>标记的常用属性是 type，该属性用于设置无序列表的项目符号样式，取值为 disc（实心圆，默认值）、circle(空心圆)和 square(方块)。在无序列表中，<li>标记用于设置列表项的项目符号样式，取值为 disc(实心圆，默认值)、circle(空心圆)和 square(方块)。

【例 3-8】 无序列表标记示例，运行结果如图 3-8 所示。

图 3-8　无序列表标记

下面的代码用于创建一个无序列表：

```
<html>
  <head>
    <title>无序列表示例</title>
</head>
  <body>
    <p><b>常用标记包括</b>: </p>
    <ul type = square>
    <li>文本标记</li>
    <li>图像标记</li>
    <li>表格标记</li>
```

```
        <li>超链接标记</li>
        <li>框架标记</li>
        </ul>
</body>
</html>
```

3.3.2　有序列表

创建有序列表需要使用有序列表标记<ol>…</ol>和列表项标记<li>…</li>，其语法结构如下：

```
< ol >
    <li>列表项 1</li>
    <li>列表项 2</li>
    <li>列表项 3</li>
</ol>
```

<ol>标记的常用属性有 type 和 start。其中，type 属性用于设置有序列表的数字序列样式，取值为 1，A，a 和 I；start 属性用于设置有序列表的数字序列的起始值，取值为任何整数。

在有序列表中，<li>标记的常用属性有 type 和 value。其中，type 属性用于设置列表项的数字序列样式，取值为 1，A，a 和 I，默认值为 1；value 属性用于指定列表项的起始值，以获得非连续的数字序列，取值为任何整数。

【例 3-9】　有序列表标记示例，运行结果如图 3-9 所示。

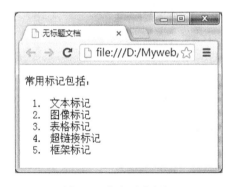

图 3-9　有序列表标记

代码如下：

```
< html >
  < head >
    <title>有序列表示例</title>
  </head>
```

```
<body>
    <p>常用标记包括：</p>
    <ol type=1.>
    <li>文本标记</li>
    <li>图像标记</li>
    <li>表格标记</li>
    <li>超链接标记</li>
    <li>框架标记</li>
    </ol>
</body>
</html>
```

3.3.3　定义列表

创建定义列表需要使用定义列表标记<dl>…</dl>、定义条目标记<dt>和定义内容标记<dd>，其语法格式如下：

```
<dl>
<dt>定义条目</dt>
<dd>定义内容</dd>
… …
</dl>
```

【例 3-10】　定义列表示例，运行结果如图 3-10 所示。

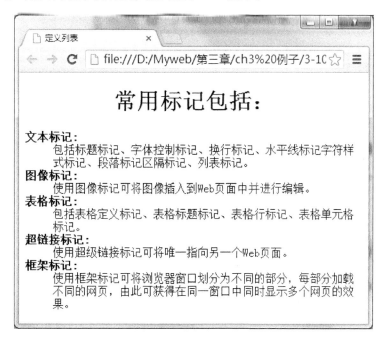

图 3-10　定义列表示例

第
3
章

下列代码用于创建一个定义列表：

```
< html >
  < head >
<title>创建定义列表</title>
</head>
  < body >
< h1 align = "center" >< b >常用标记包括：</b></h1>
< dl >
  < dt >< b >文本标记：</b></dt>
< dd >包括标题标记、字体控制标记、换行标记、水平线标记字符样式标记、段落标记区隔标记、列表
标记。</dd>
< dt >< b >图像标记：</b></dt>
< dd >使用图像标记可将图像插入到 Web 页面中并进行编辑。</dd>
< dt >< b >表格标记：</b></dt>
< dd >包括表格定义标记、表格标题标记、表格行标记、表格单元格标记。</dd>
< dt >< b >超链接标记：</b></dt>
< dd >使用超级链接标记可将唯一指向另一个 Web 页面。</dd>
< dt >< b >框架标记：</b></dt>
< dd >使用框架标记可将浏览器窗口划分为不同的部分，每部分加载不同的网页，由此可获得在同一
窗口中同时显示多个网页的效果。</dd>
</dl>
</body>
</html>
```

3.4 图 像 标 记

在 HTML 文档中，使用<img>标记将图像文件插入到 Web 页面中。<img>标记的
常用属性如表 3-4 所示。

表 3-4 <img>标记的常用属性

属性名	说　　明
src	要插入图像的相对路径或绝对路径及文件名
alt	要插入图像的简单文本说明，当 Web 浏览器无法显示 src 指定的图像或图像显示太慢时，在图像位置显示该文本
lowsrc	插入 src 指定图像的低分辨率图像文件
width	图像的宽度，取值为像素数或百分比
height	图像的高度，取值为像素数或百分比
border	图像的边框宽度，取值为像素数，若为 0 则不显示边框
hspace	图像周围的水平空白，取值为像素数
vspace	图像周围的垂直空白，取值为像素数
align	图像与周围文本的对齐方式和排列方式，取值为 top(图像文本上部对齐)、middle(图像文本中部对齐)、bottom(默认值，图像文本底部对齐)、left(图像在文本的左边)或 right(图像在文本的右边)

【例 3-11】 图像标记示例,运行结果如图 3-11 所示。

图 3-11 图像标记示例

代码如下:

```
<html>
<head>
     <title>图像与文本混排</title>
</head>
  <body>
<div align = "center">
    < img src = "img/大观楼.jpg" alt = "大观楼照片" align = "right" border = "1" width = 400
height = 250 >
    <h1>大观楼长联</h1>
    <h3>[清]孙髯翁</h3>
    <p align = "left">      五百里滇池奔来眼底,披襟岸帻,喜茫茫空阔无
边。看:东骧神骏,西翥灵仪,北走蜿蜒,南翔缟素。高人韵士何妨选胜登临。趁蟹屿螺洲,梳裹就
风鬟雾鬓;更苹天苇地,点缀些翠羽丹霞。莫辜负:四围香稻,万顷晴沙,九夏芙蓉,三春杨柳。
</p>
    <p align = "left">      数千年往事注到心头,把酒凌虚,叹滚滚英雄谁
在?想:汉习楼船,唐标铁柱,宋挥玉斧,元跨革囊。伟烈丰功费尽移山心力。尽珠帘画栋,卷不及暮
雨朝云;便断碣残碑,都付与苍烟落照。只赢得:几杵疏钟,半江渔火,两行秋雁,一枕清霜。
    </p>
    <p align = "left">      大观公园以"大观楼"为中心,四周以池水环抱,
池水之外又有长堤与滇池相隔。园内假山、亭榭、楼阁、长廊、花树、盆景错列有致,布置得幽雅秀
丽,得山水自然之趣,使之观之不尽。
    </p>
</div>
</body>
</html>
```

3.5　超链接标记

超链接又称为锚,它可唯一指向另一个 Web 页面。用户通过单击超链接可以实现不同的 Web 页面或不同 Web 站点之间的信息浏览。在 HTML 文档中,创建超链接一般使用 <a>…</a>标记。

使用<a>…</a>标记可以创建一个超链接。在 HTML 文档中,超链接由两部分组成:一部分是显示在 Web 页面中的超链接文本和图像,当用户单击这些文本或图像时,就会触发超链接;另一部分是用以描述当超链接被触发后要连接到何处的 URL 信息。其语法为<a href="URL 信息">超链接文本或图像</a>。

通过为<a>标记的 href 属性指定不同的值,可以创建不同类型的超链接。本地网页链接可使用相对路径,例如"<a href="../inde.htm">返回首页</a>";而外部网页链接可使用绝对路径,例如"<a href ="http://www.baidu.com">浏览百度网站</a>"。

<a>标记的另一个常用属性是 name,用来指定书签名称。使用书签名称可在同一 Web 页面或不同 Web 页面的特定部分之间建立超链接,通常应用于内容比较长的 Web 页面。其语法格式为:

    <a name = "书签名">书签名</a>

要创建书签超链接,首先应在 Web 页面中使用<a>标记的 name 属性创建一个书签的名称,例如"<a name="top">目录</a>"可创建一个名为 Top 的书签;然后在 Web 页面中使用<a>标记的 href 属性创建一个超级链接,例如,插入"<a href="♯top">返回目录</a>"可创建一个到名为 top 的书签的链接。

在<a>标记中,除了 href 和 name 属性外,另一个常用属性是 target,用来指定超链接的窗口名称。可选值有_blank、_parent、_self、_top 和"框架名称"。其中,_blank 表示将超链接的目标文档显示在一个新的浏览器窗口中;_parent 表示将超链接的目标文档显示在当前框架的父框架中;_self 表示将超链接的目标文档显示在当前框架或者窗口中;_top 表示将超链接的目标文档显示在整个浏览器窗口中;"框架名称"表示将超链接的目标文档显示在由框架标记命名为"框架名称"的框架中。例如"<a href ="目录.htm" target ="main">浏览目录</a>"表示当用户单击"浏览目录"超链接时,目录.htm 文档将显示在名为 main 的框架中。

3.6　层　标　记

… 标记用于为 HTML(标准通用标记语言下的一个应用)文档内大块的内容提供结构和背景。常用属性为 align,用于设置对齐方式,其值为 left、right 或 center。

【例 3-12】　层标记示例,运行结果如图 3-12 所示。

图 3-12　层标记示例

代码如下：

```
<html>
    <head>
<title>使用<div>标记示例</title>
</head>
    <body>
<div align = "center">
<p><font>默认字体</font></p>
<p><font size = " - 1" color = "red">小一号红色字体</font></p>
<p><font size = " + 1" color = "blue">大一号蓝色字体</font></p>
<p><font size = "6" face = "楷体">6 号楷体字</font></p>
<p><font size = "3" face = "楷体—GB2312" color = "green">3 号绿色楷体字</font></p>
    </div>
</body>
</html>
```

3.7　表　格　标　记

在 HTML 文档中，创建表格需要使用表格定义标记<table>…</table>、表格标题标记<caption>…</caption>、表格行标记<tr>…</tr>、表格单元格标记<th>…</th>和<td>…</td>，其语法格式如下：

```
<table>
<caption>表格标题</table>
<tr>
<th>表格表头</th>
    …
```

```
</tr>
<tr>
<td>…</td>
… …
</tr>
</table>
```

<table>…</table>标记用于定义一个表格元素,其常用属性如表 3-5 所示。

表 3-5　表格属性

属性名	说　　明
height	设置表格高度,其取值为像素数或百分比
width	设置表格宽度,其取值为像素数或百分比
frame	设置表格的边框格式,其取值为 void(默认值、无边框)、above(仅有上边框)、below(仅有下边框)、hsides(仅有上、下边框)、lhs(仅有左边框)、rhs(仅有右边框)、vsides(仅有左、右边框)或 box(包含全部 4 个边框)
rules	设置单元格分割线格式,其取值为 none(默认值,无分割线)、rows(仅有行分隔符)、cols(仅有列分隔线)或 all(包含所有分隔线)
border	设置表格边框的宽度,其取值为像素数
cellspacing	设置单元格间距,其取值为像素数
cellpadding	设置表格分隔线与表格内容的间距,其取值为像素数
align	设置表格在 Web 页面中的对齐方式,其取值为 left、center 或 right
bgcolor	设置表格的背景颜色
bakcground	设置表格的背景图

<capton>…</coption>标记用于定义表格的标题,其常用属性是 slign,用于设置表格标题的位置,其取值为 top(默认值)、bottom、或 right。

<tr>…</tr>标记用于定义表格行,其常用属性如表 3-6 所示。

表 3-6　<tr>属性

属性名	说　　明
align	设置表格整行内容的水平对齐方式,其取值为 left(默认值)、center 或 right
valign	设置表格整行内容的垂直对齐方式,其取值为 top、middle(默认值)或 bottom
height	设置表格行高度,其取值为像素数或百分比
width	设置表格列高度,其取值为像素数或百分比
bgcolor	设置表格行的背景颜色
background	设置表格行的背景图

<th>…</th>标记和<td>…</td>标记用于定义表格行中的单元格。其中,<th>…</th>标记用于定义表格的表头,<td>…</td>标记用于定义表格的内容。它们的常用属性如表 3-7 所示。

表 3-7　<td>属性

属性名	说　　明
rowspan	行合并,其取值表示纵向方向上合并的行数
colspan	列合并,其取值表示横向方向上合并的列数
align	设置单元格内容的水平对齐方式,其取值为 left(默认值)、center 或 right
valign	设置单元格内容的垂直对齐方式,其取值为 top、middle(默认值)或 bottom
height	设置单元格高度,其取值为像素数或百分比
width	设置单元格宽度,其取值为像素数或百分比
bgcolor	设置单元格的背景颜色
background	设置单元格的背景图

【例 3-13】　创建表格的简单示例,运行结果如图 3-13 所示。

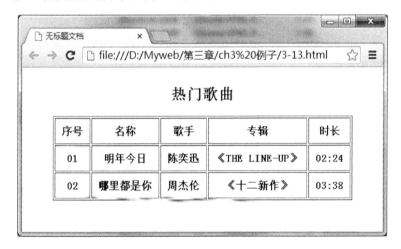

图 3-13　创建表格示例

代码如下:

```html
<html>
  <head>
    <title>创建表格的简单示例</title>
  </head>
<body>
<table border = 1 align = "center" cellpadding = "10">
    <caption><h2>热门歌曲</h2></caption>
    <tr>
        <th>序号<th>名称<th>歌手<th>专辑<th>时长
    </tr>
    <tr>
        <th>01<th>明年今日<th>陈奕迅<th>《THE LINE - UP》
        <th>02:24
```

```
        </tr>
        <tr>
            <th>02<th>哪里都是你<th>周杰伦<th>«十二新作»
            <th>03:38
        </tr>
    </table>
    </body>
```

3.8 框 架 标 记

框架用于将浏览器窗口划分为不同的部分,每部分加载一个独立的网页,而获得在一个浏览器窗口中同时显示多个网页的特殊效果。通过为超链接指定目标框架,可以实现 Web 页面的导航功能。

创建框架需要使用<frameset>…</frameset>标记、<frame>标记和<noframe>…</noframe>标记。

<frameset>…</frameset>标记是一个框架容器,它将浏览器窗口划分为若干个长方形的子区域(框架)。在一个框架集网页中,<frameset>标记取代了普通网页中的<body>标记。<frameset>标记有 cols 和 rows 两个属性,在定义<frameset>标记时,必须使用这两个属性中的一个。

cols 属性定义框架集中框架的宽度,它在水平方向按指定的宽度将屏幕分成若干个框架。有三种定义方法定义宽度:像素数、占<frameset>总宽度的百分比或星号(*),例如:

< frameset cols = "100,50 % , * ">

<frame>…</frame>标记的主要功能是将每一个框架和一个 HTML 文档联系起来,其常用属性如表 3-8 所示。

表 3-8　<frame>标记属性

属性名	说　　明
src	指定与框架联系的 HTML 文档的路径和文件名
name	设置框架名称,与<a>标记的 target 属性配合,可完成目标框架的超链接
scrolling auto	自动加入滚动条
no	禁止使用滚动条
yes	一直存在滚动条
noresize	锁定框架便捷

如果在不支持框架的浏览器中定义了框架的 HTML 文档,则只能看到一个空白网页。为了解决这一问题,就需要使用<noframe>…</noframe>标记。在<noframe>…</noframe>标记中必须包含一个<body>…</body>。

【例 3-14】　框架示例,运动结果如图 3-14 所示。

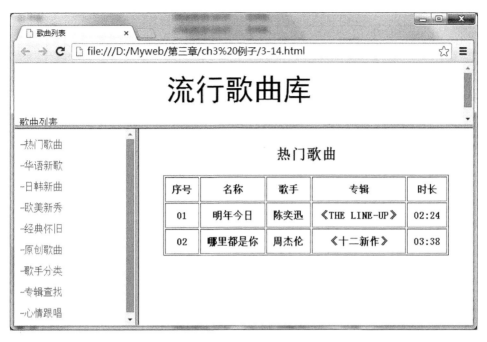

图 3-14　框架示例

代码如下：

```
<html>
  <head>
    <title>框架标记</title>
  </head>
  <frameset rows = "100, * ">
    <frame name = "top" src = "14 - 1.html">
    </frame>
  <frameset cols = "200, * ">
    <frame name = "left" src = "14 - 2.html ">
    </frame>
    <frame name = "right" src = "14 - 3.html ">
    </frame>
  </frameset>
  <noframes>
    <body>
    <p>此网页使用了框架,您的 Web 浏览器不支持框架功能。</p>
    </body>
  </noframes>
  </frameset>
</html>
```

标题.htm 代码如下:

```
<html>
  <head>
    <title>歌曲列表</title>
    </head>
<body>
    <p align = center> < font face = "黑体" size = "8">流行歌曲库</font></p>
    <p>歌曲列表</p>
</body>
</html>
```

歌曲目录代码如下:

```
<html>
  <head>
    <title>类型选择</title>
  </head>
  <body>
    <a href = "11.html" target = "right" >-热门歌曲</a><br>
    <a href = "12.html" target = "right" >-华语新歌</a><br>
    <a href = "13.html" target = "right" >-日韩新曲</a><br>
    <a href = "21.html" target = "right" >-欧美新秀</a><br>
    <a href = "22.html" target = "right" >-经典怀旧</a><br>
    <a href = "23.html" target = "right" >-原创歌曲</a><br>
    <a href = "31.html" target = "right" >-歌手分类</a><br>
    <a href = "32.html" target = "right" >-专辑查找</a><br>
    <a href = "33.html" target = "right" >-心情跟唱</a><br>
  </body>
</html>
```

3.9　表　　单

表单是可以把浏览者输入的数据传送到服务器端的程序（例如 ASP、PHP）的 HTML 元素，服务器端程序可以处理表单传过来的数据，从而进行一些动作，例如 bbs、blog 的登录系统、购物车系统等。

3.9.1　表单标记

表单标记的作用是为数据输入的元素创建一块区域，并指定数据提交到哪个 URL 中。表单的主要属性如表 3-9 所示。

表 3-9　表单标记属性

属　　性	含　　义
name	指定表单名称
method	设置提交表单内容到服务器 HTTP 方法,可以选 get 和 post(通常使用 post)
action	设置表单处理程序的 URL,指定处理表单数据的服务端程序

【例 3-15】　表单示例,运行结果如图 3-15 所示。

图 3-15　表单示例

代码如下:

```html
<html>
    <form name = "input" action = "form_action.jsp" method = "post">
    用户姓名:
    <input type = "text" name = "user" value = "王鸿" size = "4" maxlength = "20">
    <input type = "submit" value = "Submit">
    </form>
</html>
```

3.9.2　表单域标记

表单域标记即 input 标记,根据不同的 type 属性来区分不同的控件。input 的主要属性如表 3-10 所示。

表 3-10　表单域标记属性

属性	含　　义
type	区分不同控件。此属性指定表单元素的类型。可用的选项有 TEXT、PASSWORD、CHECKBOX、RADIO、SUBMIT、RESET、FILE、HIDDEN 和 BUTTON。默认值为 TEXT
name	控件标识。此属性指定表单元素的名称。例如,如果表单上有几个文本框,可以按照名称来标识它们——TEXT1、TEXT2 或用户选择的任何名称
value	输入的值。此属性是可选属性,它指定表单元素的初始值
size	此属性指定表单元素的显示长度。用于文本输入的表单元素,即输入类型是 TEXT 或 PASSWORD 的
maxlength	此属性用于指定在 TEXT 或 PASSWORD 表单元素中可以输入的最大字符数。默认值为无限
checked	此属性是一个 Boolean 属性,指定按钮是否是被选中的。当输入类型为 RADIO 或 CHECKBOX 时,使用此属性
disabled	设置该表单域不可用,不能编辑

3.9.3 按钮

按钮功能为提交/重置表单、触发 JavaScript 代码等,其属性如表 3-11 所示。

表 3-11 按钮属性

属性	含 义
name	按钮名称
value	按钮上显示的文字。不加此属性,有默认效果
type	值为 submit、reset、button

注意:提交按钮为 submit;重置按钮为 reset。

按钮控件 button,其属性 type 可以为 submit 和 reset,也可以使用任意的 HTML 标记作为按钮的内容。其使用格式如下:

```
< button type = "submit">
Html 标记
</button >
```

【例 3-16】 图片按钮示例,运行结果如图 3-16 所示。

图 3-16 图片按钮示例

代码如下:

```
< html >
< head >
< title > New Document </title >
</head >
< body >
<! -- 图片作为按钮 -->
< button name = "button" onclick = "alert(this.name)" type = "submit">
< img src = "img/botton.jpg" width = "100" height = "100">
</button >
< input type = "submit" value = "提交" onclick = "return false;">
<! -- 尝试把 submit 的 value 属性去掉,看按钮变成什么样子? -->
```

```
< input type = "reset" >
< input type = "button" value = "赞我" name = "button_1">
</body >
</html >
```

3.9.4 文本控件

文本控件 type 的值为 text、password,其属性如表 3-12 所示。

表 3-12 文本控件属性

属性	含　义
size	指定单行文本显示长度
maxlength	指定输入值的长度
title	对输入域的描述

注意：text 与 password 的 size 不一样长,可以设置如下属性：style＝"width:100px"。

【**例 3-17**】 文本框示例,运动结果如图 3-17 所示。

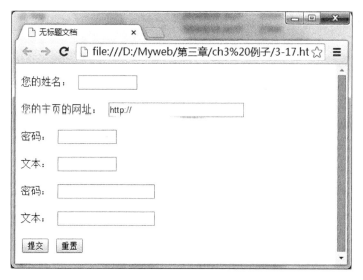

图 3-17 文本框示例

代码如下：

```
< html >
< body >
< form action = "html_form_action1.jsp"method = "post">
<p>您的姓名：
< input type = "text" name = "name" size = "10"maxlength = 5 >
</p>
<p>您的主页的网址：
```

```
< input type = "text" name = "address" size = "30" value = "http://" maxlength = "20" title =
"请输入网址!"></p>
<p>密码:
< input type = "password" name = "password" size = "10"></p>
<p>文本:
< input type = "text" name = "password" size = "10"></p>
<p>密码:
< input type = "password" name = "password" style = "width:100;"></p>
<p>文本:
< input type = "text" name = "password" style = "width:100;"></p>
<p>< input type = "submit" value = "提交" onclick = "return false;">
< input type = "reset" value = "重置"></p>
</form >
</body >
</html >
```

3.9.5 单选框

单选按钮控件,其属性 type 的值为 radio。在预定义的组选项中选择一个选项,相同名字的单选按钮为一组。其属性如表 3-13 所示。

表 3-13　单选框属性

属性	含　义
name	控件名称,组共用
value	单选按钮的值
checked	初始被选中。属性是标志,没有取值

【例 3-18】 单选框示例,运动结果如图 3-18 所示。

图 3-18　单选框示例

代码如下:

```
<html>
<body>
    <form action = "html_form_action2.jsp" method = "POST">
    <input type = "radio" name = "food" checked value = "fish">鱼<p>
    <input type = "radio" name = "food" value = "bear">熊掌<p>
    <hr>
    <input type = "radio" name = "sex" value = "male">男<p>
    <input type = "radio" name = "sex" checked value = "female">女<p>
    <input type = "submit" onclick = "return false">
    <input type = "reset">
    </form>
</body>
</html>
```

3.9.6 复选框控件

复选框控件,其 type 的值为 checkbox。在一组预定义的选项中选择。提交时只提交被选中的选项的 name 和 value;当有多个选项同名时,提交数组到后台。其属性如表 3-14 所示。

表 3-14 复选框属性

属性	含　义
name	控件名称
value	复选框的值
checked	初始被选中。属性是标志,没有取值

【例 3-19】 复选框示例,运行结果如图 3-19 所示。

图 3-19 复选框示例

代码如下：

```
< html >
< body >
    < form action = "html_form_action3.jsp" method = POST >
    < p >你在吃什么水果? </p>
    < p >< input type = "checkbox" name = "fruit1" checked = "checked" value = "Banana">香蕉
</p>
    < p >< input type = "checkbox" name = "fruit2" checked value = "Apple">苹果</p>
    < p >< input type = "checkbox" name = "fruit3" value = "Orange">橘子</p>
    < p >< input type = "checkbox" name = "fruit4" value = "grape">葡萄</p>
    < input type = "submit">
    < input type = "reset">
    </form>
</body>
</html>
```

checkbox_form_action.jsp 的代码如下：

```
< %@ page contentType = "text/html; charset = gb2312" % >
< % String user = (String)request.getParameter("year");
    user = new String(user.getBytes("iso-8859-1"),"gb2312");
    System.out.println(user);
    System.out.println("-- -- -- -- -- -- -- -- -- -");
    String[] fruit = (String[])request.getParameterValues("fruit");
    for(int i = 0;i < fruit.length;i++){
        //System.out.println(fruit[i]);
        System.out.println(new String(fruit[i].getBytes("iso-8859-1"),"gb2312"));} % >
<!DOCTYPE HTML PUBLIC "-//W3C//DTD HTML 4.01 Transitional//EN">
< html >
    < head >
        < title > jsp test </title>
    </head>
    < body >
        You input user as "111";
    </body>
</html>
```

3.9.7 文件上传控件

文件上传控件的 type 值为 file。在页面中显示为文件名称框和浏览按钮,其属性如表 3-15 所示。

表 3-15　文本上传控件属性

属性	含义
name	名称

注意：在 form 标记中要设置属性 enctype＝"multipart/form-data" method＝post"。

【例 3-20】　文件上传控件示例，运行结果如图 3-20 所示。

图 3-20　文件上传控件

代码如下：

```
<html>
    <body>
        <form action = "html_form_action5.jsp"
          enctype = "multipart/form - data"
          method = "POST">
        在下面输入文件的全路径: <br>
        <input type = "file" name = "filename">
        <! --<br><input type = submit><input type = reset>-->
        </form>
    </body>
</html>
```

html_form_action5.jsp 的代码如下：

```
<%@ page contentType = "text/html; charset = gb2312" %>
<% String user = (String)request.getParameter("user");
    user = new String(user.getBytes("iso - 8859 - 1"),"gb2312");%>
<!DOCTYPE HTML PUBLIC " - //W3C//DTD HTML 4.01 Transitional//EN">
<html>
    <head>
        <title>jsp test</title>
    </head>
    <body>
        You input user as "<% = user %>";
    </body>
</html>
```

3.10 HTML 实例

【例 3-21】 设计一网页实现毛绒玩具购买界面,运行结果如图 3-21 所示。

图 3-21 购买网页示例图

代码如下:

```
< HTML >
< HEAD >< title ></ title ></ HEAD >
< BODY >
< HR size = "3" color = " #CC3366">
< H1 align = "center">结婚 毛绒玩具雅皮士 生日礼物 男女娃娃</ H1 >
  < HR size = "1">
   < A href = "img/布偶.jpg" target = "_blank">< IMG src = "img/布偶.jpg" hspace = "30" border
= "0" align = "left" style = "margin-right:60px; "></ A>
  < p >
< UL >
    < LI >< font size = "+1"> 一 口 价:</ font >45.00 元 </ LI >< br />
```

```html
    <LI><font size = "+1">剩余时间：</font>3 天 23 小时</LI><br />
    <LI><font size = "+1">本期售出：</font> 8 件</LI><br />
    <LI><font size = "+1">累计售出：</font> 45 件</LI>
    <br />
    <LI><font size = "+1">宝贝类型：</font> 全新</LI><br />
    <LI><font size = "+1">所 在 地：</font>江苏苏州市</LI><br />
    <LI><font size = "+1"> 宝贝数量：</font> 100 件</LI>
    <br />
    <LI><font size = "+1">浏 览 量：</font>50 次</LI>
    <br />
  </UL>
</p>
<form id = "form1" name = "form1" method = "post" action = "">
  <label>
    <input type = "submit" name = "purchase" id = "purchase" value = "立即购买" style =
"background: #0CF; padding:10px 30px 10px 30px; color:#fff;font-size:25px;"/>
  </label>
  <label>
    <input type = "submit" name = "purchasecar" id = "purchasecar" value = "加入购物车"
style = "background: #F00; padding:10px 30px 10px 30px;color:#fff;font-size:25px;" />
  </label>
</form>
<br>
<IMG src = "img/2-3-1.JPG">
<p align = "left">【品名】雅皮士布娃娃</p>
<p align = "left">【规格】体长约 40cm,实测 45cm-50cm,实测 45cm-50cm</p>
<p align = "left">【材料】10％双面布、90％边纶布</p>
<p align = "left">【执行标准】GB5296.5-2006、GB6675  2003,GB/T 9832  2007</p>
<p align = "left">布制玩具安全与质量标准,并通过 ISO9001 国际质量体系认证。</p>
<P><IMG src = "img/2-3.JPG"></P>
<h2>购物须知：</h2>
<h2>购物须知：</h2>
<OL>
  <LI>色差问题：本店所有图片全部由掌柜亲手上阵实物拍摄,色彩也尽量校正到最准,以及各
人显示器不同,色差还
  是难以避免的.色差问题将不能作为中差评、投诉、退换货的依据。
  <LI>发货时,会经过三重清点,尽量杜绝误发错发现象;提醒各位 MM 们亲自当着快递的面清
点确认无误,再行签收,避免不必要的损失。
  <LI>商品出售后如没有质量问题,一律不接受退货;保证商品完好无损不影响第二次销售的
情况下,以快递方式发回,包裹内夹纸条写好需要换的
商品款式、颜色等信息,来回邮费自理,同时换货也只能换一次。<LI>本店会不定期的为大家找实
惠又不错的 新品,欢迎经常来坐坐哦!
  <LI>有任何疑问欢迎旺旺询问店主,请尽量不要使用站内信件和店铺留言,这样回复会比较慢
而且也很容易丢失^_^。
  <LI>本店非常珍惜每位 MM 的评价,如收到东西不满意请及时与店家联系。</LI>
</OL>
<HR size = "3" color = "#CC3366">
<p align = "center">Copyright 2014-2015 </p>
</BODY>
</html>
```

【例 3-22】 实现一卖书网页,运行结果如图 3-22 所示。

图 3-22 当当网卖书效果图

代码如下:

```
<HTML>
<HEAD>
<META http-equiv="Content-Type" content="text/html; charset=gb2312">
<TITLE>当当网购物</TITLE>
</HEAD>
<body>
<IMG src="img/3.gif" align="absmiddle">
<table align="center" width="940" height="40px" style="text-align:center; background
-color:#0cf;">
<tr>
    <td width="63"><A href="#">首页</A></td>
    <td width="51"><A href="#">小说</A></td>
    <td width="83"><A href="#">经管励志</A></td>
    <td width="88"><A href="#">刊/进口书</A></td>
    <td width="63"><A href="#">童书</A></td>
```

```html
    < td width = "53" >< A href = "#" >教育</A ></td >
    < td width = "63" >< A href = "#" >生活</A ></td >
    < td width = "61" >< A href = "#" >科技</A ></td >
    < td width = "64" >< A href = "#" >音像</A ></td >
</tr >
</table >
< IMG src = "img/3-1.gif" >< br >
    < MARQUEE direction = "up" scrolldelay = "200" height = "100" onMouseMove = "this.stop()"
onMouseOut = "this.start()" >
    < UL >
    < LI > 最新畅销图书疯狂抢购中 </LI >
    < LI >当当网图书短信比价服务</LI >
    < LI >发表评论,月月礼券等你拿</LI >
    < LI >康师傅"开盖赢大礼"</LI >
    < LI >朗当有奖问答,69 元抢购!</LI >
    < LI >当当玩具让利狂潮抢购中 </LI >
    < LI >当当购物卡,送礼好选择</LI >< !--  -->
    </UL >
</MARQUEE >
    < br >
     < br >
    < H4 id = "dangdang" >< IMG src = "img/arrow.gif" >< FONT color = "#0099FF" > 最全的图书、最
低的价格尽在当当网单击进入图书频道首页>></FONT ></H4 >
    < p align = "center" >
    < IMG src = "img/book2.jpg" height = "210" >
    < img src = "img/book1.jpg" height = "210" />
    < IMG src = "img/book3.jpg" height = "210" >
    < IMG src = "img/book4.jpg" height = "210" >
    </p >
< H4 id = "37" >< IMG src = "img/arrow.gif" >< FONT color = "#0099FF" >图书详细说明</FONT >
</H4 >
< p >< IMG src = "img/book5.jpg" height = "240" align = "left" style = "margin-right:30px;" >聊
斋志异<BR >
    定 价: &yen;20.00 元<BR >
    当当价: &yen;15.80 元<BR >
    折 扣: 7.9 折<BR >
    < br >
    其他相关中国古典书类: <BR >
    1.儒林外史<BR >
    2.封神演义<BR >
    3.说岳全传<BR >
    4.白蛇传<BR >
    5.隋唐演义<BR >
    7.济公全传<BR >< BR >< BR >
</p >
< HR >
< p align = "center" >Copyright (C) 当当网 2014-2015, All Rights Reserved<BR >
    < IMG src = "img/validate.gif" >< BR >
京 ICP 证 042359 号<BR >
</p >
</BODY >
</HTML >
```

3.11　本章小结

　　本章主要讲解的是网络通用语言 HTML 语言的基础知识,初步认识 HTML 标记语言是一种纯文本标记语言,学习其基本的属性和基本框架,运用标记语言来进行排版、图像标记以及超文本链接等。

3.12　习　　题

1. 选择题

(1) 在 HTML 中,单元格的标记是(　　)。

  A. <td>   B. <span>   C. <tr>   D. <body>

(2) 在 HTML 源代码中,图像的属性用(　　)标记来定义。

  A. picture   B. img   C. pic   D. image

(3) 在网页源代码中,(　　)标记必不可少。

  A. <html>   B. <p>   C. <table>   D.

(4) 在网页的源代码中表示段落的标记是(　　)。

  A. <head></head>   B. <p></p>

  C. <body></body>   D. <table></table>

(5) HTML 代码中<hr>表示(　　)。

  A. 插入一张图片   B. 插入标题文字

  C. 插入一个段落   D. 插入一条水平线

(6) <title></title>标记必须包含在(　　)标记中。

  A. <body></body>   B. <table></table>

  C. <head></head>   D. <p></p>

(7) 创建下拉列表应使用标记符(　　)。

  A. select 和 option   B. input 和 label

  C. input   D. input 和 option

(8) 在框架式网页中添加超链接时,对象的 target 属性分别表示的意思正确的是(　　)。

  A. _blank 在新窗口打开网页   B. _parent 在父框架窗口打开网页

  C. _self 在本窗口打开网页   D. 以上都不正确

(9) body 元素用于背景颜色的属性是(　　)。

  A. alink   B. vlink   C. bgcolor   D. background

(10) <strong></strong>表示(　　)。

  A. 斜体   B. 粗体   C. 下划线   D. 上标

2. 填空题

(1) HTML 网页文件的标记是_____,网页文件的主体标记是_____,标记页面标题的标记是_____。

(2) 创建一个 HTML 文档的开始标记符是_____,结束标记符是_____。

(3) 网页中三种最基本的页面组成元素是_____、_____、_____。

(4) _____是网页与网页之间联系的纽带,也是网页的重要特色。

(5) 组成表格的三个基本组成部分是_____、_____、_____。

(6) HTML 的段落标记是_____,水平线标记是_____。

3. 简答题

(1) 在网页中,表格的主要作用是什么?

(2) 在网页中,框架的用途是什么?

第二部分

进阶篇

第4章

层叠式表及页面美化

内容提要：

(1) CSS 的基本概念；

(2) HTML 与 CSS 的关系；

(3) CSS 的语法；

(4) CSS 样式；

(5) 页面和浏览器的其他标记及滤镜。

本章教学目的：本章主要讲解 CSS 层叠样式表的基本概念和实际运用，通过实例熟练掌握 CSS 的设计方法。重点介绍如何使用 CSS 进行页面美化设计，最后通过一个完整使用 CSS 进行网页的综合实例，进一步巩固所学到的知识，并提高综合应用的能力。

4.1 CSS 的基本概念

层叠样式表(Cascading Style Sheet，CSS)也被译为"串接样式表"，由 W3C 组织的 CSS 工作组创建和维护，用于控制网页样式，并将样式信息与网页内容分离的一种标记性语言。1996 年推出了 CSS1，1998 年推出 CSS2，目前流行的是 CSS2.1。CSS 出现的理由有以下两点：

首先是网页布局。传统上使用 HTML 的表格标记来为网站添加布局效果(下一小节介绍)，但这种方式精确度不高，定位效果也不是很好。为了改善这种状况，CSS 为网页设计提供了完善的、所有浏览器都支持的布局能力，并且支持多种设备，例如手机、电视、打印机、幻灯片等。

其次，因为 CSS 可以更为精确和方便地完成由前面介绍的 HTML 标记来格式化字体、颜色、边距、高度、宽度、背景图像、高级定位等，所以现在的网页设计多数使用 HTML 来结构化内容，而使用 CSS 来格式化内容。同时文档的表现样式与内容的分离，也令网站更容易维护。

与传统的 HTML 样式标记相比，CSS 有以下优点。

(1) 强大的控制能力和排版能力。CSS 控制字体的能力比 HTML 标记更好，因此现在 HTML 字体标记已被 W3C 组织列为不被推荐使用的标记。

(2) 提高了网页的浏览速度。使用 CSS 设计方法比传统的 Web 设计节省了 50%～60% 的文件尺寸。例如 table 标记是全部加载完才会显示出来，而 CSS 页面是加载一点显示一点，这样给用户感觉网页的浏览速度提高了。另外，一些以前非得通过图片转换实现的功能，现在只要用 CSS 就可以轻松实现，从而减小了网页的大小，使得页面能够更快地被下载。

（3）缩短修改时间提高工作量。传统的 Web 页面需要修改每个＜Font＞及＜Table＞等标记，而利用 CSS 设计的 Web 页面只需要简单修改几个 CSS 文件就可以重新设计整个站点。

（4）更有利于搜索引擎的搜索。CSS 减少了代码量，使得正文更加突出，有利于搜索引擎更有效地搜索到你的 Web 页面。

（5）通过单个样式表控制多个文档的布局。CSS 提供更精确的布局控制，并能为不同的设备类型（计算机屏幕、手机、打印等）采用不同的布局。

4.2　HTML 与 CSS 的关系

HTML 和层叠样式表 CSS 之间的关系可以看作是"内容结构"和"表现形式"的关系。也就是一个网页页面可以首先由 HTML 确定框架结构及内容，然后再通过 CSS 来控制页面展现的形式。HTML 自从 1995 年 11 月发布 2.0 版本以来，虽然一直在逐步推出新的版本规范，但由于 HTML 本身是一种标记性语言，本身的标记数量有限，并且大多标记是为了体现网页内容，因此在美工方面的标记很少。例如对"文字间距"、"段落缩进"等效果处理，HTML 就很难做到。

另外，在网页中使用 HTML 可以插入文本、图片、音乐、Flash 等各种标记，虽然通过 HTML 也可以设置文本的字体、颜色、风格，但是往往会造成网站后期维护困难，尤其是对整个网站而言。例如下面的网页代码，如果以后要修改所有文本的字体大小、颜色，那么工作量是巨大的，因为要修改所有＜font＞标记。

【例 4-1】　使用 HTML 显示内容的网页。

```
< html >
  < head >
    < title >例 4-1 使用 HTML 显示内容</title>
  </head>
  < body >
    < h2 >
      < font color = "blue" face = "隶书">标题文本一</font>
    </h2>
    <p>正文内容一</p>
    < h2 >
      < font color = "blue" face = "隶书">标题文本二</font>
    </h2>
    <p>正文内容二</p>
    < h2 >
      < font color = "blue" face = "隶书">标题文本三</font>
    </h2>
    <p>正文内容三</p>
  </body>
</html>
```

【例 4-2】　使用层叠样式表 CSS 显示内容的网页。

```
< html >
```

```
<head>
  <title>例 4-2 使用层叠样式表 CSS 显示内容</title>
  <style>
    h2 {
      font - family:隶书;
      color:blue;
    }
  </style>
</head>
<body>
  <h2>标题文本一</h2>
  <p>正文内容一</p>
  <h2>标题文本二</h2>
  <p>正文内容二</p>
  <h2>标题文本三</h2>
  <p>正文内容三</p>
</body>
</html>
```

标题文本一

正文内容一

标题文本二

正文内容二

标题文本三

正文内容三

图 4-1　网页文字显示效果

例 4-1 和例 4-2 的显示效果如图 4-1 所示，两者显示的效果完全一样。例 4-2 没有例 4-1 中的 <FONT> 标记，而是采用头部中的 <STYLE> 标记，以及其中对 <H2> 标记的定义，即：

```
<style>
  h2 {
    font - family;隶书;
    color:blue;
  }
</style>
```

要体现相同的网页效果，例 4-2 比例 4-1 要简洁些。进一步修改，如果希望标题的颜色变成红色，例 4-1 要改三处，例 4-2 则仅仅需要修改一个地方：

```
color:red;
```

可以看出，在 HTML 代码中引入层叠样式表 CSS 可以使页面代码变得简单明了。除此之外，层叠样式表 CSS 还提供了丰富的样式，可以替代 HTML 标记的一些属性，例如字体大小、颜色等属性,从而使得网站的后期修改和维护都变得简化、统一。

4.3　CSS 语法

在介绍 CSS 语法前,回想一下,如果需要将 Word 文档中的标题,字体变为"隶书",大小为"小三"号字体,居中对齐。第一步需要做的事情是——选中标题文字,然后再单击相应的字体格式按钮。也就是要对一个对象应用格式,首先要选中这个对象。CSS 通过"选择器"完成对象的选中。

要想使用 CSS 样式应用于特定的(X)HTML 标记,首先要找到这个标记。在 CSS 中,找到标记的方法称为选择器(Selector,或称为选择符)。

选择器的定义方式为:选择器{ property:value }。首先给出选择器(要选的对象),然后后面跟着一对花括号,花括号里面写出要对这个对象应用的格式,如下所示:

```
选择器 { 属性:属性的值; }
选择器 1, 选择器 2  {
    属性 1:"属性 1 的值 1  属性 1 的值 2  属性 1 的值 3";
    属性 2:属性 2 的值;
}
```

格式使用属性和属性值表示,属性和属性值之间用冒号(:)隔开。如果属性值为多个的时候,中间用空格分隔,并使用双引号引起来(")。如果要应用多个格式,每个格式(也就是一对属性:属性值)定义之间用分号(;)隔开。为了减少样式重复定义,还可以同时对多个选择器应用相同的格式,用逗号分隔每个选择器。

CSS 的作用就是设置网页的各个组成部分的表现形式。因此,可以根据 CSS 定义规则来描述一个 3 级标题的属性表,即

```
3 级标题{
 字体:字体名称;
 大小:大小单位;
 颜色:颜色表达;
 装饰:下划线;
}
```

将上面 3 级标题的各个属性用下列字母写出来,就是 CSS 的代码:

```
h3 {
 font - family: "sans serif";
 font - size: 12px;
 color: blue;
 text - decoration: underline;
}
```

CSS 的原理实际上非常简单,使用选择器选中对象,然后对选择器进行设置,指定该选择器的属性,并指出该属性的属性值。从代码可以看出,CSS 中所有的符号为英文符号;如果有多个属性,使用分号将各个属性分隔开;为了增强可读性,每个属性单独写成一行;如果属性值为多个单词,中间有空格,需要使用双引号将属性值包括起来,如代码中的 font-family:"sans serif";。

最常用的选择器的类型有类型选择器和后代选择器。

（1）类型选择器,也称为标记选择器和简单选择器,用来选择特定类型的标记,例如段落、标题等,方法就是直接给出应用样式的标记名称,例如:

```
p {    color:blue;    }
h1 {    font-size: 16px;    }
```

（2）后代选择器,用来选择特定标记或标记组的后代。后代选择器和其父亲选择器之间用空格表示。下列选择器,用在列表标记＜li＞的后代（也就是一对列表标记里面的标记）标记链接标记＜A＞应用样式:

```
li a {    text-decoration: none;    }
```

4.3.1 标签、类、ID 和关联选择器

类型选择器和后代选择器适合在大区域中统一样式,要想对特定标记或者特定一组标记应用特殊的样式,该如何办呢? 例如网站所有页面的标题为红色,但其中某一个页面需要为蓝色,再如要实现把页面不同区域上的文字设置成不同的样式。这就需要使用类选择器和标识选择器,也就是在标记中使用 class 和 id 两个属性。

1. 类选择器

类选择器用于对标记进行分类,也就是能够把相同的标记分类定义为不同的样式。定义类选择器的方法就是在自定类的名称前面加一个点号。例如想要两个不同样式的段落,一个段落向右对齐,一个段落居中,可以先定义如下两个类:

```
p.title { text-align: center;    font-weight: bold;    font-size: 14px; }
p.content { text-align: left;    font-weight: normal;    font-size: 12px; }
```

然后在不同的段落里,只要在 HTML 标记里加入定义的 class 属性,例如:

```
< p class = "title"> 段标题</p>
< p class = "content">内容</p>
```

更常用的做法是在选择器定义中省略标记名呢,这样可以把不同的标记定义成相同的样式,例如:

```
.center {    text-align: center;    }
```

＜h1＞标记和＜p＞标记应用为 center 类,使标题和段落都居中排列。

```
< h1 class = "center"> 标题 </ h1 >
< p class = "center"> 内容 </p>
```

即使＜h1＞标记（标题 1）和＜p＞标记（段落）都归为 center 类,这使两个标记的样式都跟随".center"这个类选择符:这个标题是居中排列的,这个段落也是居中排列的。比方说,有两个由链接组成的列表,它们分别是用于制造白葡萄酒和红葡萄酒的葡萄。希望白葡萄酒的链接全部显示为黄色,红葡萄酒的链接全部显示为红色,其余的链接显示为缺省的蓝色。为了实现这一要求,将链接分为两类。对链接的分类是通过为链接设置 HTML 属性

class 实现的。

【**例 4-3**】 使用类选择器,完成如图 4-2 所示的网页效果。

```
< html >
  < head >
    <title>例 4-3 使用类选择器</title>
    < style >
      a { color: blue; }
      a.whiterose { color: #FFBB00; }
      a.redrose { color: #800000; }
    </style>
  </head>
  < body >
    <p>白玫瑰的特性: </p>
    < ul >
      < li >< a href = " # " class = "whiterose">纯白色大花</a></li>
      < li >< a href = " # " class = "whiterose ">高心卷边</a></li>
      < li >< a href = " # " class = "whiterose">少刺</a></li>
    </ul>
    <p>红玫瑰的特性: </p>
    < ul >
      < li >< a href = "cs.htm" class = "redrose">深红色</a></li>
      < li >< a href = "me.htm" class = "redrose ">基部深紫色</a></li>
      < li >< a href = "pn.htm" class = "redrose ">边缘浅齿裂</a></li>
    </ul>
  </body>
</html>
```

白玫瑰的特性:

- 纯白色大花
- 高心卷边
- 少刺

红玫瑰的特性:

- 深红色
- 基部深紫色
- 边缘浅齿裂

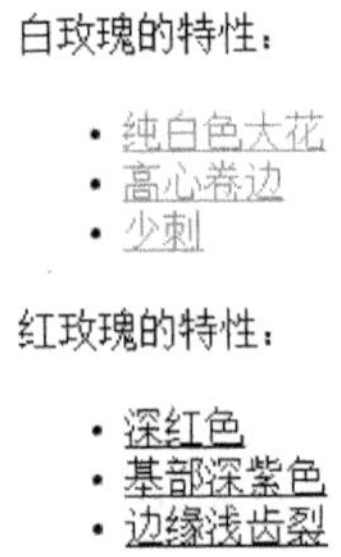

图 4-2　类选择器范例

2. 标识选择器

HTML 所有标记都有一个可选的属性 id,该属性为该 HTML 标记起了一个在本页面中唯一的名称,通过使用这个名称就能唯一确定该标记。换句话说,在同一 HTML 页面中不能有两个具有相同 id 值的标记。标识选择器就是使用标记的 id 属性来对这一标记单独定义样式。

定义标识选择器要在 id 名前加上一个"#"。与类选择器类似,定义标识选择器的属性也有两种方法。例如找到 id 为 intro 的标记的语句为:

#intro { font - size:110 % ; font - weight:bold; color:#0000ff;}

只找到段落标记内 id 为"intro"的标记的语句为：

p#intro { font-size:110%; font-weight:bold; color:#0000ff;}

使用标识选择器的应用也与类选择器类似，只要把属性 class 换成属性 id 即可。例如：

<p id=" intro">内容介绍</p>

标识选择器局限性很大，只能单独定义某个标记的样式，一般只在个别特殊情况下使用，多数情况应该使用类选择器。

【例 4-4】 使用标识选择器，显示如图 4-3 所示的章节效果。

```
<html>
  <head>
    <title>例 4-4 使用标识选择器</title>
    <style>
      #c1-2 { color: red;}
      #c2-1-2{color: blue;}
    </style>
  </head>
  <body>
    <h1 id="c1">第 1 章</h1>
    <h2 id="c1-1">第 1.1 节</h2>
    <h2 id="c1-2">第 1.2 节</h2>
    <h1 id="c2">第 2 章</h1>
    <h2 id="c2-1">第 2.1 节</h2>
    <h2 id="c2-1-2">第 2.1.1 节</h2>
  </body>
</html>
```

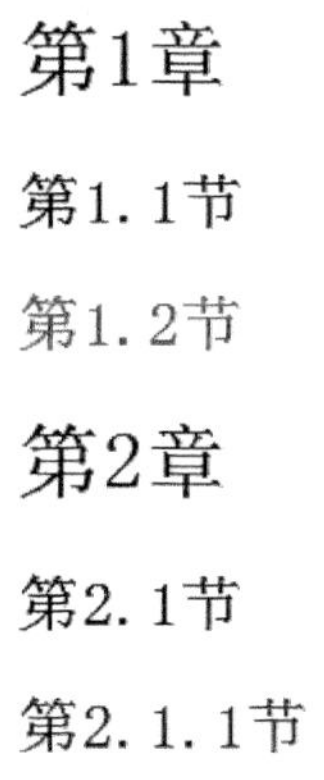

第1章

第1.1节

第1.2节

第2章

第2.1节

第2.1.1节

图 4-3 标识选择器

3. 属性选择器

对带有指定属性的 HTML 标记设置样式。可以为拥有指定属性的 HTML 标记设置样式，而不仅限于 class 和 id 属性。有关属性选择器，可参考其他相关教材。

4. 关联选择器

关联选择器是指对某种标记包含关系(如标记 1 里包含标记 2)。定义的样式如下:

标签名　标签名…标签名{样式属性：取值；样式属性：取值；…}

这种方式只对标记 1 里的标记 2 定义,对单独的标记 1 或单独的标记 2 无定义,如:

p a { font－size:12px; }

表示段落中的超链接的文本大小是 12px,而其他部分的超链接文本不受影响。

5. 组合选择器

组合选择器即对于所有 CSS 选择符,无论是什么样的选择符,均可以进行组合使用,如:

```
h1.p1 { }               /* h1 标记下所有 class 为 p1 的标记 */
#content h1 { }         /* id 为 content 的标记下所有的 h1 标记 */
h1.p1,#content h1 { }   /* 以上两者进行群组选择 */
h1#content h2{ }        /* id 为 content 的 h1 标记下的 h2 标记 */
```

6. 群组选择器

如想对很多标记采用同样的样式,为了减少样式表的重复声明,可以采用群组选择器,如:

```
h1,h2,h3,h4,h5,h6 {
  color: green;
  font－family:" Times New Roman";
}
```

表示 h1~h6,6 级标题都采用绿色,字体为 Times New Roman。

4.3.2 组织标记

CSS 中有两个非常重要的标记——<span>标记和<div>标记。这两个标记用于组织和结构化文档,并经常与前面提到的 class 和 id 属性一起使用。

1. 用<span>组织标记

<span>标记是一种中性标记,也就是不对文档本身添加任何东西,而用于对文档中的部分文本增添视觉效果,如:

<p>白玫瑰代表天真、纯洁、尊敬、谦卑.</p>

若想用红色来强调白玫瑰的代表性,可以用<span>标记来标记。可以使用 4.3.1 节介绍的类选择器为<span>添加样式,最终效果如图 4-4 所示。

```
span.represent   {
    color:red;
}
```

应用到 span 标记中:

<p>白玫瑰代表< span class = "represent">天真</span >、< span class = " represent">纯洁</span >、< span class = " represent">尊敬</span >、< span class = " represent">谦卑</span >。</p>

也可以采用标识选择器来为<span>标记加样式,但如果采用 id 的话,就必须为这三个<span>标记分别指定一个唯一的 id,并且为每个 id 单独设定相同的样式。

白玫瑰代表天真、纯洁、尊敬、谦卑。

图 4-4　用 SPAN 组织标记

2. 用<div>组织标记

<div>标记和<span>标记在组织标记方面基本无差别。相对于<span>标记使用局限在一个块标记内,<div>标记可以被用来组织一个或多个块标记,所以多数情况下都使用<div>标记。下面列 4-5 将食物组织为两个列表,并采用标识选择器定义样式。

【例 4-5】　使用<div>标记,显示如图 4-5 所示的效果。

```
<html>
  <head>
    <title>例 4-5 使用 div 标记</title>
    <style>
      #fruit{ background:#C9C;}
      #vegetable {background:#6F6;}
    </style>
  </head>
  <body>
    <div id = "fruit">
      <ul>
        <li>苹果 </li>
        <li>葡萄 </li>
        <li>香蕉</li>
      </ul>
    </div>
    <div id = "vegetable">
      <ul>
          <li>白菜</li>
          <li>黄瓜</li>
          <li>西红柿</li>
      </ul>
    </div>
  </body>
</html>
```

- 苹果
- 葡萄
- 香蕉

- 白菜
- 黄瓜
- 西红柿

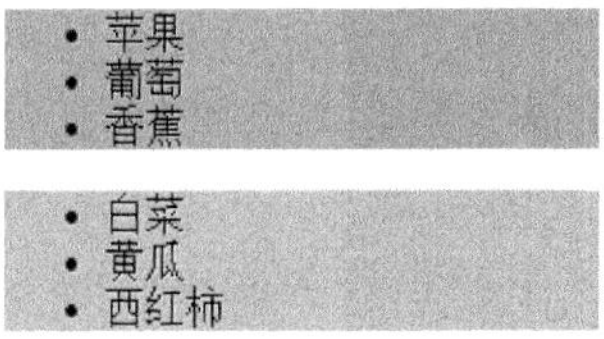

图 4-5　用 div 组织标记

本节仅仅将<div>标记和<span>标记做了简单的使用介绍,现实中,这两个标记用处非常广泛,例如在后续课程中,将采用<div>标记做布局。除此之外,它们还可以用于一些复杂的处理,读者可以自行参阅相关资料深入学习。

4.3.3 继承和层叠

继承和层叠是 CSS 的主要特点之一,适当地使用继承和层叠可以减少代码中选择器的数量和复杂性。当然过度使用,则会使判断样式的来源变得困难。

1. 继承

CSS 继承是指设置上级(父级)的 CSS 样式,上级(父级)及其以下的下级(子级)都具有此属性。例如,将主体标记的文本颜色设置为红色,字体大小为 14px,那么包含在其内部的所有后代标记的文字也显示红色,字体大小为也为 14px。例如:

```
< div id = "content">
    < h1 >标题一< h1 >
    <p>段落内容</p>
< div >
```

相应的 CSS 为:

```
# content { color:red;font – size:14px;}
```

上面的<h1>标记和<p>标记都继承了它们上级标记<div>的样式。

2. 层叠

层叠有点类似继承,但它们的概念完全不同。网页中的一个标记可能同时被多个 CSS 选择器选中,每个选择器都有一些 CSS 规则,这就是层叠。如果这些规则相互不矛盾,将会同时对这个标记起效。但如果有些规则是相互矛盾的,就需要选出那个的规则来应用。例如:

```
< div id = "panel" >
  < div class = "title">标题一< div >
  < div class = "content">段落内容</div>
< div >
```

相应的 CSS 为:

```
# panel { color:red;font – size:14px;}
.title { font – size:18px; }
.content { color:blue;   }
```

首先内部的两个<div>标记都继承了它们上级标记的样式:文本颜色设置为红色,字体大小为 14px。其次,内部的两个<div>标记,又分别被类选择器选中,并分别应用相关的样式。两个类选择器中,第一个没有修改颜色,因此使用上级的红色,但是字体大小设置为 18px 与上级样式发生矛盾,根据就近原则,字体大小被改为 18px,而不是原有的 14px。同理,第二个<div>段落标记将文字颜色改为蓝色而不是原有的红色。

4.3.4 应用和维护

站点越大、越复杂,媒体越丰富,CSS 就越难管理。通常情况采取按逻辑对样式进行分组、将样式采用独立的文件或分割成多个样式表文件以及通过添加注释使得代码更容易阅读来对样式表进行应用和维护。

1. 应用 CSS 到网页中

有以下三种方法为网页中添加样式表。

1) 行内样式表

行内样式表使用 HTML 标记中的 style 属性。

【例 4-6】 通过行内样式表将页面背景设为黑色、字体设为白色，如图 4-6 所示。

```
<html>
  <head>
    <title>例 4-6 行内样式表</title>
  </head>
  <body style="background-color: #000000;color:#FFFFFF;">
    页面背景黑色,文字颜色白色。
  </body>
</html>
```

页面背景黑色，文字颜色白色。

图 4-6　行内样式表

2) 内部样式表

内部样式表使用 HTML 的<style>标记。

【例 4-7】 通过内部样式表将页面背景设为黑色、字体设为白色，如图 4-6 所示。

```
<html>
  <head>
    <title>例 4-7 内部样式表</title>
    <style type="text/css">
      body {
        background-color: #000000;
        color:#FFFFFF";
      }
    </style>
  </head>
  <body>
    页面背景黑色,文字颜色白色。
  </body>
</html>
```

3) 外部样式表

该方法使用链接标记<link>引用外部的一个样式表文件,并通过 href 属性里给出样式表文件的地址,通常这行代码要放在 HTML 文档的头部,即放在<head>和</head>标记之间。这种方法告诉浏览器在显示该 HTML 文档时,使用给出的 CSS 文件进行布局和格式化。例如样式表文件名为 style.css,通常被存放于名为 css 或 style 的目录中,文件结构如图 4-7 所示。

【例 4-8】 通过链接外部样式表将页面背景设为黑色、字体设为白色,如图 4-6 所示。

HTML 文件为:

```
< html >
  < head >
    < title >例 4-8 链接外部样式表</title>
    < link rel = "stylesheet" type = "text/css" href = "css/style.css" />
  </head>
  < body >
    页面背景黑色,文字颜色白色。
  </body>
</html>
```

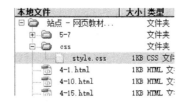

图 4-7　文件结构图

外部 CSS 文件 style.css 与放置下下级目录 CSS 的内容为:

```
body {
  background – color: #000000;
  color: #FFFFFF";
}
```

使用外部样式表的好处在于多个 HTML 文档可以同时引用一个样式表,也就是使用一个 CSS 文件来控制多个 HTML 文档的布局和样式,这样就省去了许多重复工作。例如,要修改某网站的所有网页的背景颜色,采用外部样式表就可以避免手工逐个页面进行修改,而只要修改它们链接的外部样式表一个文件里的代码即可。因此,一般网站设计采用这种方法。

2. 注释

可以在 CSS 中插入注释来说明代码的意思,注释有利于自己或别人在以后编辑和更改代码时理解代码的含义。在浏览器中,注释是不显示的。CSS 注释以"/ * "开头,以" * /"结尾。

```
/* 定义段落样式 */
```

例如:

```
p {
  text – indent:2em;        /* 文本间距   */
  color: #FF0000;           /* 文字为红色 */
  font – size: 12px;        /* 文字大小     */
  font – family: 宋体       /* 字体为宋体 */
}
```

3. 组织样式表

一些简单的 Web 站点,一般只使用一个 CSS 文件。对于复杂的站点,可以使用多个样式表。例如,可以使用一个 CSS 文件定义整个网站的布局,另一个 CSS 文件处理版式和设计修饰等。这样处理的好处在于,一旦设计好布局后,就很少需要修改布局样式表,防止不小心修改了样式表造成对整体布局的破坏。同时,网站中一些网页与其他页面布局和样式不同,那么可以考虑将这些页面的样式独立出来,例如首页和内容页面布局很不同,那么就可以为首页单独创建 CSS 文件。

将一个 CSS 文件分解成若干个 CSS 文件也有缺点,那就是每加入一个 CSS 文件,就需要单独对服务器进行一次额外的链接下载,对性能会有一定影响,所以一些开发人员也采用一个大的 CSS 文件而不是多个小文件。具体如何选择,要根据实际情况,以尽可能保持灵活性和维护的简单性为原则来决定。

4.3.5　Web 标准与验证

同一网页在不同浏览器上的显示效果存在着天壤之别,要设计一个能在 Internet Explorer、Chrome、Mozilla、Opera 及其他现有浏览器上都能良好显示的网页,是件十分费时和令人头痛的事。为了解决这个问题,W3C(World Wide Web Consortium,万维网联盟)制定了相关的标准。网页开发者只要遵循标准就能确保所设计的网页能在不同浏览器上均有相同的良好显示效果。

为了便于验证是否符合 CSS 标准,W3C 还开发了一个称为验证器的程序。它可以读取网页中的样式表,并验证该样式表是否符合 CSS 标准,如果不符合的话,就会列出错误并给出警告信息。

4.4　CSS 样式

网页上的基本标记是文本和图片以及超链接,因此对这些标记的设定是最主要的。

4.4.1　CSS 颜色和背景

1. 颜色

颜色有前景色(如字体颜色)和背景色,CSS 中用下列两个属性表示颜色:

(1) color;

(2) background-color 。

属性 color 用于指定标记的前景色,background-color 用于指定标记的背景色,颜色的取值有以下几种方式。

(1) 预定义颜色表示法。该方法使用颜色的英文单词,如表 4-1 所示。

表 4-1　预定义颜色

值	说明
color:red;	红色
color:green;	绿色
color:blue;	蓝色

其中 red,green,blue 都是 CSS 表示颜色的单词。

(2) RGB 颜色表示法。该方法采用三组 255 以内的数字来表示,如表 4-2 所示。

表 4-2　RGB 颜色

值	说明
color:rgb(255,0,0);	红色
color:rgb(0,255,0);	绿色
color:rgb(0,0,255);	蓝色

表 4-2 中的 RGB 颜色表示法就是红(R:red),绿(G:green),蓝(B:blue),这三原色混合后呈现出的不同颜色,其中每种颜色的取值为 0~255。

(3) RGB 百分比颜色表示法。

RGB 百分比颜色表示法就是利用百分比来表示 RGB 颜色,其中 RGB 中的 0 就代表百分比中的 0,RGB 中的 255 就代表百分比中的 100%。

(4) 十六进制颜色表示法。

十六进制颜色表示法就是使用三对 6 个字符的十六进制数分别表示 RGB 中的三原色。例如:color:#3399ff,其中第一组 33 代表红色 R 的颜色(十六进制的 33 就等于十进制中的 51),中间的 99 代表绿色 G 的颜色(十六进制的 99 就等于十进制中的 153),其中最后一组 ff 代表蓝色 B 的颜色(十六进制的 ff 就等于十进制中的 255),前面再加一个 #,#1199ff 等价于 RGB(17,153,255)。

使用该方法时,如果十六进制颜色表示法中的两个表示颜色值的数字一样,可以采用简写,如 color:#ffcc00,可以简写为 color:#fc0。

(5) RGBA 颜色表示法。

RGBA 颜色表示法就是在 RGB 颜色的基础上增加了 Alpha 通道。

(6) HSL 颜色表示法。

HSL 颜色表示法就是使用色相(hue),饱和度(saturation),亮度(lightness)表示颜色的一种方法。

(7) HSLA 颜色表示法。

HSLA 颜色表示法就是在 HSL 颜色的基础上增加了 Alpha 通道。

【例 4-9】　设置标题一格式的前景色和背景色,如图 4-8 所示。

```html
< html >
  < head >
    < title >例 4-9 内部样式表</ title >
    < style type = "text/css" >
      h1 {
          color:white;                 /* 预定义颜色表示法 */
          background - color:#000000;  /* 十六进制颜色表示法 */
      }
    </ style >
  </ head >
  < body >
    < h1 >标题一背景和前景颜色设置</ h1 >
  </ body >
</ html >
```

需要注意,当为某个标记应用了两个以上的属性时,属性之间以分号(;)分隔。

标题一背景和前景颜色设置

图 4-8　颜色和背景样式

2. 背景

1) background-image

该属性用于设置背景图像。如将一只猫的图片作为网页的背景图像,只要在 body 标记上应用 background-image 属性,然后给出图片的存放位置就行了。例如,设置网页背景为图片子文件夹下的 cat.jpg,如图 4-9 所示。

```
body { background - image: url("images/cat.jpg"); }
```

图 4-9　设置网页背景图片

要注意的是,需要通过 url 命令来指定图片存放的位置,如 url("images/cat.jpg"),这表明图片文件放在子目录 images 下,也可以引用存放在其他目录的图片,只需给出存放路径即可,如 url("../images/cat.jpg")表示图片放在上级目录中 images 子目录中,甚至可以通过给出图片的网址来引用网上的图片,如 url("http://www.sureserv.com/cat.jpg")。

2) background-repeat 属性

该属性用于控制背景图片平铺方式,表 4-3 列举了 background-repeat 的 4 种不同取值。

表 4-3　background-repeat

值	说　　明
background-repeat:repeat-x;	图像横向平铺
background-repeat: repeat-y;	图像纵向平铺
background-repeat:repeat;	图像横向和纵向都平铺
background-repeat:no-repeat;	图像不平铺

层叠式表及页面美化

例如,只在水平方向做背景图像平铺,如图 4-10 所示,代码为:

```
body {
    background - image: url("images/cat.jpg");
    background - repeat: repeat - x;
}
```

图 4-10　背景图片水平平铺

3）background-attachment 属性

该属性用于指定背景图像是固定在屏幕上的、还是随着它所在的标记而滚动的。一个固定的背景图像不会随着用户滚动页面而发生滚动,也就是它永远固定在屏幕上的某个位置,而一个非固定的背景图像会随着页面的滚动而滚动。表 4-4 概括了该属性的两种不同取值。

表 4-4　background-attachment

值	说　明
background-attachment:scroll;	图像会跟着页面一起滚动
background-attachment:fixed;	图像总是固定在屏幕的某个位置

例如,将图像固定在屏幕上:

```
body {
    background - image: url("images/cat.jpg");
    background - attachment: fixed;
}
```

默认情况下,背景图像将被放在屏幕的左上角,可以通过 background-position 属性来修改其所处位置。

4）background-position

该属性设置背景标记的位置,设置该属性的值有多种方式,可以采用百分比或固定单位(例如像素、厘米等)作为单位的值。不管哪种,都是采用坐标的格式。例如取值为“50px 50px”表示背景图像将被放置在位于距浏览器窗口左侧 50px、顶部 50px 处。也可以是 top、bottom、center、left 和 right 这些值。图 4-11 对此进行了说明。

表 4-5 给出了 background-position 属性的取值。

表 4-5　background-position

值	说　明
background-position:5cm 5cm;	图像被放置在页面内距离左边和顶部 2cm 的地方
background-position:25% 75%;	图像被放置在页面内水平四分之一处,离底部四分之一
background-position:top right;	图像被放置在页面的右上角

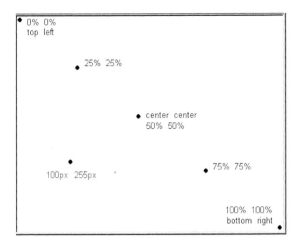

图 4-11　背景位置设置　　　　　　图 4-12　背景图片定位在右上角

例如,背景图像被放置在页面的右上角,如图 4-12 所示。

```
body {
    background - image: url("cat.jpg");
    background - repeat: no - repeat;
    background - position: right top;
}
```

5) background

该属性是上述所有与背景有关的属性的缩写。例如下面的代码:

```
background - color: #FF0066;
background - image: url("images/cat.jpg");
background - repeat: no - repeat;
background - attachment: fixed;
background - position: right top;
```

使用 background 属性实现同样的效果:

```
background: #FF0066 url("cat.jpg") no - repeat fixed right top;
```

需要注意的是,各个值应按下列次序来写:

[background - color] | [background - image] | [background - repeat] | [background - attachment] | [background - position]

另外,如果省略某个属性不写出来,那么将自动为它取缺省值,如:

```
background: # FF0066 url("images/cat.jpg") no - repeat;
```

background-attachment 和 background-position 两个位置没有设置,将被设置为缺省值: scroll 和 top left。

CSS 常用的颜色和背景属性如表 4-6 所示。

表 4-6　CSS 颜色和背景属性

属　　性	说　　明
color	定义前景色,可以使用颜色表示法、RGB 颜色表示法等
background-color	定义背景色,可以使用颜色表示法、RGB 颜色表示法等
background-image	定义背景图片,通常采用 url 指定图片位置
background-repeat	定义背景图片平铺方式,取值可以为 repeat-x(横向平铺)、repeat-y(纵向平铺)、repeat(横向和纵向都平铺)、no-repeat(不平铺)
background-attachment	定义背景图片滚动行为,取值可以为 scroll(图片会跟着页面一起滚动)、fixed(图片总是固定在屏幕的某个位置)
background-position	定义背景标记的位置,采用坐标的格式
background	背景属性的缩写用法,需要按以下次序书写: background-color ｜ background-image ｜ background-repeat ｜ background-attachment ｜ background-position

4.4.2　字体及文本样式

1. 字体

CSS 的一个主要优势就是可以在任何时候很方便地设置字体,与字体有关的属性如下。

1) font-family

该属性的作用是设置一组按优先级排序的字体列表,如果该列表中的第一个字体未在访问者计算机上安装,那么就尝试列表中的下一个字体,以此类推,直到列表中的某个字体是已安装的。

有两种类型的名称可用于分类字体:字体族名称(family-name)和族类名称(generic family)。

字体族名称(也就是我们通常所说的“字体”)包括 Arial、Times New Roman、宋体、黑体等。

在给出字体列表时,自然应把首选字体放在前面、把候选字体放在后面。建议在列表的最后给出一个族类(generic family),这样,当没有一个指定字体可用时,页面至少可以采用一个相同族类的字体来显示。

下面是一个按优先级排列的字体列表的例子,如图 4-13 所示。

a{ font - family:"黑体","宋体",sans - serif }

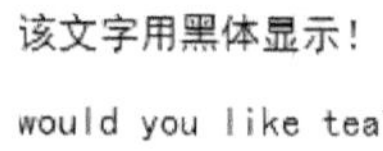

该文字用黑体显示!

would you like tea?

图 4-13　font-family 字体属性

<A>标记将采用黑体显示。如果访问者的计算机未安装黑体,那么就使用宋体。假如宋体也没安装的话,那么将采用一个属于 sans-serif 族类的字体来显示。需要注意的是如果字体中包含空格和非英文文字,需要采用英文双引号将它们括起来,如"Times New Roman"。

2) font-style

该属性定义所选字体的显示样式,属性值可以是 normal(正常)、italic(斜体)或 oblique (倾斜)。下列所有＜h1＞标题都将显示为正常,所有＜h2＞标题都将显示为斜体,如图 4-14 所示。

```
h1{ font - style:normal ; }
h2{ font - style: italic; }
```

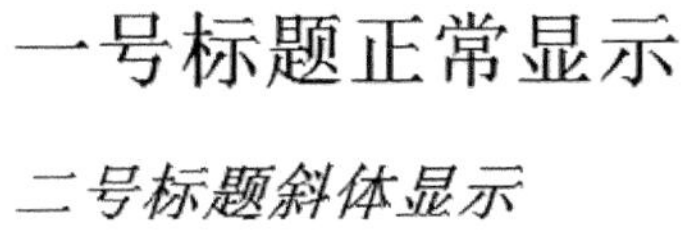

一号标题正常显示

二号标题斜体显示

图 4-14　font-style 属性

3) font-variant

该属性定义字母大小写,取值可以是 normal(正常)或 small-caps(小体大写字母)。 small-caps 字体是一种以小尺寸显示的大写字母来代替小写字母的字体(指对英文有效),如图 4-15 所示。

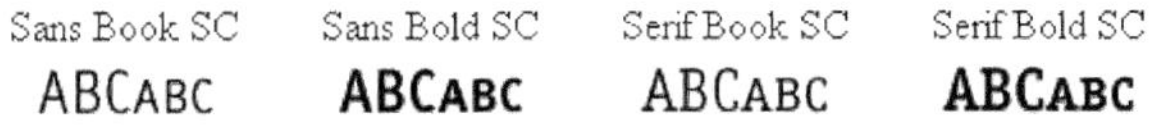

Sans Book SC　Sans Bold SC　Serif Book SC　Serif Bold SC
ABCABC　**ABCABC**　ABCABC　**ABCABC**

图 4-15　font-variant 属性一

如果 font-variant 属性被设置为 small-caps,而没有可用的支持小体大写字母的字体, 那么浏览器多半会将文字显示为正常尺寸(而不是小尺寸)的大写字母,如图 4-16 所示。

```
h1 { font - variant: small - caps; }
```

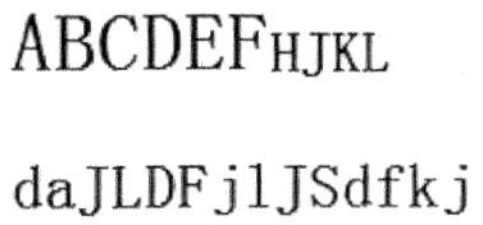

ABCDEFHJKL

daJLDFjlJSdfkj

图 4-16　font-variant 属性二

4) font-weight

该属性指定字体显示的粗细程度,取值可以是 normal(正常)或 bold(加粗)。有些浏览器支持采用 $100 \sim 900$ 的数字(以百为单位)来衡量字体的浓淡度,例如对列表项采用加粗, 效果如图 4-17 所示。

```
li {
  font - family:Arial;
  font - weight:bold;
}
```

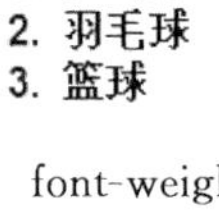

1. **乒乓球**
2. **羽毛球**
3. **篮球**

图 4-17　font-weight 属性

第 4 章

层叠式表及页面美化

5) font-size

该属性指定字体的大小,取值可通过多种不同单位(如像素或百分比等)来设置,设置如图 4-18 所示的文字大小。

```
h1 {font - size: 30px;}
h2 {font - size: 12pt;}
h3 {font - size: 120 % ;}
p {font - size: 1em;}
```

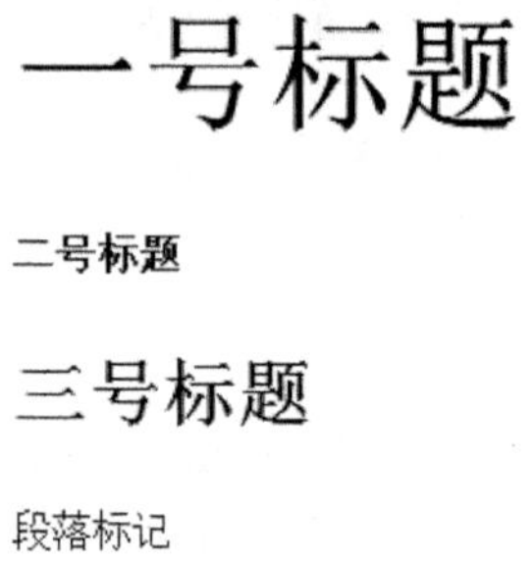

一号标题

二号标题

三号标题

段落标记

图 4-18   font-size 属性

上面 4 种单位的区别是,px 和 pt 将字体设置为固定大小,而%和 em 允许页面浏览者自行调整字体的显示尺寸。像"%"或"em"这种允许用户调节字体显示大小的单位,对访问网站的用户都具有良好的可用性。

6) font

该属性是上述各有关字体的 CSS 属性的缩写用法,例如,产生如图 4-19 所示的字体效果的下面 4 行应用于<p>标记的 CSS 代码:

```
p {
  font - style: italic;
  font - weight: bold;
  font - size: 30px;
  font - family:"黑体";
}
```

可用 font 属性简化为:

```
p { font: italic bold 30px "黑体";}
```

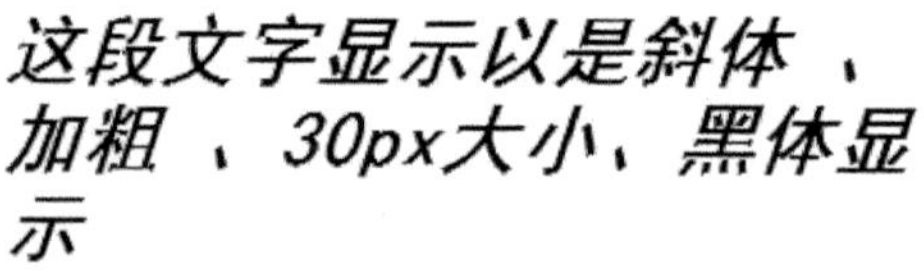

*这段文字显示以是斜体 、
加粗 、30px大小、黑体显
示*

图 4-19   font 属性

font 属性的值应按以下次序书写:

```
font - style | font - variant | font - weight | font - size | font - family
```

字体的常用属性如表 4-7 所示。

表 4-7　CSS 字体类型属性

属　　性	说　　明
font-family	定义按优先级排序的字体。例如：font-family：arial, verdana, sans-serif;
font-variant	定义英文字母的大小写，取值可以为 normal(正常)、small-caps(小体大写字母)
font-style	定义字体的显示样式，取值可以为 normal(正常)、italic(斜体)或 oblique(倾斜)
font-weight	定义字体显示的粗细程度，取值可以为 normal(正常)、bold(加粗)
font-size	定义字大小，可以使用 px、pt、%、em 等单位
font	字体属性的缩写用法，需要按以下次序书写： font-style | font-variant | font-weight | font-size | font-family

2. 文本

文本在网页中占绝大部分，因此文本的显示对于网页设计来说是一个重要问题。

1) text-indent

该属性用于为段落设置首行缩进，以令其具有美观的格式。如图 4-20 所示，文本中每段都使用 30px 的首行缩进，可以使用以下样式：

p { text – indent: 30px;}

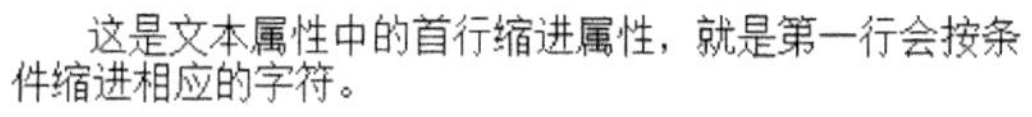

这是文本属性中的首行缩进属性，就是第一行会按条件缩进相应的字符。

图 4-20　首行缩进

2) text-align

该属性设置文本对其方式，与 HTML 标记中的 align 属性具有相同的功能。该属性取值可以是 left(左对齐)、right(右对齐)或者 center(居中)。除了上面三种选择以外，还可以将该属性的值设为 justify(两端对齐)，即伸缩行中的文字以左右对齐(报刊杂志经常采用这种布局)。

例如，如图 4-21 所示，设置标题一中的文字为右对齐、标题二为左对齐、正常的文本段落被设置为居中对齐。

h1 { text – align: right; }
h2 { text – align: left; }
p { text – align: center; }

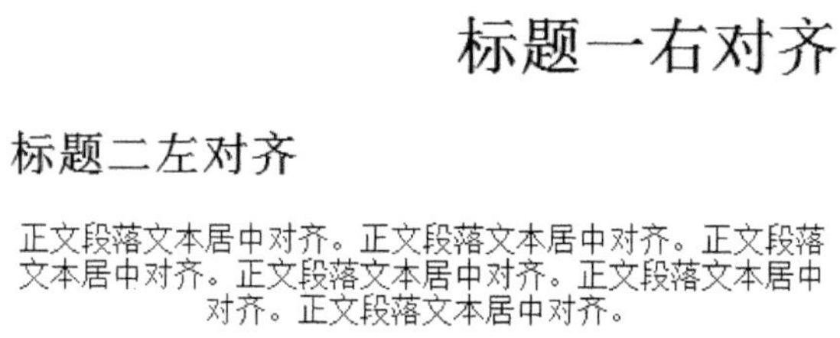

标题一右对齐

标题二左对齐

正文段落文本居中对齐。正文段落文本居中对齐。正文段落文本居中对齐。正文段落文本居中对齐。正文段落文本居中对齐。正文段落文本居中对齐。

图 4-21　文本对齐属性

层叠式表及页面美化

3）text-decoration

该属性可以为文本增添不同的"装饰效果"——为文本增添下划线、删除线、上划线等。如图 4-22 所示,给标题一增添下划线,为标题二增添上划线,为标题三增添删除线。

```
h1 { text – decoration: underline; }
h2 { text – decoration: overline; }
h3 { text – decoration: line – through; }
```

<u>标题一 添加下划线效果</u>

标题二 添加上划线效果

<s>标题三 添加删除线效果</s>

图 4-22　text-decoration 属性

4）letter-spacing

该属性用于设置文本的水平字间距,利用这个属性可以设置字间距的宽度。 如图 4-23 所示,段落文本的字间距为 5px,而标题一的字间距为 3px。

```
h1 { letter – spacing: 3px; }
p { letter – spacing: 5px; }
```

标题一的字符间距是 3 像素

段落 p 元素里的文本段落的字间距为 5 个像素

图 4-23　letter-spacing 字符间距属性

5）text-transform

该属性用于控制文本的大小写。该属性只对英文有效。无论字母本来的大小写,可以通过该属性令它首字母大写(capitalize)、全部大写(uppercase)、全部小写(lowercase)或者不做转换(none)。该属性用在一些特定的地方,如单词 hello 作为标题时,希望是全部大写 HELLO 或首字母大写 Hello。

【例 4-10】　完成如图 4-24 所示的效果:姓名列表采用首字母大写,标题字母采用全部大写。

```
<html>
  <head>
    <title>例 4-10 字体大小写范例 </title>
    <style type = "text/css">
      p{ text – transform: uppercase; }
      li {text – transform: capitalize;}
    </style>
  </head>
  <body>
    <p> people </p>
    <ul>
```

```
          <li> daniel </li>
          <li> laura </li>
          <li> john </li>
          <li> kitty </li>
          </ul>
     </body>
</html>
```

```
PEOPLE

• Daniel
• Laura
• John
• Kitty
```

图 4-24   text-transform 属性

文本的常用属性如表 4-8 所示。

表 4-8   CSS 文本类型属性

属　　　性	说　　　明
text-indent	定义首行缩进
text-align	定义文本对齐方式,取值可以为 left(左对齐)、right(右对齐)或者 center(居中)
text-decoration	为文本增添 underline(下划线)、line-through(删除线)、overline(上划线)等效果
letter-spacing	定义文本的水平字间距
text-transform	定义英文文本的大小写,取值可以为 capitalize(首字母大写)、uppercase(全部大写)、lowercase(全部小写)、none(无)

4.4.3   列表

列表在日常生活中使用相当普遍,HTML 用<ul>、<ol>以及<li>等标记来设置,但是列表样式不太丰富,只能是一些简单的字符和符号,CSS 列表属性允许放置、改变列表项标志,甚至将图像作为列表项标志。

1. list-style-type 属性

list-style-type 属性为改变列表标识类型。在一个无序列表中,列表项的标志是出现在各列表项旁边的圆点。有序列表中,标志可能是字母、数字或另外某种计数体系中的一个符号。如图 4-25 所示,把无序列表中的列表项标志设置为方块。

```
ul { list-style-type : square; }
```

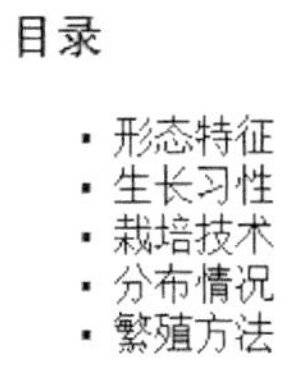

```
目录

• 形态特征
• 生长习性
• 栽培技术
• 分布情况
• 繁殖方法
```

图 4-25   list-style-type 属性

第 4 章

层叠式表及页面美化

2. list-style-image 属性

list-style-image 属性可以使用一个图像作为列表的标志,并使用 url 指定路径的图像作为列表标志,如图 4-26 所示。

```
ul li { list-style-image : url("images/start.png"); }
```

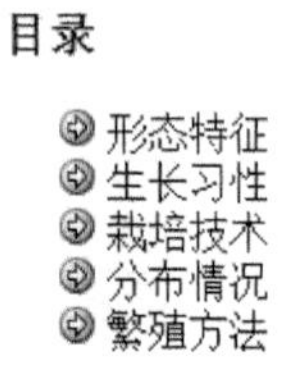

目录

⊕ 形态特征
⊕ 生长习性
⊕ 栽培技术
⊕ 分布情况
⊕ 繁殖方法

图 4-26　图片作为列表标志

3. list-style-position 属性

list-style-position 属性可以确定标志出现在列表项内容外部还是内容内部,也就是定义列表标志的位置,取值可以是 inside 或 outside。外部(outside)标志会放在离列表项边界一定距离处,不过这距离在 CSS 中未定义。内部(inside)标志处理为好像它们是插入在列表项内容最前面的行内元素一样。

```
ul li {list-style-position:inside;}
```

4. list-style 属性

将以上列表样式属性合并为一个,效果如图 4-26 所示。

```
li {list-style : url("images/start.jpg") square outside}
```

list-style 的值可以按任何顺序列出,而且这些值都可以省略,被省略的值会使用默认值。

列表的常用属性如表 4-9 所示。

表 4-9　列表属性

属　　性	说　　明
list-style-type	定义列表类型
list-style-image	使用图片作为列表标识
list-style-position	定义列表标志的位置,取值为 inside 或 outside
list-style	列表缩写

4.4.4　超链接

上面提到的 CSS 属性也可以应用到超链接上(如修改颜色、字体、添加下划线等),同时 CSS 还可以根据链接是未访问的、已访问的、活动的、是否有鼠标悬停等分别定义不同的属性。CSS 通过伪类(pseudo-class)来控制这些效果。所谓伪类(pseudo-class)就是在为 HTML 标记定义 CSS 属性的时候将条件和事件考虑在内。

在 HTML 里,<a>标记用来定义链接,因此将 a 作为一个选择器。

```
a { color: #000000; }
```

使用伪类方法如下：

```
a { color: #000000; text - decoration:none; }        /* 链接默认文本颜色和文字效果 */
a:link { color: blue; }                               /* 未访问的链接文本颜色 */
a:visited { color: #660099;}                          /* 已访问的链接文本颜色 */
a:active { background - color: #FFFF00;}              /* 被选择的链接的背景颜色 */
a:hover { color: orange; font - style: italic; }     /* 鼠标悬停的链接颜色和字体 */
```

上述 4 行的含义分别为：浏览者从未访问过的链接设置为红色；浏览者已访问过的链接设置为深紫色；活动的链接(即获得当前焦点的链接)设置为黄色背景；鼠标悬停在链接上时，链接显示为蓝色斜体。

为链接设置悬停效果十分流行，下面给出几个悬停的例子。

【例 4-11】 将 letter-spacing 属性应用到链接上，当鼠标悬停在链接上时，字符加宽。如图 4-27 所示。

```
< html >
  < head >
    < title >例 4-11 为链接设置悬停效果</title>
    < style type = "text/css">
      a:hover {
        letter - spacing:8px;
        font - weight:bold;
        color:blue;
      }
    </style>
  </head>
  < body >
    <a>鼠标悬停在链接上,<br>链接的字体加粗,字符间距为 8 个像素</a>
  </body>
</html>
```

鼠 标 悬 停 在 链 接 上 ，
链 接 的 字 体 加 粗 ， 字 符 间 距 为 8 个 像 素

图 4-27　链接悬停效果一

【例 4-12】 通过 text-transform 属性应用到链接上，当鼠标悬停在链接上时，英文文字变成大写，并且全部文字加粗，变成绿色，背景变为品红，如图 4-28 所示。

```
< html >
  < head >
    < title >例 4-11 为链接设置悬停效果</title>
    < style type = "text/css">
      a:hover {
        text - transform: uppercase;
        font - weight:bold;
        color:green;
        background - color:pink;
      }
```

```
        </style>
    </head>
    <body>
        <a>鼠标悬停在链接上,<br>链接的字体加粗,背景变粉色,<br>
        英文字母(english words)大写。</a>
    </body>
</html>
```

鼠标悬停在链接上,
链接的字体加粗,背景变粉色,
英文字母(ENGLISH WORDS)大写。

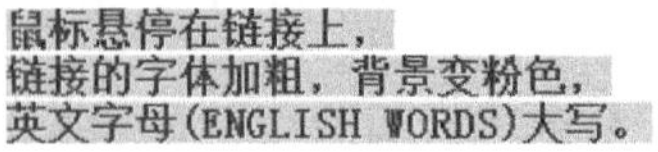

图 4-28　链接悬停效果二

设计网站的一个常见问题就是去掉链接的下划线,但这样做可能会降低网站的易用性。使用前面介绍的 text-decoration 属性,将其属性的值设为 none。

a { text-decoration:none; }

text-decoration 属性也可以与其他属性一起应用在伪类上,如:

a:link { color: blue; text-decoration:none; }
a:visited { color: purple; text-decoration:none; }
a:active { background-color: yellow; text-decoration:none; }
a:hover { color:red;text-decoration:none; }

超链接伪类如表 4-10 所示。

表 4-10　超链接伪类

属　　　性	说　　　明
a:link	定义未访问的链接的样式
a:visited	定义已访问过超链接的样式
a:active	定义被选择的链接的样式
a:hover	定义悬浮在超链接上的样式

4.4.5　边框和轮廓

边框和轮廓都完成在标记周围划线的功能。

1. 边框

网页设计中边框非常有用,例如作为装饰标记或者作为划分两物的分界线。

1) border-width 属性

用于设置边框宽度,也就是边框的粗细,其值可以是 thin(薄)、medium(普通)或 thick(厚)等,也可以是像素值,如图 4-29 所示。

2) border-color 属性

用于设置边框的颜色,其值使用前面介绍的颜色设置方法,如 #FF33DD、RGD(123,123,123)、red 等。

3) border-style 属性

用于设置边框样式。图 4-30 显示了多种不同样式的边框在浏览器中的显示效果。如

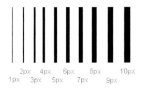

图 4-29　各种边框粗细

果不想有任何边框，可以为它取值 none 或者 hidden。

图 4-30　各种边框样式

可以单独为上边框、下边框、右边框、左边框分别指定特定的属性。

【**例 4-13**】　如图 4-31 所示，分别为上边框、下边框、右边框、左边框设定边框。

```
<html>
  <head>
    <title>例 4-12 分别设定边框</title>
    <style type = "text/css">
      h1  {
        border - top - width: thick;
        border - top - style: double;
        border - top - color: pink;
        border - bottom - width: thick;
        border - bottom - style: solid;
        border - bottom - color: black;
        border - right - width: thin;
        border - right - style: solid;
        border - right - color: red;
        border - left - width: thin;
        border - left - style: dashed;
        border - left - color: orange;
      }
    </style>
  </head>
  <body>
    <h1>设置不同的边框效果</h1>
  </body>
</html>
```

层叠式表及页面美化

设置不同的边框效果

图 4-31　分别设置边框

4）border 属性

以上属性可缩写为一个 border，例如以下三行：

```
p {
    border－width: 1px;
    border－style: solid;
    border－color: blue;
}
```

可缩写为一行：

```
p { border: 1px solid blue; }
```

边框的属性如表 4-11 所示。

表 4-11　边框属性

属　　性	说　　明
border-width	定义边框宽度，取值可以为 thin(薄)、medium(普通)、thick(厚)等，也可以是具体的像素值
border-color	定义边框的颜色
border-style	定义边框样式，取值可以为 dotted、dashed、solid、double、groove、ridge、inset、outset 等 8 种样式
border	边框属性的缩写，需要按以下次序书写： border-width ｜ border-style ｜ border-color

2. 轮廓

轮廓(outline)也是绘制于标记周围的一条线，位于边框边缘的外围，叫起到突出标记的作用。轮廓的属性和边框基本一样，可以参见边框的属性，就不再复述。下列通过一个例子查看两者同时应用在一个标记上的效果。

【例 4-14】　边框与轮廓范例，如图 4-32 所示。

```
< html >
  < head >
    < title>例 4-13 边框与轮廓</title>
    < style type = "text/css">
      p {
        border:green solid thick;
        outline: ＃000000 dotted thin;
      }
    </style>
  </head>
  < body >
    < p >< b >注释: </b>只有在规定了 !DOCTYPE 时，Internet Explorer 8（以及更高版本）才支持
outline 属性。</p>
```

```
    </body>
</html>
```

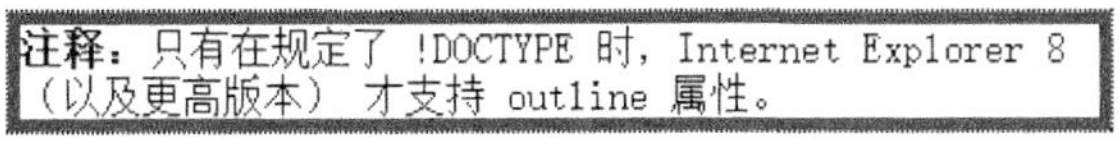

注释：只有在规定了 !DOCTYPE 时，Internet Explorer 8
（以及更高版本）才支持 outline 属性。

图 4-32　边框与轮廓范例

轮廓属性如表 4-12 所示。

表 4-12　轮廓属性

属　　性	描　　述
outline-width	设置轮廓的宽度
outline-color	设置轮廓的颜色
outline-style	设置轮廓的样式
border	缩写，在一个声明中设置所有的轮廓属性

4.4.6　表格

表格在 HTML 中应用很广，使用 CSS 表格属性可以极大地改善表格的外观。

1. 表格边框

需在 CSS 中设置表格边框，使用上面介绍的边框 border 属性。如为<table>、<th>
以及<td>等标记设置蓝色边框：

```
table, th, td { border: 1px solid blue;  }
```

按照上述写法，会发现表格出现双线条边框，这是由于<table>、<th>以及<td>标
记都有各自独立的边框。因此，如果需要把表格显示为单线条边框，使用 border-collapse 属
性，该属性将表格边框折叠为单一边框，如图 4-33 所示。

```
table { border – collapse:collapse; }
table,th, td{border: 1px solid blue;}
```

两	行	三
列	表	格

图 4-33　单一边框

2. 表格的宽度和高度

通过 width 和 height 属性定义表格的宽度和高度。如图 4-34 所示将表格宽度设置为
100%，同时将 th 标记的高度设置为 50px。

```
table{ width:100 % ;}
th { height:50px;}
```

3. 表格文本对齐

text-align 和 vertical-align 属性设置表格中文本的对齐方式。text-align 属性设置水平
对齐方式，取值为左对齐(left)、右对齐(right)或居中(center)。vertical-align 属性设置垂直

两	行	三
列	表	格

图 4-34　表格的宽高

对齐方式,取值为顶部对齐(top)、底部对齐(bottom)或居中对齐(middle)。下列代码产生如图 4-35 所示的效果。

```
td{
  text-align:right;
  height:50px;
  vertical-align:bottom;
}
```

图 4-35　表格文本对齐

4. 表格内边距

通过为<td>、<th>表格标记设置 padding 属性能控制表格中内容与边框的距离,例如填充距离为 20px,产生如图 4-36 所示的效果。

```
td {padding:20px;}
```

两	行	三
列	表	格

图 4-36　表格内边距

5. 表格颜色

可以设置边框的颜色、背景颜色、文本颜色等,如图 4-37 所示。

```
table, td, th{border:1px solid green;}
th{
  background-color:green;
  color:white;
}
```

表格属性如表 4-13 所示。

图 4-37　表格颜色

表 4-13　表格属性

属　　性	描　　述
border-collapse	设置是否把表格边框合并为单一的边框
border-spacing	设置分隔单元格边框的距离
caption-side	设置表格标题的位置
empty-cells	设置是否显示表格中的空单元格
table-layout	设置显示单元、行和列的算法

4.5　页面和浏览器标记及滤镜

网页中除了前面提到的文字、图片、表格、表单等，还有其他标记，例如鼠标、滚动条等，以及滤镜效果。适量地使用这些特性和特效会使得网页更加丰富多彩和有趣，能更好地吸引用户浏览。

4.5.1　鼠标

属性 cursor，可以自定义鼠标指针形状，其语法是：

cursor : auto | crosshair | default | hand | move | help | wait | text | w-resize | s-resize | n-resize | e-resize | ne-resize | sw-resize | se-resize | nw-resize | pointer | url (url)

cursor 属性值的含义如表 4-14 所示。

表 4-14　鼠标形状属性

属　性　值	说　　明	属　性　值	说　　明
auto	自动默认	crosshair	精确定位
default	正常选择	hand	连接选择
move	移动	help	帮助选择
wait	忙	text	选择文本
w-resize	水平调整	e-resize	水平调整
s-resize	垂直调整	n-resize	垂直调整
pointer	连接选择	url (url)	外部连接鼠标样式
ne-resize | sw-resize | se-resize | nw-resize		沿斜对线调整	

【例 4-15】　将鼠标变成 kitty 猫，如图 4-38 所示。

```
< html >
 < head >
  < title >例 4-14 鼠标变成 kitty 猫</title>
  < style type = "text/css">
```

```
          p{ cursor:url("images/kitty.ico"), pointer; }
        </style>
      </head>
      <body>
        <p>看到鼠标变了吗</p>
      </body>
    </html>
```

图 4-38　表格颜色

注意：不同的浏览器支持的图片类型不同，pointer 表示默认的鼠标光标样式，当没有找到可用的定义光标时会使用此光标。

4.5.2　滚动条

当页面的内容比较多，浏览器中的窗口或者子窗口在一屏内显示不完时，就会出现滚动条，供读者翻页。对于 IE 浏览器，可以单独设置滚动条的样式风格，从而使其更加配合网站的整体设计。

1. overflow 属性

overflow 设置当内容溢出时，是否产生滚动条。为 overflow-x 水平方向内容溢出时的设置；overflow-y 为垂直方向内容溢出时的设置；overflow 为水平及垂直方向内容溢出时的设置。三个属性取值为 visible、scroll、hidden、auto。visible 为默认值，使用该值时，无论设置的 width 和 height 的值是多少，其中的内容无论是否超出范围都将被强制显示。hidden 效果与 visible 相反。任何超出 width 和 height 的内容都会不可见。scroll 是指无论内容是否超越范围，都将显示滚动条。auto 是当内容超出范围时，显示滚动条，否则不显示。

没有水平滚动条：

```
<div style="overflow-x:hidden">没有水平滚动条</div>
```

没有垂直滚动条：

```
<div style="overflow-y:hidden">没有垂直滚动条</div>
```

没有滚动条，可以使用下面两种方式：

```
<div style="overflow-x:hidden;overflow-y:hidden">没有滚动条</div>
<div style="overflow:hidden">没有滚动条</div>
```

自动显示滚动条：

```
<div style="height:300px;width:200px;overflow:auto;">自动显示滚动条</div>
```

2. 滚动条的颜色

一般默认的滚动条样式如图 4-39 所示，可以看到滚动条是由几种颜色组合而成的。

```
body {
    scrollbar - arrow - color: #f4ae21;          /*三角箭头的颜色*/
    scrollbar - face - color: #333;              /*立体滚动条的颜色*/
    scrollbar - 3dlight - color: #666;           /*立体滚动条亮边的颜色*/
    scrollbar - highlight - color: #666;         /*滚动条空白部分的颜色*/
    scrollbar - shadow - color: #999;            /*立体滚动条阴影的颜色*/
    scrollbar - darkshadow - color: #666;        /*立体滚动条强阴影的颜色*/
    scrollbar - track - color: #666;             /*立体滚动条背景颜色*/
    scrollbar - base - color: #f8f8f8;           /*滚动条的基本颜色*/
}
```

图 4-39   默认的滚动条样式

4.5.3 CSS 滤镜

CSS 滤镜可以实现一部分 Photoshop 才能实现的效果。缺点是并不是所有浏览器都支持,而且同一个效果,在不同浏览器中效果可能不同。CSS 中使用滤镜的语法如下:

```
filter:filtername(fparameter1,fparameter2...)
```

filtername 为滤镜的名称,fparameter1、fparameter2 等是滤镜的参数,滤镜名称及说明如表 4-15 所示。

表 4-15   CSS 滤镜

名　　称	说　　明
alpha	设置透明
blur	创建高速度移动效果,即模糊效果
chroma	制作专用颜色透明
dropShadow	创建对象的固定影子
flipH	创建水平镜像图片
flipV	创建垂直镜像图片
glow	加光辉在附近对象的边外
gray	把图片灰度化
invert	反色
light	创建光源在对象上
mask	创建透明掩膜在对象上
shadow	创建偏移固定影子
wave	波纹效果
Xray	使对象变的像被 X 光照射一样

层叠式表及页面美化

1. alpha 滤镜

alpha 滤镜设置对象透明度,语法为:

filter:alpha(Opacity = opacity,FinishOpacity = finishopacity,Style = style, StartX = startX, StartY = startY,FinishX = finishX,FinishY = finishY)

参数:opacity—起始值,取值为 0~100,0 为透明,100 为原图;finishOpacity—目标值;style—1 或 2 或 3;startX—任意值;StartY—任意值。要产生如图 4-40 所示的效果,滤镜的设置为:

filter:alpha(opacity = 0, finishopacity = 80, style = 1, startx = 0, starty = 85, finishx = 150, finishy = 85)

(a)   (b)

图 4-40   原图(a),alpha 滤镜效果(b)

2. blur 滤镜

blur 滤镜设置对象模糊效果,语法为:

filter:Blur(add = add,direction = direction, strength = strength)

参数:add——一般为 1 或 0;direction—角度,0°~315°,步长为 45°,strength—效果增长的数值,一般取 5 即可。要产生如图 4-41 所示的效果,滤镜的设置为:

filter:Blur(Add = "1",Direction = "60",Strength = "8")

这是blur滤镜效果,该滤镜设置对象模糊效果

图 4-41   blur 滤镜效果

3. chroma 滤镜

chroma 滤镜设置对象模糊效果,语法为:

filter:Chroma(Color = color)

参数:color—#rrggbb 格式。要产生如图 4-42 所示的效果,滤镜的设置为:

filter:Chroma(Color = "#FF00FF")

chroma 滤镜,设置对象模糊。

图 4-42   chroma 滤镜效果

4. dropShadow 滤镜

dropShadow 滤镜设置对象阴影效果,语法为:

```
filter:dropShadow(color = color, offX = offX, offY = offY, positive = positive)
```

参数：color——＃rrggbb 格式，offx——X 轴偏离值，offy——Y 轴偏离值，positive——1 或 0。要产生如图 4-43 所示的效果，滤镜的设置为：

```
filter:dropShadow(Color = "＃669988", offX = "5", offY = "5", positive = "1")
```

这是DropShadow滤镜效果，该滤镜设置对象模糊效果

图 4-43　dropShadow 滤镜属性效果

5. flipH 和 flipV 滤镜

flipH 滤镜为水平翻转，flipH 滤镜为垂直翻转，语法为：

```
filter:FlipH
filter:FlipV
```

翻转效果如图 4-44 所示。

(a)　　　　　　　　(b)　　　　　　　　(c)

图 4-44　原图(a)，水平翻转(b)，垂直翻转(c)

6. glow 滤镜

glow 滤镜设置对象发光效果，语法为：

```
filter:glow(color = color, strength = strength)
```

参数：color——发光颜色，strength——强度(0～100)。要产生如图 4-45 所示的效果，滤镜的设置为：

```
filter:glow(color = ＃9966CC, strength = 10)
```

Glow滤镜 属性效果

图 4-45　glow 滤镜属性

7. gray 滤镜

gray 滤镜设置对象灰度化，语法为：

```
filter:gray
```

灰度化效果如图 4-46 所示。

8. invert 滤镜

invert 滤镜把对象应用的属性全部翻转，包括色彩、亮度和饱和度，语法为：

```
filter:invert
```

层叠式表及页面美化

(a)   (b)

图 4-46   原图(a),gray 滤镜灰度化(b)

invert 滤镜的效果如图 4-47 所示。

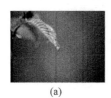 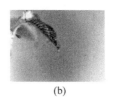

(a)   (b)

图 4-47   原图(a),invert 滤镜灰度化(b)

9. mask 滤镜

mask 滤镜在对象上创建透明掩膜,语法为:

```
filter:mask(color = color)
```

要产生如图 4-48 所示的效果,滤镜的设置为:

```
filter:mask(color = "♯666699")
```

mask属性为对象建立一个覆盖于表面的膜

图 4-48   mask 滤镜

10. shadow 滤镜

shadow 滤镜为对象创建偏移固定影子,语法为:

```
filter:shadow(color = color,direction = direction)
```

参数:color—♯ rrggbb 格式;direction—角度,0°～315°,步长为 45°。要产生如图 4-49 所示的效果,滤镜的设置为:

```
filter:shadow(color = ♯cc66ff,direction = 225)
```

Shadow属性可以在任意角度进行投射阴影,Dropshadow属性实际上是用偏移来定义阴影的

图 4-49   shadow 滤镜

11. wave 滤镜

wave 滤镜为对象产生波纹效果,语法为:

```
filter:wave(add = add,freq = freq,lightStrength = strength,phase = phase,strength = strength)
```

参数:add——一般为 1 或 0,freq—变形值,lightStrength—变形百分比,phase—角度变

形百分比,strength—变形强度。要产生如图 4-50 所示的效果,滤镜的设置为:

```
filter:wave(add = "0",phase = "5",freq = "8",lightStrength = "8",strength = "4")
```

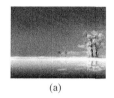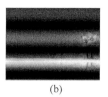

(a)   (b)

图 4-50　原图(a),wave 滤镜效果(b)

12. Xray 滤镜

Xray 滤镜让对象显示出轮廓并把轮廓加亮,类似于 X 光片的效果,语法为:

```
filter:Xray
```

Xray 滤镜的效果如图 4-51 所示。

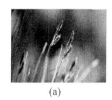

(a)   (b)

图 4-51　原图(a),Xray 滤镜效果(b)

4.6　CSS 特效实例

【例 4-16】　CSS 综合网页设计范例,使用 CSS 完成如图 4-52 所示效果的网页,要求使用独立的 CSS 文件。

1. HTML

```
< html >
  < head >
    < title >例 4-15 综合网页设计</title >
    < link href = "css/style.css" rel = "stylesheet" type = "text/css" />
  </head >
  < body >
    < span id = "top"></span >
    < div id = "wrapper">
      < div id = "header">
        < div id = "title">
          < h1 >< a href = " # ">花的世界</a ></h1 >
        </div >
        < div id = "menu">
          < ul >
            < li >< a href = " # home">主页</a ></li >
            < li >< a href = " # about">关于</a ></li >
```

层叠式表及页面美化

```
          <li><a href = "#blog">博客</a></li>
          <li><a href = "#file">资料</a></li>
          <li class = "last"><a href = "#contact">联系</a></li>
        </ul>
      </div>
    </div><!-- 头部 -->
    <div id = "main">
      <div id = "home"></div>
      <div class = "content_box_top"></div>
      <div class = "content_box">
        <h2>欢迎进入花的世界</h2>
        <div class = "image_wrapper image_fl">
          <img src = "images/image_01.jpg" alt = "图片" />
        </div>
        <p><em>玫瑰,属蔷薇目。蔷薇科落叶灌木,枝杆多针刺,奇数羽状复叶,小叶 5~9 片,
椭圆形,有边刺。花瓣倒卵形,重瓣至半重瓣,花有紫红色、白色等,果期 8-9 月,扁球形。</em></p>
        <p><a href = "#" target = "_parent">玫瑰</a>原产是中国,朝鲜称为海棠花。在欧
洲诸语言中,蔷薇、玫瑰、月季都是一个词,如英语是 rose,德语是 die Rose,因为蔷薇科植物从中国传
到欧洲后他们并不能看出它们的不同之处,但实际上这是不同的花种。玫瑰作为农作物时,其花朵
主要用于食品及提炼香精玫瑰油,玫瑰油应用于化妆品、食品、精细化工等工业。</p>
        <div class = "cleaner h30"></div>
        <div class = "col_w320 float_l">
          <h3>目录</h3>
          <ul class = "list">
            <li>形态特征</li>
            <li>生长习性</li>
            <li>栽培技术</li>
            <li>分布情况</li>
            <li>繁殖方法</li>
          </ul>
        </div>
        <div class = "col_w320 float_r">
          <h3>形态特征</h3>
          <blockquote><p>小叶 5~9,连叶柄长 5~13 厘米；小叶片椭圆形或椭圆状倒卵形,长
1.5~4.5 厘米,宽 1~2.5 厘米,先端急尖或圆钝,基部圆形或宽楔形,边缘有尖锐锯齿,上面深绿色、
无毛、叶脉下陷、有褶皱,下面灰绿色,中脉突起,网脉明显,密被绒毛和腺毛,有时腺毛不明显；叶柄
和叶轴密被绒毛和腺毛；托叶大部贴生于叶柄,离生部分卵形,边缘有带腺锯齿,下面被绒毛。</p>
          <cite>教材 - <span>网页设计</span></cite></blockquote>
        </div>
        <div class = "cleaner h30"></div>
          <a class = "gototop" href = "#top">返回到顶部</a>
          <div class = "cleaner"></div>
        </div>
        <div class = "content_box_bottom"></div>
      </div>
    </div>
  </body>
</html>
```

图 4-52　CSS 网页综合范例

2. CSS 文件 style.css

```
body {
    margin:0;
    padding: 0;
    color: #666;
    font - family: Tahoma, Geneva, sans - serif;
    font - size: 12px;
    line - height: 1.5em;
    background - color: #bdbdbd;
    background - image: url(../images/body.jpg);
    background - repeat: repeat;
}
a, a:link, a:visited {
    color: #000;
    font - weight: 400;
    text - decoration: underline;
}
a:hover {
    text - decoration: none;
}
a.gototop {
    display: block;
```

层叠式表及页面美化

```
    clear: both;
    color: #333;
    font-weight: 600;
    text-decoration: none;
    padding: 5px 0 5px 7px;
    float: right;
    width: 68px;
    height: 20px;
    margin-right: -45px;
    background: url(../images/gototop.png) no-repeat;
}
a.gototop:hover { color: #000; }
p {
    margin: 0 0 10px 0;
    padding: 0;
}
img { border: none; }
blockquote {
    font-style: italic;
    margin: 0 0 0 10px;
}
cite {
    font-weight: bold;
    color:#333;
}
cite span { color: #333; }
em { color: #333; font-weight: 400 }
h1, h2, h3, h4, h5, h6 {
    color: #333;
    font-weight: normal;
}
h1 {
    font-size: 34px;
    margin: 0 0 20px;
    padding: 5px 0;
}
h2 {
    font-size: 28px;
    margin: 0 0 20px;
    padding: 5px 0 10px 0;
    font-weight: 400;
    background: url(../images/hr_divider.png) bottom repeat-x;
}
h3 { font-size: 20px; margin: 0 0 15px; padding: 0; }
h4 { font-size: 18px; margin: 0 0 15px; padding: 0; }
h5 { font-size: 16px; margin: 0 0 10px; padding: 0;   }
h6 { font-size: 14px; margin: 0 0 5px; padding: 0; }
.cleaner { clear: both }
.h10 { height: 10px }
.h20 { height: 20px }
.h30 { height: 30px }
```

```
.h40 { height: 40px }
.h50 { height: 50px }
.h60 { height: 60px }
.float_l { float: left }
.float_r { float: right }
.image_wrapper {
  display: inline-block;
  position: relative;
  margin: 3px 0 10px 0;
  padding: 4px;
  background: #fff;
}
.image_wrapper img {
  border: 1px solid #ccc;
}
.image_fl {
  float: left;
  margin: 3px 20px 0 0;
}
.image_fr {
  float:right;
  margin:3px 0 0 20px;
}
.list {
  margin:20px 0 20px 10px;
  padding:0;
  list-style:none;
}
.list li {
  color:#000;
  margin: 0;
  padding: 0 0 5px 25px;
  background: url(../images/list.png) no-repeat scroll 0 4px;
}
.list li a {
  color: #000;
  font-weight: normal;
  font-size: 12px;
  text-decoration: none;
}
.list li a:hover {
  color: #000;
  text-decoration: underline;
}

#wrapper {
  width: 800px;
  margin: 0 auto;
  background: url(../images/body.jpg) center top no-repeat;
}
#header {
```

```
  width: 780px;
  height: 80px;
  padding: 40px 10px 0 10px;
  background: url(../images/header.jpg) no-repeat;
}
#title {
  float: left;
  margin-left: 35px;
}
#title h1 {
  margin: 0;
  padding: 0;
}
#title h1 a {
  display: block;
  width: 237px;
  height: 41px;
  background: url(../images/logo.png)  no-repeat;
  color: #fff;
  font-size: 40px;
  font-weight: 400;
  outline: none;
  text-indent: -10000px;
}
/* 菜单 */
#menu {
  float: right;
  margin-top: 10px;
  width: 400px;
}
#menu ul {
  padding: 9px 0 0;
  margin: 0;
  list-style: none;
}
#menu ul li {
  margin: 0;
  padding: 0;
}
#menu ul li a {
  float: left;
  display: block;
  width: 80px;
  height: 26px;
  font-size: 14px;
  color: #000;
  text-align: center;
  text-decoration: none;
  font-weight: 400;
  outline: none;
}
#menu ul li a:hover, #menu ul .current {
  color: #fff;
  padding-top: 3px;
```

```
        height: 23px;
        background: url(../images/menu_hover.png) no-repeat;
    }
    #main {
        clear: both;
        width: 800px;
        padding: 0;
    }
    .content_box_top {
        width: 800px;
        height: 10px;
        background: url(../images/content_top.png) no-repeat;
    }
    .content_box_bottom {
        width: 800px;
        height: 28px;
        background: url(../images/content_bottom.png) no-repeat;
    }
    .content_box {
        clear: both;
        width: 700px;
        padding: 30px 50px 0;
        background: url(../images/content_middle.png) repeat-y;
    }
    #footer {
        clear: both;
        width: 760px;
        padding: 0 20px 20px;
        text-align: center;
        color: #000;
        background: url(../images/footer.jpg) center top no-repeat;
    }
```

4.7　本　章　小　结

本章主要介绍了 CSS 的基本概念,HTML 与 CSS 的关系以及 CSS 的基本语法,包括选择器及其作用、如何组织对象、CSS 重点集成和层叠,以及 CSS 的应用和维护。本章分别为网页中的颜色、字体、文本、列表、超链接,边框和轮廓以及表格等主要对象设置样式。本章还介绍了一些 CSS 技术,例如鼠标、滚动条和滤镜等。最后以一个 CSS 构建网页的综合示例总结本章的内容。

4.8　习　　　题

1. 判断题

(1) CSS 属性 font-style 用于设置字体的粗细。(　　　)

(2) CSS 属性 overflow 用于设置标记超过宽度时是否隐藏或显示滚动条。(　　　)

（3）在不涉及样式情况下，页面标记的优先显示与结构摆放顺序无关。（　　）

（4）在不涉及样式情况下，页面标记的优先显示与标签选用无关。（　　）

（5）display：inline 兼容所有的浏览器。（　　）

（6）input 属于窗体标记，层级显示比 flash、其他标记都高。（　　）

2. 选择题

（1）下列（　　）样式定义后，内联（非块状）标记可以定义宽度和高度。

  A. display：inline   B. display：none

  C. display：block   D. display：inheric

（2）选出下列选项中最合理的定义标题的方法（　　）。

  A. ＜span class＝"heading"＞文章标题＜/span＞

  B. ＜p＞＜b＞文章标题＜/b＞＜/p＞

  C. ＜h1＞文章标题＜/h1＞

  D. ＜strong＞文章标题＜/strong＞

（3）br 标签在 XHTML 中语义为（　　）。

  A. 换行   B. 强调   C. 段落   D. 标题

（4）不换行必须设置（　　）。

  A. word-break B. letter-spacing C. white-space D. word-spacing

（5）在使用 table 表现数据时，有时候表现出来的会比自己实际设置的宽度要宽，为此需要设置下面哪些属性值（　　）。

  A. cellpadding＝"0"   B. padding：0

  C. margin：0   D. cellspacing＝"0"

3. 填空题

（1）＿＿＿＿标记必须直接嵌套于 ul、ol 中。

（2）CSS 属性＿＿＿＿可为标记设置外部距离。

（3）设置 CSS 属性 float 的值为＿＿＿＿时可取消标记的浮动。

（4）文字居中的 CSS 代码是＿＿＿＿。

4. 简答题

（1）解释什么是网站重构。

（2）简述 class 属性的特点和用法及与 id 属性的区别，并写出一个具有 class 属性的例子。

第 5 章   网页布局与规划

内容提要：

（1）网页布局及网页规划；

（2）常见布局方式；

（3）框架布局；

（4）框架布局综合案例；

（5）DIV＋CSS 布局；

（6）DIV＋CSS 布局综合实例。

本章教学目的：本章主要讲解网页的规划与布局的基础知识和实际运用技术，通过实例对网页常用布局方法进行介绍；着重讲解如何用 CSS＋DIV 进行网页布局，使读者在学习布局的基本概念后，能实际操作并设计出较好的页面布局。最后给出一个完整网页布局的综合实例，进一步巩固所学到的知识，提高综合应用的能力。

5.1   网页布局基本概念

网页设计除了考虑网页中的内容以及视觉效果（如文字的变化、色彩的搭配、图片的处理等），还有一个要考虑的重要的因素——网页布局。所谓的网页布局就是如何将各种对象放置在网页的不同位置，使网页的浏览效果和视觉效果都达到最佳。

目前网页常见的布局结构类型主要有"国"字形布局、"匡"字形布局、"三"字形布局、"川"字形布局、标题文本型布局、框架型布局和变化型布局等。我们在布局时都应遵循以下三个基本原则。

（1）主题鲜明：视觉设计表达的是一定的意图和要求，这就要求视觉设计不但要单纯、简练、清晰和精确，还要注意通过独特的风格和强烈的视觉冲击力，来鲜明地突出设计主题。

（2）形式与内容统一：内容决定形式，形式反作用于内容，一个优秀的设计必定是形式对内容的完美表现。

（3）强调整体性：注意单个页面形式与内容统一的同时，更不能忽视同一主题下多个分页面组成的整体网页形式与整体内容的统一。

网页布局方式，就是指将各种网页标记按需要放在合适的位置。目前，比较常用的网页布局定位方式有以下几种。

（1）表格布局：利用表格既可以处理不同对象，又可以不用担心不同对象之间的影响，而且表格在定位图片和文本上比 CSS 更加方便。但是过多地使用表格，会影响页面的下载速度。

（2）框架布局：虽然框架存在兼容性的问题，但从布局上考虑，框架结构是一种比较好的布局方法，可以将不同对象放置到不同页面加以处理。

（3）CSS＋DIV布局：是目前流行的网页版面布局方式，与表格方式相比，由于节约了许多代码，从而降低了网络数据量。

5.2　表　格　布　局

表格是一种简明扼要而内容丰富的组织和显示信息的方式，在文档处理中占有十分重要的位置。使用表格既可以在页面上显示表格式数据，也可以进行文本和图形的布局。通过使用相关的一系列表格标签，如 table、th、tr、td、caption 等，并对表格单元格进行合并或拆分以及在表格中嵌套表格等操作，从而得到需要的布局。

表格布局的优势在于它能对不同对象加以处理，而又不用担心不同对象之间的影响，而且在定位图片和文本时非常方便。但当使用过多表格时，页面下载速度将会受到影响。并且灵活性较差，不易修改和扩展。

表格由行和列交错而成的单元格组成，网页的各种对象均放在单元格里。单元格里面还可以放入表格，形成表格嵌套。表格除了可以用来将一些数据对齐，给人们一个清爽的界面之外，还可以定位网页中的对象。事实上许多漂亮的网页都是利用表格实现的，所以说，表格是用于在网页上显示表格式数据以及对文本和图形进行布局的强有力的工具，是网页布局中最常用的手段之一。

5.2.1　表格的基础

创建表格使用的标记为<table>。创建简单的表格由<table>标记以及一个或多个<tr>、<th>或<td>标记组成。其中<tr>标记定义表格行，<th>标记定义表头，<td>标记定义表格单元。要创建复杂的表格可以使用< caption >、< col >、<colgroup>、<thead>、<tfoot>以及<tbody>标记。表格常见的属性如表 5-1 所示。

表 5-1　表格属性表

属　　性	说　　明
width	表格宽度，单位可以为像素或者百分比
height	表格高度，单位可以为像素或者百分比
border	表格边框的宽度，需要指明
cellspacing	表格间距
cellpadding	文字与表格线间的距离
align	表格水平对齐方式，可选值：left、right、center
valign	表格垂直对齐方式，可选值为：top、middle、bottom
background	表格的背景图片，与 bgcolor 属性不要同用
bgcolor	表格的背景颜色，与 background 属性不要同用
bordercolor	表格边框颜色

5.2.2 使用表格布局案例

【例 5-1】 使用表格布局,效果如图 5-1 所示,达到以下要求:

(1) 光标放置在文档窗口要插入表格的位置,单击常用插入栏中的"表格"按钮,插入一个 3 行 3 列的表格,宽度为 600,边框为 2,单元格间距为 2,单元格边距为 3。

(2) 选中第 1 行,设高度为 50px,并合并第 1 行为单元格。

(3) 选中第 2 行第 1 列,设置宽度为 20%,高度为 200px;选中第 2 行第 2 列,设置宽度为 60%。

(4) 第 3 行同第 1 行的设置一样。

```html
<html>
  <head>
    <title>范例 5-1 使用表格布局</title>
  </head>
  <body>
    <table width = "600" border = "2" cellspacing = "3" cellpadding = "2">
        <tr>
            <td height = "50" colspan = "3">  </td>
        </tr>
        <tr>
            <td width = "20 %" height = "200">  </td>
            <td width = "60 %">  </td>
            <td width = "20 %">  </td>
        </tr>
        <tr>
            <td height = "50" colspan = "3">  </td>
        </tr>
    </table>
  </body>
</html>
```

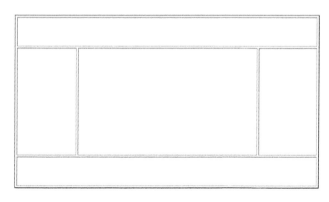

图 5-1 创建表格示例图

155

第 5 章

网页布局与规划

5.3 框 架 布 局

框架也是一种网页页面布局方法,它与表格不同之处在于表格是把一个页面分割成小的单元格,而框架是把浏览器的显示空间分割为几个部分,每个部分都可以独立显示不同的网页,增加了信息量,几个框架组合在一起就构成了框架集。框架集也是一个 HTML 文件,它定义一组框架的布局和属性,包括框架的数目、框架的大小和位置以及最初在每个框架中显示的页面的 URL。框架结构的实现主要是利用<frame>…</frame>标签。使用框架的最常见情况就是:一个框架显示包含导航控件的文档,而另一个框架显示包含内容的文档。例如,图 5-2 就显示了一个由三个框架组成的框架布局:一个较窄的框架位于侧面,其中包含导航条;一个框架横放在顶部,其中包含 Web 站点的徽标和标题;一个大框架占据了页面的其余部分,其中包含主要内容。这些框架中的每一个都显示单独的 HTML 文档。

图 5-2 使用框架布局

5.3.1 框架基础

使用框架的标记为<frameset>和<frame>,其中<frame>标记放在<frameset>里面,作为一个子框架。框架常用的属性如表 5-2 所示。

表 5-2 框架属性

属　　　性	说　　　明
rows	框架集中列的数目和尺寸,值可以使用像素、百分比或者 *
cols	框架集中行的数目和尺寸,值可以使用像素、百分比或者 *
frameborder	定义是否显示边框
border	定义框架边框的粗细,数字越大,边框越粗
bordercolor	定义边框的颜色,可以使用颜色单词,或者使用 RGB 方式
src	定义在本子框架内部显示的网页
id	定义本子框架的标识

【例 5-2】 使用框架布局,效果如图 5-2 所示。

```
<html>
```

```
< head >
  < title >范例 5-2 框架布局</title>
</head>
< frameset rows = "124, * "cols = " * "framespacing = "2"
                    frameborder = "yes" border = "2" bordercolor = " # 000000">
  < frame src = "top. html" id = "topFrame" />
  < frameset rows = " * ,1,1" cols = "146, * "framespacing = "1"
                                        frameborder = "yes" border = "2">
    < frame src = "left. html" id = "leftFrame" frameborder = "yes"
                                        border = "2" />
    < frame src = "main. html" id = "mainFrame" frameborder = "yes"
                                        border = "2" />
  </frameset>
</frameset>
</html>
```

例 5-2 中当访问者浏览站点时,在顶部框架中显示的文档永远不更改。侧面框架导航条包含链接;单击其中某一链接会更改主要内容框架的内容,但侧面框架本身的内容保持静态。当访问者在左侧单击某个链接时,会在右侧的主内容框架中显示相应的文档。

如果一个站点在浏览器中显示为包含三个框架的单个页面,则它实际上至少由 4 个 HTML 文档组成:框架集文件(index. html)以及三个文档(top. html、left. html、main. html),这三个文档包含最初在这些框架内显示的内容。使用框架集的页面时,必须保存所有这 4 个文件,该页面才能在浏览器中正常显示。

使用框架最常用于导航。一组框架中通常包含两个框架,一个含有导航条,另一个显示主要内容页面。按这种方式使用框架的优点为:访问者的浏览器不需要为每个页面重新加载与导航相关的图形;每个框架都具有自己的滚动条(如果内容太大,在窗口中显示不下),因此访问者可以独立滚动这些框架。

现代网页设计一般不推荐使用框架进行布局,因为使用框架有一些不足之处:可能难以实现不同框架中各对象的精确图形对齐;对导航进行测试可能很耗时间;框架中加载的每个页面的 URL 不显示在浏览器中,因此访问者可能难以将特定页面设为书签。

所以,如果一定要使用框架,可以在框架集中提供 noframes 部分,以方便不能查看它们的浏览器,同时最好还提供一个指向无框架版本的站点的链接。

5.3.2　使用框架布局案例

【例 5-3】　用框架布局实现如图 5-3 所示的效果。

1. 主文件 lx5-3. html 文件

```
< html >
  < head >
    < title >例 5-3 框架代码</ title >
  </head>
  < frameset cols = 25 % ,75 %>
    < frame src = "lx5-3_left. htm" name = "frame_left">
    < frame src = "lx5-3_main1. htm" name = "frame_right">
  </frameset>
```

```
</html>
```

申请表

姓名：　[　　　　　　　　]

教育程度：　☐ 硕士　☐ 博士

性别：　◉ 男　◯ 女

月薪：　[　　　　　]

附注：　[请在这里输入附注　　　　　　　　]

国籍：　[美国　▼]

[提交] [重置]

(a) 框架布局(1)

淘宝网 Taobao.com
阿里巴巴旗下网站

免费注册**还送积分,**
积分可以换礼物！

姓名：　[　　　　　]

密码：　[　　　　　]

再次输入密码：　[　　　　　]

性别：　◉ 👦 男　　◯ 👧 女

爱好：　☐ 运动　☐ 聊天　☐ 玩游戏

出生日期：　[某年　] 年 [选择月份 ▼] 月 [选择日期 ▼] 日

[重填] [同意]

(b) 框架布局(2)

图 5-3　框架布局效果

2. 左边导航 lx5-4_left. htm 文件

```
< html >
< head >
< title >左边导航栏 </title>
</head>
< BODY link = red alink = blue vlink = green >
    < H2 align = center >< B>第 5 章例题</B></H2>
    < FONT size = 3 color = purple >
      < CENTER >
        < A href = "lx5 - 3_main1.html" target = "frame_right">【例 5 - 1】</A >  < BR >
        < A href = "lx5 - 3_main2.html" target = "frame_right">【例 5 - 2】</A >  < BR >
        < A href = "lx5 - 3_main2.html" target = "frame_right">【例 5 - 3】</A >  < BR >
      </CENTER >
    </FONT >
</body >
```

```
</html>
```

3. 右侧主体窗口 lx5-3_main1. html 文件

```
<html>
  <head></head>
  <body>
    <form method = "post">
      <p>
        <strong>申请表</strong>
      </p>
      <p>姓名:
        <input type = "text" name = "ename" size = "30" maxlength = "30" />
      </p>
      <p>教育程度:
        <input name = "Graduate" type = "checkbox">硕士
        <input type = "checkbox" name = "Post Graduate">博士
      </p>
      <p>性别:
        <input name = "Gender" type = "radio"    value = "Male"
                                        checked = "true">男
        <input type = "radio" name = "Gender"    value = "Female">女
      </p>
      <p>月薪:
        <label for = "textfield2"></label>
        <input type = "text" name = "Salary"    size = "10" maxlength = "10" />
      </p>
      <p>附注:
        <textarea name = "textarea" id = "textarea" cols = "45" rows = "5">
        请在这里输入附注
        </textarea>
      </p>
      <p>国籍:
        <select name = "Country">
          <option value = "American">美国</option>
          <option value = "Australia">澳大利亚</option>
          <option value = "Japan">日本</option>
          <option value = "Singapore">新加坡</option>
          <option value = "China">中国</option>
        </select>
      </p>
      <p>
        <input type = "submit" value = "提交" />
        <input type = "reset" value = "重置" />
      </p>
    </form>
  </body>
</html>
```

4. 右侧主体窗口 lx5_3_main2. html 文件

```
<head>
<title>无标题文档</title>
</head>
```

```
< body >
< form id = "form1" name = "form1" method = "post" action = "">
  < img src = "img/logo. gif" width = "250" height = "40" /> < img src = "img/reg. gif" width =
"250" height = "50" />
  < p >姓名:
    < label for = "textfield"></label >
    < input type = "text" name = "textfield" id = "textfield" />
  </p >
  < p >密码:
    < label for = "textfield2"></label >
    < input name = "textfield2" type = "password" id = "textfield2" size = "20" maxlength = "20" />
  </p >
  < p >再次输入密码:
    < label for = "textfield3"></label >
    < input name = "textfield3" type = "password" id = "textfield3" size = "20" maxlength = "20" />
  </p >
  < p >性别:
    < label >
      < input name = "gender" type = "radio" id = "gender_0" value = "单选" checked = "checked" />
      < img src = "img/Male. gif" width = "22" height = "21" /> 男</label >    
    < label >
       < input type = "radio" name = "gender" value = "单选" id = "gender_1" />
      < img src = "img/Female. gif" width = "23" height = "21" /> 女</label >
  </p >
  < p >爱好:
    < input type = "checkbox" name = "interest" id = "interest_0" /> 运动
    < input type = "checkbox" name = "interest" id = "interest_1" /> 聊天
    < input type = "checkbox" name = "interest" id = "interest_2" /> 玩游戏
  </p >
  < p >出生日期:
    < label for = "textfield4"></label >
    < input name = "year" type = "year" id = "textfield4" value = "某年" size = "4" maxlength =
"4" width = "40"/>
    年
    < label for = "select"></label >
    < select name = "month" id = "select">
      < option >选择月份</option >
      < option > 1 </option >
      < option > 2 </option >
      < option > 3 </option >
      < option > 4 </option >
      < option > 5 </option >
      < option > 6 </option >
      < option > 7 </option >
      < option > 8 </option >
      < option > 9 </option >
      < option > 10 </option >
      < option > 11 </option >
      < option > 12 </option >
    </select >
    月
```

```
< label for = "select2"></label>
< select name = "day" id = "select2">
  < option>选择日期</option>
  < option > 1 </option >
  < option > 2 </option >
  < option > 3 </option >
  < option > 4 </option >
  < option > 5 </option >
  < option > 6 </option >
  < option > 7 </option >
  < option > 8 </option >
  < option > 9 </option >
  < option > 10 </option >
  < option > 11 </option >
  < option > 12 </option >
  < option > 13 </option >
  < option > 14 </option >
  < option > 15 </option >
  < option > 16 </option >
  < option > 17 </option >
  < option > 18 </option >
  < option > 19 </option >
  < option > 20 </option >
  < option > 21 </option >
  < option > 22 </option >
  < option > 23 </option >
  < option > 24 </option >
  < option > 25 </option >
  < option > 26 </option >
  < option > 27 </option >
  < option > 28 </option >
  < option > 29 </option >
  < option > 30 </option >
  < option > 31 </option >
</select >
日</p>
< p >
  < input type = "reset" value = "重填" >
  < input type = "submit" value = "同意" >
</p>
< p >< img src = "img/read.gif" width = "35" height = "26" />< strong >阅读淘宝网服务协议
</strong ></p>
< p >
  < label for = "textarea"></label>
  < textarea name = "textarea" id = "textarea" cols = "80" rows = "5" >
```

欢迎阅读服务条款协议,本协议阐述之条款和条件适用于您使用 Taobao.com 网站的各种工具和
服务。

本服务协议双方为淘宝与淘宝网用户,本服务协议具有合同效力。

淘宝的权利和义务

1. 淘宝有义务在现有技术上维护整个网上交易平台的正常运行,并努力提升和改进技术,使用户网
上交易活动顺利进行。

2. 对用户在注册使用淘宝网上交易平台中所遇到的与交易或注册有关的问题及反映的情况,淘宝应及时作出回复。

3. 对于在淘宝网上交易平台上的不当行为或其他任何淘宝认为应当终止服务的情况,淘宝有权随时作出删除相关信息、终止服务提供等处理,而无须征得用户的同意。

4. 因网上交易平台的特殊性,淘宝没有义务对所有用户的注册资料、所有的交易行为以及与交易有关的其他事项进行事先审查。

```
</textarea>
</p>
</form>
</body>
</html>
```

5.4　DIV＋CSS 布局方式

DIV＋CSS 是网站标准(或称"Web 标准")中的常用术语之一,在 XHTML 网站设计标准中,不再使用表格定位技术,而是采用 DIV＋CSS 的方式实现各种定位。

DIV 是指 HTML 标记集中的标记＜div＞,可以理解为层的概念,主要用来为 HTML 文档内大块的内容提供布局结构和背景；CSS 的内容可以参看上一章。利用 DIV＋CSS 方式来进行网页布局,是用＜div＞标记的盒模型结构把各部分内容划分到不同的区块,然后用 CSS 来定义盒模型的位置、大小、边框、内外边距、排列方式等。简单地说,＜div＞用来搭建网站结构(框架),CSS 用于创建网站表现(样式/美化)。

对于同一个页面视觉效果,采用 DIV＋CSS 重构的页面容量要比 TABLE 编码的页面文件容量小得多,代码更加简洁,前者一般只有后者的 1/2 大小。对于一个大型网站来说,可以节省大量带宽。

CSS 布局的基本构造块是＜div＞标记,在大多数情况下用作文本、图像或其他页面对象的容器。要使用 CSS 布局时,先将＜div＞标记放在页面上,然后向这些标记中添加内容,最后将它们放在不同的位置上。与表格单元格(被限制在表格行和列中的某个现有位置)不同,＜div＞标记可以出现在 Web 页上的任何位置,甚至可以在同一位置进行重叠形成层。定位＜div＞标记可以用绝对方式(指定 x 和 y 坐标)或相对方式(指定与其他页面对象的距离)来完成。可以通过设置几乎无数种浮动、边距、填充和其他 CSS 属性的组合来创建布局。所以用＜div＞方式来进行定位是最自由和最方便的。

【例 5-4】　使用 CSS 布局,布局方式如图 5-4 所示。

```
<html>
  <head>
    <title>使用 CSS 布局</title>
    <style type = "text/css">
    /* 定义整个页面 */
    body {
      margin: 0px;
      padding: 0px;
      font - size:12px;
      line - height:150%;
    }
```

```
/*定义页面左列样式*/
#left{
  width:200px;
  height:400px;
  margin: 0px;
  padding: 0px;
  background: #FFF;
}
/*定义页面中列样式*/
#middle {
  position: absolute;
  left:203px;
  height:400px;
  top:0px;
  width:400px;
  height:400px;
  margin: 0px;
  padding: 0px;
  background: #DADADA;
}
/*定义页面右列样式*/
#right{
  position:absolute;
  left:608px;
  top:0px;
  width:200px;
  height:400px;
  margin: 0px;
  padding: 0px;
  background: #FFF;
}
</style>
</head>
<body>
  <div id = "left">页面左列</div>
  <div id = "middle">页面中列</div>
  <div id = "right">页面右列</div>
</body>
</html>
```

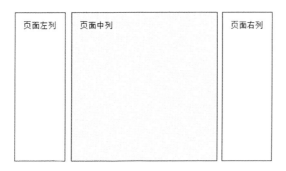

图 5-4 CSS 布局

网页布局与规划

5.4.1 DIV 的布局基础

1. DIV 标记

<div>标记是一个块级标记,可以参考第 4 章来了解它。用在网页布局中,它可以为(X)HTML 文档中的大块内容提供结构和背景,它能把文档分隔为独立的、不同的部分。

2. DIV 的嵌套

<div>标记是可以被嵌套的,这种嵌套的 DIV 主要用于实现更为复杂的页面排版,图 5-5 展示了嵌套和未嵌套 DIV 之间的关系。

3. DIV 与 SPAN

<div>标记与<span>标记的区别可以参见第 4 章。在布局上,<div>标记是一个块级标记,它包围的标记会自动换行,而<span>标记仅仅是个内联标记,不会换行。<span>标记本身没有任何属性,没有结构上的意义,当其他标记都不合适的时候可以换上它。同时<div>标记可以包含<span>标记,反之则不行。

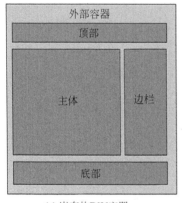

(a) 嵌套的 DIV 容器   (b) 未嵌套的 DIV 容器

图 5-5　DIV 容器

5.4.2 CSS 盒模型

盒模型就是将页面中的每个标记看作一个矩形框,这个框由标记里面的内容、内边距(padding)、边框(border)和外边距(margin)组成,整体关系如图 5-6 所示。

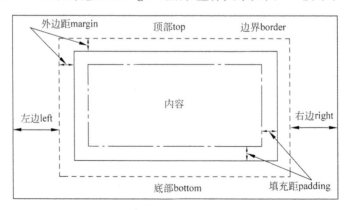

图 5-6　CSS 盒状模型

1. 外边距

一个标记有上(top)、下(bottom)、左(left)、右(right)4个边。外边距(margin)表示从一个标记的边到相邻对象(或者文档边界)之间的距离。外边距设置属性有 margin-top、margin-right、margin-bottom、margin-left,可分别设置,也可以用 margin 属性一次设置所有边距。下面为文档本身(即<body>标记对象)定义外边距,如图 5-7 所示。

CSS 代码如下:

```
body {
  margin - top:160px;
  margin - right:240px;
  margin - bottom:200px;
  margin - left:200px;
}
```

可缩写为:

```
body { margin: 160px 240px 200px 200px; }
```

缩写的次序为上、右、下、左,顺时针方向。几乎所有标记都可以采用跟上面一样的方法来设置外边距,例如用<p>标记的文本段落定义外边距。

```
p { margin: 0 0 10px 0; }
```

在进行 CSS 网页布局时经常会遇见外边距的叠加问题,也就是当两个标记的垂直外边距相遇时,这两个标记的外边距就会进行叠加,合并为一个外边距。

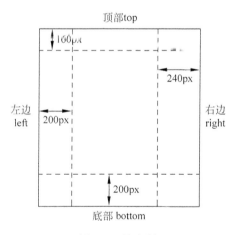

图 5-7　外边距

1) 两个标记垂直相遇时叠加

当两个标记垂直相遇时,第一个标记的下外边距与第二个标记的上外边距会发生叠加合并,合并后的外边距的高度等于这两个标记的外边距值的较大者。

2) 两个标记包含时叠加

假设两个标记没有内边距和边框,且一个标记包含另一个标记,它们的上外边距或下外边距也会发生叠加合并。

2. 内边距

内边距也称为填充距,可以理解成内容和边距之间的"填充物"。内边距不影响标记之间的距离,它只定义标记内部的内容与标记边框之间的距离,位于对象边框和对象之间,包括了 4 项属性: padding-top(上内边距)、padding-right(右内边距)、padding-bottom(下内边距)、padding-left(左内边距),内边距属性不允许负值。

【例 5-5】 内边距效果,效果如图 5-8 所示。

```
< html >
  < head >
    < style >
    #xg1 {
      width:200px;
      height:80px;
      border:2px solid #555;
      padding - top:0;
      padding - right:0;
      padding - bottom:0;
      padding - left:0;
    }
    #xg2 {
      width:200px;
      height:80px;
      border:2px solid #555;
      padding - top:20px;
      padding - right:20px;
      padding - bottom:20px;
      padding - left:80px;
    }
    </style>
  </head>
  < body >
      < div id = "xg1">无填充距</div>< br />
          < div id = "xg2">有填充距</div>
  </body>
</html>
```

无填充距

有填充距

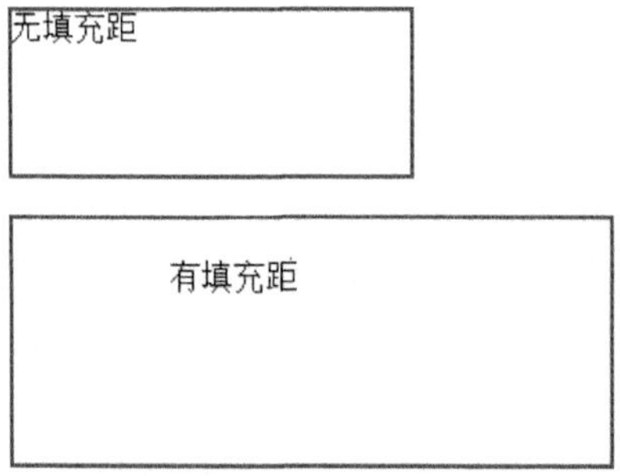

图 5-8 填充距效果

内边距也可以用 padding 一次性设置所有的填充距离,格式和 margin 相似。

3. 高度和宽度

可以通过 width 属性来设定一个标记的宽度,即水平方向上的尺寸。整体宽度＝左外边距(margin－left)＋左边框(border－left)＋左内边距(padding－left)＋内容宽度(width)＋右内边距(padding－right)＋右边框(border－right)＋右外边距(margin－right)。例如下面定义了一个方框:

```
div.box { width: 200px; border: 1px solid black; }
```

该方框由于设置了宽度,高度默认是自动的,也就是方框标记里内容的多少决定了方框的高度。

同样可以通过 height 属性来设定一个标记的高度,整体高度＝上外边距(margin－top)＋上边框(border－top)＋上内边距(padding－top)＋内容高度(height)＋下内边距(padding－bottom)＋下边框(border－bottom)＋下外边距(margin－bottom)。例如设定高度为 300px。

```
div.box { height: 300px; }
```

5.4.3 CSS 标记定位

CSS 定位可以将一个标记精确地放在页面上所指定的地方。联合使用定位与和后面捋到的浮动,能够创建多种高级而精确的布局。

CSS 定位是将浏览器窗口看成一个坐标系统,与通常的数学坐标不同,坐标的原点(0,0)在左上角。水平方向向右增加,垂直方向向下增加,如图 5-9 所示。

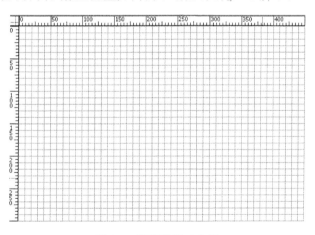

图 5-9 浏览器窗口坐标

可以将任何标记放置在坐标轴的任何位置上。例如放置标题在距文档顶部 100px、左边 200px 的位置,得到如图 5-10 所示的效果。

```
h1 { position:absolute; top: 100px; left: 200px; }
```

可以看出采用 CSS 定位技术来放置标记非常精确。而且相对于使用表格、透明图像或其他方法而言,CSS 定位要简单得多。

网页布局与规划

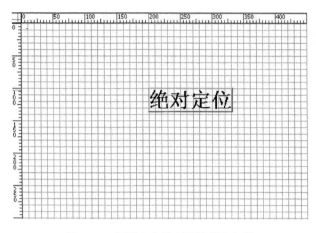

图 5-10　标题文本放到浏览器坐标轴

1. 绝对定位

要对标记进行绝对定位,用"position:absolute;"表示绝对定位,然后通过属性 left、right、top 和 bottom 来设定将标记放置在哪里。使用绝对定位的对象可以被放置在文档中任何位置,位置从浏览器左上角的 0 点开始计算。

采用绝对定位的标记不获得任何空间,也就是该标记在被定位后不会留下空位。例如要在文档的 4 个角落各放置一个方框标记,如图 5-11 所示。

```
#box1 { position:absolute; top: 50px; left: 50px;}
#box2 {position:absolute; top: 50px; right: 50px;}
#box3 {position:absolute; bottom: 50px; right: 50px;}
#box4 {position:absolute; bottom: 50px; left: 50px; }
div { width:100px;height:100px;border:1px solid #000000; }
```

设置 4 个 DIV 块,然后将这 4 个样式附加到这 4 个方框上。

```
< div id = "box1"></div >
< div id = "box2"></div >
< div id = "box3"></div >
< div id = "box4"></div >
```

图 5-11　绝对定位

【例 5-6】 绝对定位，实现如图 5-12 所示的效果。

```html
<html>
  <head>
    <title>绝对定位</title>
    <style type="text/css">
      body {
        width:500px;
        font-size:40px;
      }
      #top {
        width:500px;
        line-height:30px;
        background-color:#6CF;
        padding-left:5px;
      }
      #box {
        width:500px;
        background-color:#FF6;
        padding-left:5px;
      }
      #box-1 {
        width:400px;
        background-color:#0F0;
        margin-left:30px;
        padding-left:5px;
        position:absolute;
        top:50px;
        left:250px;
      }
      #box-2 {
        width:400px;
        background-color:#0F0;
        margin-left:30px;
        padding-left:5px;
      }
      #box-3 {
        width:400px;
        background-color:#0F0;
        margin-left:30px;
        padding-left:5px;
      }
      #footer {
        width:500px;
        line-height:40px;
        background-color:#6CF;
        padding-left:5px;
      }
    </style>
  </head>
  <body>
    <div id="top"> id = &quot;top&quot;</div>
    <div id="box"> id = &quot;box&quot;
      <div id="box-1">
```

```
                <p> id = &quot;box - 1&quot;</p>
                <p>  </p>
            </div>
            <div id = "box - 2">
                <p> id = &quot;box - 2&quot;</p>
                <p>  </p>
            </div>
            <div id = "box - 3">
                <p> id = &quot;box - 3&quot;</p>
                <p>  </p>
            </div>
        </div>
        <div id = "footer"> id = &quot;footer&quot;</div>
    </body>
</html>
```

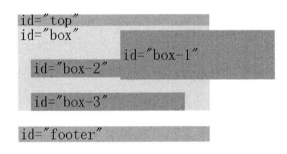

图 5-12　绝对定位

2. 相对定位

所谓相对定位,是指标记相对于它在文档中的原本位置计算而来的,即通过将标记从原来的位置向右、向左、向上或向下移动来定位的。要对标记使用相对定位,将 position 属性的值设为 relative。相对定位通过采用相对定位的标记会获得相应的空间。设置为相对定位的标记框会偏移某个距离。

如图 5-13 所示,如果将方框 2 的 top 设置为 20px,那么方框将在原位置顶部下面 20px 的地方。设置 left 为 30px,那么会在标记左边创建 30px 的空间,也就是将标记向右移动。移动会导致他覆盖其他框,方框 2 就和方框 3 部分重叠了。

#box_relative { position:relative; left:30px; top:20px;}

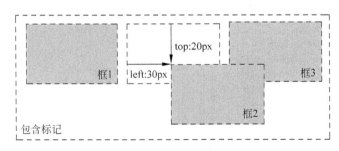

图 5-13　相对定位

在图 5-13 中还能看出,在使用相对定位时,无论是否进行移动,标记仍然占据原来的空间,也就是方框 3 依旧放在原处,并没有往前(左)移动。

5.4.4 CSS 浮动与堆叠

浮动的框可以向左或向右移动,直到它的外边缘碰到包含框或另一个浮动框的边框为止。由于浮动框不在文档内容中,所以文档内容的方框表现得就像浮动框不存在。

1. float 属性

属性 float 用于控制浮动,取值可以是 left、right 或者 none,表示向左、向右或者不浮动。也就是说,令方框及其中的内容浮动到文档(或者是上层方框)的右边或者左边,如图 5-14 所示。

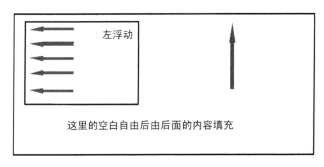

图 5-14　浮动效果

【例 5-7】　浮动效果,实现如图 5-15 所示的文字环绕图片效果。

直立灌木, 高可达2米, 茎粗壮, 丛生; 小枝密被绒毛, 并有针刺和腺毛, 有直立或弯曲、淡黄色的皮刺, 皮刺外被绒毛。

小叶5~9, 连叶柄长5~13厘米; 小叶片椭圆形或椭圆状倒卵形, 长1.5~4.5厘米, 宽1~2.5厘米, 先端急尖或圆钝, 基部圆形或宽楔形, 边缘有尖锐锯齿, 上面深绿色, 无毛、叶脉下陷、有褶皱, 下面灰绿色, 中脉突起, 网脉明显, 密被绒毛和腺毛, 有时腺毛不明显; 叶柄和叶轴密被绒毛和腺毛, 托叶大部贴生于叶柄, 离生部分卵形, 边缘有带腺锯齿, 下面被绒毛。

图 5-15　文字环绕效果

HTML 代码如下:

```
<html>
  <head>
    <title>例 5-7 浮动效果</title>
    <style>
    #pic { float:left; }
    </style>
  </head>
  <body>
  <div id="pic">
  <img src="images/rose.jpg">
  </div>
  <div>
```

```
    <p>直立灌木,高可达 2 米;茎粗壮,丛生;小枝密被绒毛,并有针刺和腺毛,有直立或弯曲、淡黄色
的皮刺,皮刺外被绒毛。</p>
<p>小叶 5～9,连叶柄长 5～13 厘米;小叶片椭圆形或椭圆状倒卵形,长 1.5-4.5 厘米,宽 1-2.5 厘
米,先端急尖或圆钝,基部圆形或宽楔形,边缘有尖锐锯齿,上面深绿色,无毛,叶脉下陷、有褶皱,下面
灰绿色,中脉突起,网脉明显,密被绒毛和腺毛,有时腺毛不明显;叶柄和叶轴密被绒毛和腺毛;托叶
大部贴生于叶柄,离生部分卵形,边缘有带腺锯齿,下面被绒毛。</p>
    </div>
    </body>
</html>
```

2. clear 属性

属性 clear 用于控制浮动标记的后继标记的行为,取值可以是 left、right、both 或 none。
例 5-7 中,默认情况下后继标记将向上移动,以填补由于前面标记的浮动而空出的可用空
间,文本自动上移到了花的图片旁。如果希望得到图 5-16 所示的效果,只需将 clear 属性设
为 both,该方框的上边距将始终处于前面的浮动方框(如果存在的话)的下边距之下,也就
是会换到下一行开始,而不管后面有多少空白,即在例 5-7<style>标记中加入:

```
.clear {clear:both; }
```

将文字部分改为:

```
< p class = "clear">直立灌木,高可达 2 米;茎粗壮,丛生 … …</p>
< p class = "clear">小叶 5～9,连叶柄长 5～13 厘米; … …</p>
```

直立灌木, 高可达2米; 茎粗壮, 丛生; 小枝密被绒毛, 并有针刺和腺毛, 有直立或弯
曲、淡黄色的皮刺, 皮刺外被绒毛。

小叶5～9, 连叶柄长5～13厘米; 小叶片椭圆形或椭圆状倒卵形, 长1.5～4.5厘米, 宽1～2.5
厘米, 先端急尖或圆钝, 基部圆形或宽楔形, 边缘有尖锐锯齿, 上面深绿色, 无毛、叶
脉下陷、有褶皱, 下面灰绿色, 中脉突起, 网脉明显, 密被绒毛和腺毛, 有时腺毛不明
显; 叶柄和叶轴密被绒毛和腺毛; 托叶大部贴生于叶柄, 离生部分卵形, 边缘有带腺锯
齿, 下面被绒毛。

图 5-16　clear 属性

3. z-index 属性

属性 clear 用于控制标记的堆叠。CSS 可以处理高度、宽度、深度三个维度,前面已经介
绍了宽度和高度。而深度,就是令不同标记具有前后层次,类似于 Photoshop 的图层。堆叠
就是让多个方框前后叠加在一起。

每个标记可以指定一个数字(z-index),数字较大的标记将叠加在数字较小的标记
之上。

【例 5-8】 如图 5-17 所示,5 张扑克牌,将牌 10 放在最下面(最后面),牌 A 放在最上面
(最前面)。

```
< html >
```

```
< head >
  < title >堆叠范例</title >
    < style >
      # ten {
        position:absolute;
        left:100px;
        top:100px;
        z－index:1;
      }
      # jack {
        position:absolute;
        left:115px;
        top:115px;
        z－index:2;
      }
      # queen {
        position:absolute;
        left:130px;
        top:130px;
        z－index:3;
      }
      # king {
        position:absolute;
        left:145px;
        top:145px;
        z－index:4;
      }
      # ace {
        position:absolute;
        left:160px;
        top:160px;
        z－index: 5;
      }
    </style >
</head >
< body >
  < div id = "ten" >< img src = "ten.gif" ></div >
  < div id = "jack" >< img src = "jack.gif" ></div >
  < div id = "queen" >< img src = "queen.gif" ></div >
  < div id = "king" >< img src = "king.gif" ></div >
  < div id = "ace" >< img src = "ace.gif" ></div >
</body >
</html >
```

通过为各张牌设定 1~5 五个连续 z-index 数值来设置堆叠层次次序。但是也可以用 5 个不同的其他数字来取得同样的效果。要点在于用数字的大小次序反映希望的堆叠次序。可以将图片叠加到文本之上,也可以将文本叠加到文本之上。

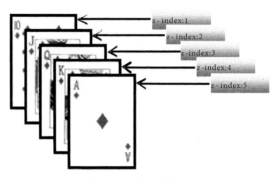

图 5-17　扑克牌堆叠

5.5　DIV＋CSS 布局的综合示例

5.5.1　CSS 常用的布局样式

常用的布局样式有两种,分别是两列布局(如图 5-18 所示)和三列布局样式(如图 5-19 所示)。

1. 两列布局样式

许多网站都有一些共同的特点,即顶部放置一个大的导航或广告条,右侧(或左侧)是链接或图片,左侧(或右侧)放置主要内容,页面底部放置版权信息等,如图 5-18 所示。

【例 5-9】　完成如图 5-18 所示的三行两列宽度的固定布局。

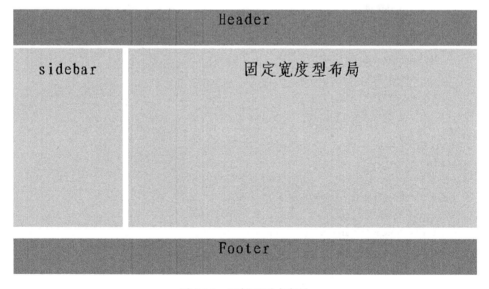

图 5-18　三行两列式布局

```
< html >
  < head >
    < title >例 5-9 三行两列式布局</title>
    < style >
```

```
        body {
          font - size:14px;
          margin:10px;
        }
        h1 {
          text - align:center;
        }
        #container {
          margin:0 auto;
          width:800px;
        }
        /* 因为是固定宽度,采用左右浮动方法可有效避免 ie bug */
        #sidebar {
          float:left;
          width:190px;
          height:300px;
          background:#9ff;
        }
        #footer {
          height:60px;
          background:#6cf;
        }
    </style>
  </head>
  <body>
    <div id = "container">
      <div id = "header">
        <h1>Header</h1>
      </div>
      <div id = "mainContent">
        <div id = "sidebar">
          <h1>sidebar</h1>
        </div>
        <div id = "content">
          <h1>固定宽度型布局</h1>
        </div>
      </div>
      <div id = "footer">
        <h1>Footer</h1>
      </div>
    </div>
  </body>
</html>
```

2. 三列布局样式

三列布局在网页设计时可能更为常用。对于这种类型的布局,浏览者的注意力最容易集中在中栏的信息区域,其次才是左右两侧的信息,如图 5-19 所示。

【例 5-10】 完成如图 5-19 所示的两列定宽中间自适应的三行三列结构。

```
<html>
```

```
< head >
  < title >例 5-10 三行三列布局</title>
  < style type = "text/css">
    * {
      margin:0;
      padding:0;
    }
    body {
      font - family:"微软雅黑";
      font - size:18px;
      color: #000;
    }
    #header {
      height:50px;
      background: #C63;
    }
    #container {
      overflow:auto;
    }
    #mainBox{
      float:left;
      width:100%;
      background: # #FF0;
      height:200px;
    }
    #content {
      height:200px;
      background: #FF0;
      margin:0 210px 0 310px;
    }
    #submainBox{
      float:left;
      height:200px;
      background: #0CF;
      width:300px;
      margin - left: - 100%;
    }
    #sideBox {
      float:left;
      height:200px;
      width:200px;
      margin - left: - 200px;
      background: #0CF;
    }
    #footer {
      clear:both;
      height:50px;
      background: #C63;
    }
  </style>
</head>
```

```
< body >
  < div id = "header"> header </div >
  < div id = "container">
    < div id = "mainBox">
      < div id = "content"> content </div >
    </div >
    < div id = "submainBox"> navi </div >
    < div id = "sideBox"> side </div >
  </div >
  < div id = "footer"> footer </div >
</body >
</html >
```

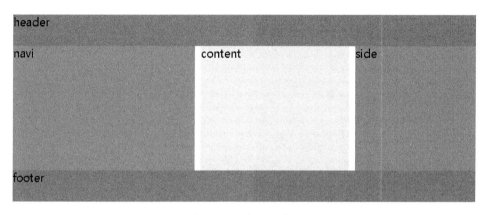

图 5-19　三行三列布局

例 5-10 主要利用负边距原理实现两列定宽中间自适应的三列结构,这里负边距值指的是将某个标记的 margin 属性值设置成一个负值,对于使用负边距的标记可以将其他容器"吸引"到身边,从而解决页面布局的问题。

需要指出的是,在实际网页设计时,为了设计出更完美的作品,应对于不同的情况合理使用不同的布局方式,这需要熟练掌握相关的基础知识,并不断积累设计经验。

5.5.2　综合实例

【例 5-11】　设计制作如图 5-20 所示的大学精品课程网站布局。

```
< html >
  < head >
    < title >例 5-11 大学精品课程网站布局</title >
    < style type = "text/css">
      # content {
        width:820px;
        background: # FF9;
        color: # FFFFFF;
      }
      .top {
        background: # 660;
        width:80px;
```

```
        height:30px;
        float:right;
        padding:4px;
        margin-right:10px;
        margin-top:5px;
    }
    .nav {
        background:#993;
        width:800px;
        height:100px;
        margin-top:5px;
        margin-left:10px;
    }
    .nav_logo {
        background:#660;
        width:160px;
        height:90px;
        float:left;
        margin-top:5px;
        margin-left:10px;
    }
    .nav_menu {
        background:#660;
        float:left;
        width:610px;
        height:90px;
        margin-top:5px;
        margin-left:10px;
    }
    .main {
        background:#993;
        width:800px;
        height:400px;
        margin-top:5px;
        margin-left:10px;
    }
    .main_left {
        float:left;
        background:#660;
        width:230px;
        height:390px;
        margin-top:5px;
        margin-left:10px;
    }
    .main_mid {
        float:left;
        background:#660;
        width:300px;
        height:390px;
        margin-top:5px;
        margin-left:10px;
```

```
        }
        .main_right {
            float:left;
            background: #660;
            width:230px;
            height:390px;
            margin-top:5px;
            margin-left:10px;
        }
        .foot {
            background: #993;
            width:800px;
            height:80px;
            margin-top:5px;
            margin-left:10px;
        }
        .foot_part1 {
            float:left;
            background: #660;
            width:190px;
            height:70px;
            margin-top:5px;
            margin-left:10px;
        }
        .foot_part2 {
            float:left;
            background: #660,
            width:390px;
            height:70px;
            margin-top:5px;
            margin-left:10px;
        }
        .foot_part3 {
            float:left;
            background: #660;
            width:180px;
            height:70px;
            margin-top:5px;
            margin-left:10px;
        }
    </style>
</head>
<body>
    <div id = "content">
        <div class = "top">顶部</div>
        <div style = "clear:both"></div>
        <div class = "nav">
            <div class = "nav_logo">LOGO</div>
```

```
        <div class = "nav_menu">菜单</div>
    </div>
    <div style = "clear:both"></div>
    <div class = "main">
        <div class = "main_left">主体左部</div>
        <div class = "main_mid">主体中部</div>
        <div class = "main_right">主体右部</div>
    </div>
    <div style = "clear:both"></div>
    <div class = "foot">
        <div class = "foot_part1">底部 1</div>
        <div class = "foot_part2">底部 2</div>
        <div class = "foot_part3">底部 3</div>
    </div>
    </div>
  </body>
</html>
```

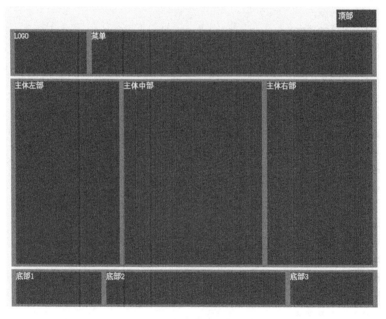

图 5-20　大学精品课程网站布局

5.6　本 章 小 结

本章主要介绍了以下内容：

（1）网页的布局的基本概念。

（2）表格布局的方法、表格标记常用属性，并介绍使用表格设计网页布局。

（3）框架布局的方法、框架布局的步骤，并介绍使用框架设计网页布局。

(4) DIV+CSS 的基本概念,以及如何使用 DIV+CSS 进行网页布局。

(5) 网页设计布局方式很多,介绍了常规的两种布局方法。

5.7 习　　题

1. 选择题

(1) CSS 是(　　)的缩写。

    A. Colorful Style Sheets   B. Computer Style Sheets

    C. Cascading Style Sheets   D. Creative Style Sheets

(2) 在 CSS 中,下列属于 BOX 模型属性的有(　　)。

    A. visible   B. margin   C. padding   D. border

(3) CSS 中的选择器包括(　　)。

    A. 超文本标记选择器   B. 类选择器

    C. 标签选择器   D. ID 选择器

(4) CSS 文本属性中,文本对齐属性的取值有(　　)。

    A. auto   B. justify   C. center   D. right

(5) 在 CSS 语言中(　　)是"左边框"的语法。

    A. border-left-width:<值>   B. border-top-width:<值>

    C. border-left:<值>   D. border-top-width:<值>

(6) 给所有的<h1>标签添加背景颜色应(　　)。

    A. .h1{background color.♯FFFFFF}

    B. h1{background-color:♯FFFFFF;}

    C. h1.all {background-color:♯FFFFFF}

    D. ♯h1 {background-color:♯FFFFFF}

(7) 如果一个标记外层套用了 HTML 样式,内层套用了 CSS 样式,起作用的是(　　)。

    A. 两种样式的混合效果   B. 冲突,不能同时套用

    C. CSS 样式   D. HTML 样式

(8) 创建自定义 CSS 样式时,类样式名称的前面必须加一个(　　)。

    A. $ B. ♯   C. ?   D. 原点

(9) 下列可以更改字体大小的 CSS 属性是(　　)。

    A. text-size   B. font-size   C. text-style   D. font-style

(10) 下列能够实现层的隐藏的是(　　)。

    A. display:false   B. display:hidden   C. display:none   D. display:" "

(11) 如果要将网页中的两个 div 对象制作为重叠效果,(　　)。

    A. 是不可能的

    B. 利用表格标记<table>

C. 利用样式表定义中的绝对位置与相对位置属性

D. 利用样式表定义中的 z-index 属性

2. 填空题

网页布局主要有_____、_____、_____三种方式。

3. 简答题

（1）什么是标记选择器并举例说明。

（2）CSS 引入的方式有哪些？分别举例说明。

第6章 JavaScript 动态脚本语言

内容提要：

（1）JavaScript 的介绍；

（2）JavaScript 语法基础；

（3）函数；

（4）对象；

（5）文档对象模型（DOM）；

（6）JavaScript 事件；

（7）JavaScript 综合实例。

JavaScript 充满挑战，它可以让静态页面产生"动画效果"，也正因为有了 JavaScript，才让互联网上充满了大量"弹窗广告"、"飘浮广告"、"恶意攻击"等。JavaScript 是一把双刃剑，在它的帮助下网页具备了可交互性。可以这么说，自从 JavaScript 技术在网页中应用，网页有了活力。

近几年来，网页设计工作已经从一种混乱无序和即兴发挥的工作状态，逐渐发展成有着成熟设计原则的流水线作业方式了。越来越多的网页设计人员开始采用标志化的思路来建立网站。

6.1 JavaScript 的介绍

6.1.1 JavaScript 的起源

JavaScript 是 Netscape 公司与 Sun 公司合作开发的。在 JavaScript 出现之前，Web 浏览器不过是一种能够显示超文本文档的工具，而在 JavaScript 出现之后，网页的内容不再局限于枯燥的文本，它们的可交互性得到了显著改善。

JavaScript 是一种脚本语言，它只能通过 Web 浏览器执行。因为 JavaScript 脚本需要由浏览器进行解析和执行，所以它不能像 Java 和 C++ 等编译型程序那样用途广泛。但是也正是由于它和操作系统的无关性，JavaScript 在互联网领域应用广泛，尤其是移动互联网领域。在智能手机、智能电视、数字机顶盒等设备里都可以看到 JavaScript 的应用。

6.1.2 JavaScript 语言的特点

JavaScript 有如下特点。

（1）JavaScript 是基于对象和事件驱动，并具有一定安全性的脚本语言。

（2）JavaScript 是一种脚本语言，同时也是一种解释型语言。

（3）JavaScript 是靠浏览器中的 JavaScript 解释器来运行的，与操作环境没有关系。

（4）在 JavaScript 中，采用的是不太严格的数据类型，这样的好处是在定义或使用数据时可以更加方便，但也带来了容易混淆的问题。

（5）JavaScript 是一种基于对象的语言，这样就可以自己创建对象，并运用自己所创建的对象的属性和方法制作出许多功能来。

（6）JavaScript 的主要作用是让网页动起来，同时也存在着一定的交互。

（7）JavaScript 具有安全性，不允许用户访问本地硬盘，不允许对网络中的文档进行修改或删除，这样就能有效地防止数据丢失以及恶意修改。

6.1.3 入门例子

【例 6-1】 现在开始从头学习 JavaScript，如图 6-1 所示。

步骤如下：

（1）打开 Dreamweaver CS6。

（2）输入如下代码：

```
<html>
    <head>
        <title>欢迎学习 JavaScript 语言</title>
    </head>
    <body>
        <script type = "text/javascript">
            alert("熟能生巧!");
        </script>
    </body>
</html>
```

（3）单击"文件"→"保存"，选择文件类型为"所有文件"，输入文件名"0.1.html"并选择文件保存地址（记住一定要把文件的后缀存为.html 或.htm，否则网页无法显示）。

（4）双击这个文件，观察效果，如图 6-1 所示。

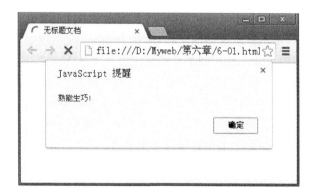

图 6-1　效果图

6.2 JavaScript 语法基础

6.2.1 准备工作

编写 JavaScript 脚本不需要任何特殊软件,一个普通的文本编辑器和一个 Web 浏览器就足够了。用 JavaScript 编写的代码必须嵌在 HTML 文档中才能执行。下面列举两种方法。

方法一:用<script>标签将 JavaScript 代码嵌入在 HTML 文档中。通常情况下会把<script>代码嵌入在<head>部分。当然也可以嵌入在 HTML 文档的其他地方。

【例 6-2】 将<script>代码嵌入 HTML 文档示例,如图 6-2 所示。

代码如下:

```
< HTML >
< HEAD >
  < SCRIPT language = "JavaScript">
    document.write("欢迎来到 JavaScript 世界");
  </SCRIPT >
</HEAD >
< BODY >
  <P>尽情享受学习的快乐!</P>
</BODY >
</HTML >
```

运行结果如图 6-2 所示。

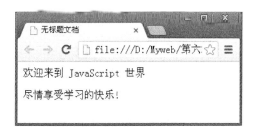

图 6-2 脚本代码运结果

方法二:将 JavaScript 代码以 js 文件方式引入 HTML 文档。如果 JavaScript 代码比较长,或者多个页面都会使用到相同的方法,最好的办法是先把 JavaScript 代码存入一个独立文件,然后再利用<script>标签的 src 属性指向该文件,代码如下:

```
< html >
< head >
< title >无标题文档</title>
< script type = "text/javascript" src = "脚本文件名.js">
</script >
</head >
< body >
</body >
</html >
```

185

第
6
章

JavaScript 动态脚本语言

6.2.2 JavaScript 的基本语法

JavaScript 的语法与 Java 和 C++等其他一些程序设计语言的语法非常相似。

1. 标识符

标识符是指 JavaScript 中定义的符号,例如变量名、函数名、数组名等。标识符可以由任意顺序的大小写字母、数字、下划线(_)和美元符号($)组成,但标识符不能以数字开头,不能是 JavaScript 中的保留关键字。

例如:合法的标识符有 indentifler、username、user_name、_userName、$ username;非法的标识符有 int、98.3、Hello World 等。

2. 严格区分大小写

computer 和 Computer 是两个完全不同的符号。

3. 程序代码的格式

每条功能执行语句的最后必须以分号(;)结束,每个词之间用空格、制表符、换行符或大括号、小括号这样的分隔符隔开。

4. 程序的注释

/ * …. * /中可以嵌套“//”注释,但不能嵌套“/ * …. * /”。

5. 4 种基本的数据类型。

(1) number(数值)类型:可为整数和浮点数。在程序中并没有把整数和实数分开,这两种数据可在程序中自由转换。整数可以为正数、0 或者负数;浮点数可以包含小数点,也可以包含一个 e(大小写均可,表示 10 的幂),或者同时包含这两项。

(2) string(字符)类型:字符是用单引号“'”或双引号“"”来说明的。

(3) boolean(布尔)类型:布尔型的值为 true 或 false。

(4) object(对象)类型:对象也是 JavaScript 中的重要组成部分,用于说明对象。

6. 关键字

关键字为系统内部保留的标识符,其用途特殊,用户的标识符不能与关键字相同。表 6-1 列出了 JavaScript 中常见的关键字,其中大部分内容现在不必去详细了解,以后用到相关内容时将再作讲解。

表 6-1　JavaScript 中关键字

种　　类	关　键　字
控制流	break、continue、for、for…in、if…else、return、while
常数/文字	NaN、null、true、false、Infinity、NEGATIVE_INFINITY、POSITIVE_INFINTY
赋值	赋值(=)、复合赋值(OP=)
对象	Array、Boolean、Date、Function、Global、Math、Number、Object、String

种　　类	关　键　字
运算符	加法（＋）、减法（－） 算数取模（％） 乘（＊）、除（/） 负（－） 相等（＝＝）、不等于（!＝） 小于（＜）、小于等于（＜＝） 大于（＞） 大于等于（＞＝） 逻辑与（＆＆）、或（||）、非（!） 位与（＆）、或（|）、非（～）、异或（^） 位左移（＜＜）、右移（＞＞） 无符号右移（＞＞＞） 条件（?:） 逗号（,） Delete、typeof、void 递减（－－）、递增（＋＋）
函数	Funtion、function
对象创建	new
其他	this、var、with

6.2.3　常量、变量以及关键字

1. 常量

常量通常又称为字面常量，它是不能改变的数据。在数学和物理学中，存在很多种常量，它们都是具体的数值或数学表达式。然而在编程语言中基于数据类型的分类，常量包括字符串型、布尔型、数值型和 null 等。

（1）基本常量

① 字符型常量

"今天天气真好!";　　//字符串常量

② 数值型常量

1; e1; 077;　　　　　//数字型常量

③ 布尔型常量

true; false;　　　　//布尔型常量

（2）特殊常量

① 空值。

② 控制字符。

（3）常量的使用方法

常量直接在语句中使用，因为它的值不改变，所以不需要知道其存储地点。下面通过举例演示常量的使用方法。

```
< script language = "javascript">                              // 脚本程序开始
<!—
document.write( "<li>JavaScript 编程,乐趣无穷!<br>" );          // 使用字符串常量
document.write( "<li>" + 3 + "周学通 JavaScript!" );           // 使用数值常量 3
if( true )                                                     // 使用布尔型常量 true
{
document.write( "<br><li>if 语句中使用了布尔常量: " + true ); // 输出提示
}
document.write( "<li>八进制数值常量 011 输出为十进制: " + 011 );
// 使用 8 进制常量和十进制常量
document.write( "<br><li>十六进制数值常量 0xf 输出为十进制: " + 0xf );
-->
</script>
```

2. 变量

变量是指在程序运行过程中值可以发生改变的量。

1）变量的定义方式

JavaScript 中，用如下方式定义一个变量。

var 变量名 = 值;变量名 = 值;

2）声明变量

JavaScript 变量的命名必须以字母或下划线开始，后可跟下划线或数字，但不能使用特殊符号。

变量的声明和赋值语句 var 的语法为：

var 变量名称 1 [= 初始值 1] ;
var 变量名称 2 [= 初始值 2] … ;
　　声明多个变量: var x, y, z = 10;

3）变量的作用范围

变量的作用域是变量的重要概念。在 JavaScript 中同样有全局变量和局部变量，全局变量定义在所有函数体之外，其作用范围是全部函数；而局部变量定义在函数体之内，只对该函数可见，而对其他函数不可见。

作用域是指有效范围，JavaScript 变量的作用域有全局和局部之分。全局作用域的变量在整个程序范围都有效，局部作用域是指作用范围仅限于变量所在的函数体。JavaScript 不像其他语言那样有块级作用域。变量同名时局部作用域优先于全局作用域。

4）变量的用途

变量主要用于存储数据，例如计算的结果、用户输入的数据等。一部分变量作为对象的引用，通过变量来操作对象的内容或调用对象的方法。

6.2.4 运算符

在定义完变量后,可以对变量进行赋值、计算等一系列操作,这一过程通常由表达式来完成,可以说它是变量、常量和运算符的集合,因此表达式可以分为算术表述式、字符串表达式、布尔表达式。

运算符是完成操作的一系列符号,在 JavaScript 中有算术运算符、字符串运算符、比较运算符、布尔运算符等。

运算符又分为双目运算符和单目运算符。单目运算符,只需一个操作数,其运算符可在前或后。双目运算符格式如下:

操作数 1　运算符　操作数 2

JavaScript 提供了丰富的运算功能,包括算术运算、赋值运算符、比较运算符、逻辑运算、位运算符。

1. 算术运算符

算术运算符的说明如表 6-2 所示。

表 6-2　算术运算符

运 算 符	说 明	举 例
+	加法运算符或正值运算符	x+5,+6
-	减法运算符或负值运算符	7-3,-8
*	乘法运算符	3*6
/	除法运算符	9/4
%	求模运算符(也就算术中的求余)	5/2
++	将变量值加 1 后再将结果赋给这个变量	++x,x++
--	将变量值减 1 后再将结果赋给这个变量	--x,x--

2. 赋值运算符

赋值运算符的作用是将一个值赋给一个变量,最常用的赋值运算符是"="。还可以由"="赋值运算符和其他一些运算符组合产生一些新的赋值运算符,如表 6-3 所示。

表 6-3　赋值运算符

运 算 符	说 明	举 例
=	将一个值或表达式的结果赋给变量	x=3
+=	将变量与所赋的值相加后的结果再赋给该变量	x+=3 等价于 x=x+3
-=	将变量与所赋的值相减后的结果再赋给该变量	x-=3 等价于 x=x-3
*=	将变量与所赋的值相乘后的结果再赋给该变量	x*=3 等价于 x=x*3
/=	将变量与所赋的值相除后的结果再赋给该变量	x/=3 等价于 x=x/3
%=	将变量与所赋的值求模后的结果再赋给该变量	x%=3 等价于 x=x%3

3. 比较运算符

比较运算符的说明如表 6-4 所示。

表 6-4　比较运算符

运算符	说　　明
＞	当左边操作数大于右边操作数时返回 true,否则返回 false
＜	当左边操作数小于右边操作数时返回 true,否则返回 false
＞＝	当左边操作数大于等于右边操作数时返回 true,否则返回 false
＜＝	当左边操作数小于等于右边操作数时返回 true,否则返回 false
＝＝	当左边操作数等于右边操作数时返回 true,否则返回 false
！＝	当左边操作数不等于右边操作数时返回 true,否则返回 false

注意: 不要将比较运算符"＝＝"误写成"＝"。

4. 逻辑运算符

逻辑运算符的说明如表 6-5 所示。

表 6-5　逻辑运算符

运算符	说　　明
＆＆	逻辑与,当左右两边操作数都为 true 时,返回 true,否则返回 false
‖	逻辑或,当左右两边操作数都为 false 时,返回 false,否则返回 true
！	逻辑非,当操作数为 true 时返回 false,否则返回 true

5. 位运算符

任何信息在计算机中都是以二进制的形式保存的,位运算用于对操作数中的每一个二进制位进行运算,包括位逻辑运算符和位移运算符,如表 6-6 所示。

表 6-6　位运算符

运算符	说　　明
＆	只有参加运算的两位都为 1,运算的结果才为 1,否则为 0
｜	只有参加运算的两位都为 0,运算的结果才为 0,否则为 1
＾	只有参加运算的两位不同,运算的结果才为 1,否则为 0
＞＞	将左边的操作数在内存中的二进制数据右移右边操作数指定的位数,左边移空的部分,补上左边操作数原来的最高位的二进制位值
＜＜	将左边操作数在内存中的二进制数据左移右边操作数指定的位数,右边移空的部分补 0
＞＞＞	将左边操作数在内存中的二进制数据右移右边操作数指定的位数,左边移空的部分补 0

6.2.5　JavaScript 的程序结构

1. 赋值语句

把右边表达式赋值给左边的变量。其格式为:

```
变量名 = 表达式；
```

2. 注释语句

单行注释语句的格式为：

```
// 注释内容
```

多行注释语句的格式为：

```
/* 注释内容
   注释内容 */
```

3. 输出字符串

（1）用 document 对象的 write()方法输出字符串。

```
document.write(字符串 1, 字符串 2, …);
```

（2）用 window 对象的 alert()方法输出字符串。

```
alert(字符串);
```

4. 输入字符串

（1）用 window 对象的 prompt()方法输入字符串。

```
prompt(提示字符串, 默认值字符串);
```

（2）用文本框输入字符串。

使用 onBlur 事件处理程序，可以得到在文本框中输入的字符串。onBlur 事件的具体解释可参考本章后面的内容。

【例 6-3】 在文本框中输入文本，在对话框中输出其内容，本例文件 6-03. html 在浏览器中显示的效果如图 6-3 所示。

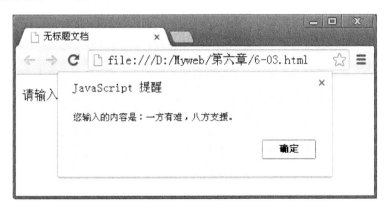

图 6-3　文本框中输入文本示例

代码如下：

```
<!doctype html>
<head><title>用文本框输入</title>
<script language = "JavaScript">
  function test(str) {
    alert("您输入的内容是: " + str);
    }
</script>
</head>
<body>
  <form name = "chform" method = "post">
    <p>请输入:
    <input type = "text" name = "textname"  onBlur = "test(this.value)" value = "" size = "10">
</p>
  </form>
</body>
</html>
```

6.2.6 条件语句

1. if 语句

只有当指定条件为 true 时，该语句才会执行代码，格式如下：

```
if (条件)
  {
       只有当条件为 true 时执行的代码
  }
```

注意：要使用小写的 if，如果使用大写字母(IF)会产生 JavaScript 错误。

【**例 6-4**】 if 语句的实例，当时间小于 20:00 时，生成一个"Good day"问候。

本例文件 6-04. html 在浏览器中显示的效果如图 6-4 所示。

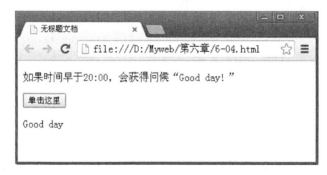

图 6-4　if 语句的实例显示的效果

代码如下：

```
<html>
<head>
</head>
<body>
<p>如果时间早于<time>20:00</time>,会获得问候"Good day!"</p>
<button onclick = "myFunction()">单击这里</button>
<p id = "demo"></p>
<script language = "javascript">
function myFunction()
{
    var now = new Date( );
    var time = now.getHours( );
    if (time < 20)
        {
            x = "Good day";
        }
    document.getElementById("demo").innerHTML = x;
}
</script>
</body>
</html>
```

2. if…else 语句

使用 if…else 语句在条件为 true 时执行代码,在条件为 false 时执行其他代码。

```
If (条件)
    {
        当条件为 true 时执行的代码
    }
else
    {
        当条件不为 true 时执行的代码
    }
```

【**例 6-5**】 if…else 语句的实例,当时间小于 20:00 时,将得到问候"Good day",否则将得到问候"Good evening"。本例文件 6-05.html 在浏览器中显示的效果如图 6-5 所示。

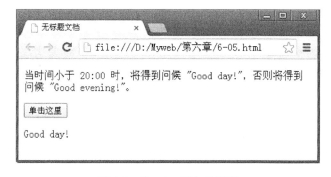

图 6-5 if…else 语句的实例

代码如下：

```
< html >
< head >
</ head >
< body >
< p >当时间小于 20:00 时,将得到问候 "Good day!",否则将得到问候 "Good evening!"。</ p >
< button onclick = "myFunction()">单击这里</ button >
< p id = "demo"></ p >
< script language = "javascript">
function myFunction()
{
  var now = new Date();
  var time = now.getHours();
  if (time < 20)
  {
    x = "Good day!";
  }
  else
  {
    x = "Good evening!";
  }
  document.getElementById("demo").innerHTML = x;
}
</ script >
</ body >
</ html >
```

3. if…else if…else 语句

使用 if…else if…else 语句来选择多个代码块之一来执行。

```
if (条件 1)
  {
    当条件 1 为 true 时执行的代码
  }
else if (条件 2)
  {
    当条件 2 为 true 时执行的代码
  }
else
  {
    当条件 1 和 条件 2 都不为 true 时执行的代码
  }
```

【例 6-6】 if…else if…else 语句的实例,如果时间小于 12:00,则发送问候"Good morning!",否则如果时间大于 12:00、小于 18:00,则发送问候"Good afternoon!",否则发送问候"Good evening!"。本例文件 6-06.html 在浏览器中显示的效果如图 6-6 所示。

图 6-6   if…else if…else 语句的实例的运行结果

代码如下：

```html
<html>
<head>
</head>
<body>
<p>单击按钮,获得基于时间的问候!</p>
<button onclick = "myFunction()">单击这里</button>
<p id = "demo"></p>
<script language = "javascript">
function myFunction()
{
  var now =  new Date( );
  var time  =  now.getHours( );
  if (time < 12)
  {
    x = "Good morning!";
  }
else if(time > 12&&time < 18)
  {
    x = "Good afternoon!";
  }
else
  {
    x + "Good evening!";
  }
  document.getElementById("demo").innerHTML = x;
}
</script>
</body>
</html>
```

6.2.7   switch 选择语句

switch 语句的格式如下：

```
switch(n)
{
    case 1:
        执行代码块 1
        break;
    case 2:
        执行代码块 2
        break;
    default:
        n 与 case 1 和 case 2 不同时执行的代码
}
```

【例 6-7】 switch 选择语句的实例,显示今日的周名称。提示:显示内容 Sunday＝0,Monday＝1,Tuesday＝2 等。本例文件 6-07. html 在浏览器中显示的效果如图 6-7 所示。

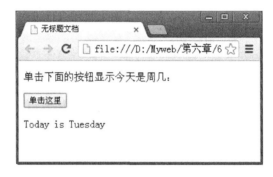

图 6-7 switch 选择语句的实例的运行结果

代码如下:

```
<html>
<head>
</head>
<body>
<p>单击下面的按钮显示今天是周几: </p>
<button onclick = "myFunction()">单击这里</button>
<p id = "demo"></p>
<script language = "javascript">
function myFunction()
{
    var now = new Date( );
    var day = now.getDay( );
    switch (day)
{
    case 0:
        x = "Today is Sunday";
```

```
    break;
  case 1:
    x = "Today is Monday";
    break;
  case 2:
    x = "Today is Tuesday";
    break;
  case 3:
    x = "Today is Wednesday";
    break;
  case 4:
    x = "Today is Thursday";
    break;
  case 5:
    x = "Today is Friday";
    break;
  case 6:
    x = "Today is Saturday";
    break;
}
  document.getElementById("demo").innerHTML = x;
}
</script>
</body>
</html>
```

6.2.8 while 和 do…while 循环语句

1. while(条件表达式语句)

while 循环会在指定条件为真时循环执行代码块。

```
while (条件)
  {
    需要执行的代码
  }
```

2. do…wile 循环

```
do
  {
    需要执行的代码
  }while(条件)
```

【例 6-8】 while 和 do…while 循环语句的实例。本例文件 6-08.html 在浏览器中显示的效果如图 6-8 所示。

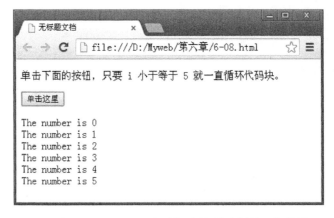

图 6-8 while 和 do…while 循环语句的实例的运行结果

代码如下：

```
<html>
<body>
<p>单击下面的按钮,只要 i 小于等于 5 就一直循环代码块。</p>
<button onclick = "myFunction()">单击这里</button>
<p id = "demo"></p>
<script>
function myFunction()
{
  var x = "", i = 0;
  do
  {
    x = x + "The number is " + i + "<br>";
    i++;
  }
  while (i <= 5)
  document.getElementById("demo").innerHTML = x;
}
</script></script>
</body>
</html>
```

6.2.9 for 循环语句

```
for (语句 1; 语句 2; 语句 3)
  {
    被执行的代码块
  }
```

说明如下：

语句1——在循环(代码块)开始前执行；

语句2——定义运行循环(代码块)的条件；

语句3——在循环(代码块)已被执行之后执行。

【例6-9】 for循环语句的实例。本例文件6-09.html在浏览器中显示的效果如图6-9所示。

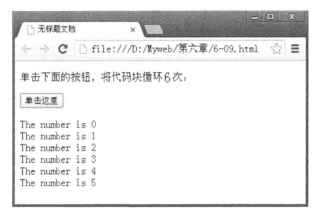

图6-9 for循环语句的实例

代码如下：

```
<html>
<body>
<p>单击下面的按钮,将代码块循环6次 </p>
<button onclick = "myFunction()">单击这里</button>
<p id = "demo"></p>
<script>
function myFunction()
{
  var x = "";
  for (var i = 0;i <= 5;i++)
  {
    x = x + "The number is " + i + "<br>";
  }
  document.getElementById("demo").innerHTML = x;
}
</script>
</body>
</html>
```

6.2.10 break 与 continue 语句

1. break 语句

break 语句可用于跳出循环。跳出循环后,会继续执行该循环之后的代码(如果有的话）。

【例 6-10】 for 循环语句的实例。本例文件 6-10. html 在浏览器中显示的效果如图 6-10 所示。

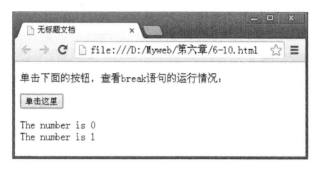

图 6-10 break 语句的实例的运行结果

代码如下：

```
< html >
< body >
<p>单击下面的按钮,查看 break 语句的运行情况: </p>
< button onclick = "myFunction()">单击这里</button >
< p id = "demo"></p >
< script >
function myFunction()
{
  var x = "";
  for (i = 0;i < 8;i++)
  {
    if (i == 2)
    {
      break;
    }
    x = x + "The number is " + i + "< br >";
  }
  document.getElementById("demo").innerHTML = x;
}
</script >
</body >
</html >
```

2. continue 语句

continue 语句中断循环中的迭代,如果出现了指定的条件,然后继续循环中的下一个迭代。

【例 6-11】 continue 语句的实例,该例子跳过了值 3。本例文件 6-11. html 在浏览器中显示的效果如图 6-11 所示。

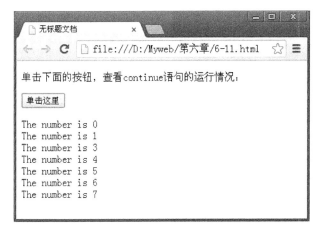

图 6-11　continue 语句的实例的运行结果

代码如下：

```
<html>
<body>
<p>单击下面的按钮,查看 continue 语句的运行情况:</p>
<button onclick = "myFunction()">单击这里</button>
<p id = "demo"></p>
<script>
function myFunction()
{
  var x = "";
  for (i = 0; i < 0; i++)
  {
    if (i == 2)
    {
      continue;
    }
    x = x + "The number is " + i + "<br>";
  }
  document.getElementById("demo").innerHTML = x;
}
</script>
</body>
</html>
```

6.3　函　　数

6.3.1　函数的定义

JavaScript 也遵循先定义函数后调用函数的规则。函数的定义通常放在 HTML 文档头中,也可以放在其他位置,但最好放在文档头,这样就可以确保函数先定义后使用。

定义函数的格式为：

```
function 函数名(参数 1, 参数 2, … )
  {
    语句段；
     ⋮
    return 表达式；              // return 语句指明被返回的值
  }
```

6.3.2　函数的调用

（1）无返回值的调用

（2）有返回值的调用

变量名 = 函数名(传递给函数的参数 1,传递给函数的参数 2, …) ;

（3）在超链接标记中调用函数

当单击超链接时，可以触发调用函数，有如下两种方法。

方法一：使用<a>标记的 onClick 属性调用函数，其格式为：

```
< a href = "#" onClick = "函数名(参数表)"> 热点文本 </a>
```

方法二：使用<a>标记的 href 属性，其格式为：

```
< a href = "javascript:函数名(参数表)"> 热点文本 </a>
```

（4）在装载网页时调用函数

① 函数名(传递给函数的参数 1,传递给函数的参数 2，…)

② 变量＝函数名(传递给函数的参数 1,传递给函数的参数 2，…)

③ 对于有返回值的函数调用，也可以在程序中直接使用返回的结果，例如：

```
alert("sum = " + square(2, 3));
```

6.3.3　全局变量与局部变量

全局变量和局部变量的定义格式如下：

```
< script languang = "javascript">
    var msg = "全局变量";
    function show()
    {
        //var msg;
        msg = "局部变量";
    }
```

```
        show();
        alert(msg);
</script>
```

【例 6-12】 全局变量和局部变量的示例。本例文件 6-12.html 在浏览器中显示的效果
如图 6-12 所示。

图 6-12　全局变量与局部变量

代码如下：

```
<html>
<body>
<script language="javascript">
var msg="全局变量";
function show(){//函数形式
        var msg="局部变量";
        document.writeln(msg);
        for(var i=1; i<=9; i++){
        for(var j=1; j<=i; j++){
        document.write(i+" * "+j+" = "+(i*j)+"\t");
        }
document.write("<br>");
        }
    }
    show()
    document.writeln(msg);
</script>
</body>
</html>
```

6.3.4　参数个数可变的函数

参数个数可变函数的示例如下。

JavaScript 动态脚本语言

【例 6-13】 全局变量和局部变量的示例。本例文件 6-13. html 在浏览器中显示的效果如图 6-13 所示。

(a) 全局变量效果

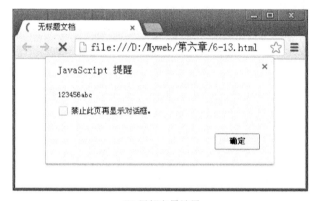

(b) 局部变量效果

图 6-13 全局变量和局部变量的示例效果

6.3.5 创建动态函数

```
< script langusge = "javascript">
function testparams()
{
        var  params = "";
        for(var i = 0; i < arguments.length; i++)
                params = params + "" + arguments[i];
        alert(params);
}
testparams("abc", 123);
testparams(123, 456, "abc");
</script>
在函数内部使用 arguments 对象来访问调用程序传递的所有参数
```

创建动态函数的基本语法格式为:

```
var varName = new Function(argument1, … . , lastArgument);
```

说明：所有的参数都必须是字符串类型的，最后的参数必须是这个动态函数的功能代码。

【例 6-14】 创建动态函数的示例。本例文件 6-14.html 在浏览器中显示的效果如图 6-14所示。

图 6-14 创建动态函数的示例效果

```
<html>
<body>
<script language = "javascript">
        function square(x,y){
        var sum;
        sum = x * x + y * y;
        return sum;
        }
        alert("sum = " + square(3, 2));
</script>
</body>
</html>
```

6.3.6 JavaScript 的内置函数

1. 数字函数

数字函数的名称及说明如表 6-7 所示。

表 6-7 数字函数

名　　称	说　　明
abs	返回一个数的绝对值
acos	返回一个数的反余弦
anchor	在对象的指定文本两端加上一个带 NAME 属性的 HTML 锚点
asin	返回一个数的反正弦
atan	返回一个数的反正切
atan2	返回从 X 轴到点(y, x)的角度（以弧度为单位）

名　　称	说　　明
cos	返回一个数的余弦
sin	返回一个数的正弦
sqrt	返回一个数的平方根
tan	返回一个数的正切
round	将一个指定的数值表达式舍入到最近的整数并将其返回
random	返回一个 0~1 的伪随机数
parseFloat	返回从字符串转换来的浮点数
parseInt	返回从字符串转换来的整数
pow	返回一个指定幂次的底表达式的值

2. 字符串函数

字符串函数的名称及说明如表 6-8 所示。

表 6-8　字符串函数

名　　称	说　　明
atEnd	返回一个表明枚举算子是否处于集合结束处的 Boolean 值
big	在 String 对象的文本两端加入 HTML 的<big>标识
blink	将 HTML 的<blink>标识添加到 String 对象中的文本两端
bold	将 HTML 的<b>标识添加到 String 对象中的文本两端
ceil	返回大于或等于其数值参数的最小整数
charAt	返回位于指定索引位置的字符
charCodeAt	返回指定字符的 Unicode 编码
compile	将一个正则表达式编译为内部格式
concat	(Array)返回一个由两个数组合并组成的新数组
concat	(String)返回一个包含给定的两个字符串的、连接的 String 对象
dimensions	返回 VBArray 的维数
escape	对 String 对象编码,以便在所有计算机上都能阅读
eval	对 JavaScript 代码求值,然后执行之
exec	在指定字符串中执行一个匹配查找
exp	返回 e (自然对数的底)的幂
fixed	将 HTML 的<tt>标识添加到 String 对象中的文本两端
floor	返回小于或等于其数值参数的最大整数
fontcolor	将 HTML 带 COLOR 属性的<FONT>标识添加到 String 对象中的文本两端
fontsize	将 HTML 带 SIZE 属性的<FONT>标识添加到 String 对象中的文本两端
fromCharCode	返回 Unicode 字符值的字符串
indexOf	返回在 String 对象中第一次出现子字符串的字符位置
slice	(Array)返回数组的一个片段
slice	(String)返回字符串的一个片段
small	将 HTML 的<small>标识添加到 String 对象中的文本两端
sort	返回一个元素被排序的 Array 对象
split	将一个字符串分隔为子字符串,然后将结果作为字符串数组返回。strike 方法将 HTML 的<strike>标识添加到 String 对象中的文本两端

名　称	说　明
sub	将 HTML 的〈sub〉标识放置到 String 对象中的文本两端
substr	返回一个从指定位置开始并具有指定长度的子字符串
substring	返回位于 String 对象中指定位置的子字符串
sup	将 HTML 的〈sup〉标识放置到 String 对象中的文本两端
unescape	对用 escape 方法编码的 String 对象进行解码
UTC	返回 1970 年 1 月 1 日零点的全球标准时间（UTC）（或 GMT）与指定日期之间的毫秒数
valueOf	返回指定对象的原始值
toLocaleString	返回一个转换为使用当地时间的字符串的日期
toLowerCase	返回一个所有的字母字符都被转换为小写字母的字符串
toString	返回一个对象的字符串表示
toUpperCase	返回一个所有的字母字符都被转换为大写字母的字符串
toUTCString	返回一个转换为使用全球标准时间（UTC）的字符串的日期
ubound	返回在 VBArray 的指定维中所使用的最大索引值
test	返回一个 Boolean 值，表明在被查找的字符串中是否存在某个模式
toArray	返回一个从 VBArray 转换而来的标准 JaraScript 数组

3. 日期函数

日期函数的名称及说明如表 6-9 所示。

表 6-9　日期函数

名　称	说　明
getDate	使用当地时间返回 Date 对象的月份日期值
getDay	使用当地时间返回 Date 对象的星期几
getFullYear	使用当地时间返回 Date 对象的年份
getHours	使用当地时间返回 Date 对象的小时值
getItem	返回位于指定位置的项
getMilliseconds	使用当地时间返回 Date 对象的毫秒值
getMinutes	使用当地时间返回 Date 对象的分钟值
getMonth	使用当地时间返回 Date 对象的月份
getSeconds	使用当地时间返回 Date 对象的秒数
getTime	返回 Date 对象中的时间
getTimezoneOffset	返回主机的时间和全球标准时间（UTC）之间的差（以分钟为单位）
getUTCDate	使用全球标准时间（UTC）返回 Date 对象的日期值
getUTCDay	使用全球标准时间（UTC）返回 Date 对象的星期几
getUTCFullYear	使用全球标准时间（UTC）返回 Date 对象的年份
getUTCHours	使用全球标准时间（UTC）返回 Date 对象的小时数
getUTCMilliseconds	使用全球标准时间（UTC）返回 Date 对象的毫秒数
getUTCMinutes	使用全球标准时间（UTC）返回 Date 对象的分钟数

名　　称	说　　明
getUTCMonth	使用全球标准时间(UTC)返回 Date 对象的月份值
getUTCSeconds	使用全球标准时间(UTC)返回 Date 对象的秒数
getVarDate	返回 Date 对象中的 VT_DATE
getYear	返回 Date 对象中的年份
isFinite	返回一个 Boolean 值,表明某个给定的数是否是有穷的
isNaN	返回一个 Boolean 值,表明某个值是否为保留值 NaN (不是一个数)
italics	将 HTML 的<I>标识添加到 String 对象中的文本两端
item	返回集合中的当前项
join	返回一个由数组中的所有元素连接在一起的 String 对象
lastIndexOf	返回在 String 对象中子字符串最后出现的位置
lbound	返回在 VBArray 中指定维数所用的最小索引值
link	将带 HREF 属性的 HTML 锚点添加到 String 对象中的文本两端
log	返回某个数的自然对数
match	使用给定的正则表达式对象对字符串进行查找,并将结果作为数组返回
max	返回给定的两个表达式中的较大者
min	返回给定的两个数中的较小者
moveFirst	将集合中的当前项设置为第一项
moveNext	将当前项设置为集合中的下一项
parse	对包含日期的字符串进行分析,并返回该日期与 1970 年 1 月 1 日零点之间相差的毫秒数
replace	返回根据正则表达式进行文字替换后的字符串的拷贝
reverse	返回一个元素反序的 Array 对象
search	返回与正则表达式查找内容匹配的第一个子字符串的位置
setDate	使用当地时间设置 Date 对象的数值日期
setFullYear	使用当地时间设置 Date 对象的年份
setHours	使用当地时间设置 Date 对象的小时值
setMilliseconds	使用当地时间设置 Date 对象的毫秒值
setMinutes	使用当地时间设置 Date 对象的分钟值
setMonth	使用当地时间设置 Date 对象的月份
setSeconds	使用当地时间设置 Date 对象的秒值
setTime	设置 Date 对象的日期和时间
setUTCDate	使用全球标准时间(UTC)设置 Date 对象的数值日期
setUTCFullYear	使用全球标准时间(UTC)设置 Date 对象的年份
setUTCHours	使用全球标准时间(UTC)设置 Date 对象的小时值
setUTCMilliseconds	使用全球标准时间(UTC)设置 Date 对象的毫秒值
setUTCMinutes	使用全球标准时间(UTC)设置 Date 对象的分钟值
setUTCMonth	使用全球标准时间(UTC)设置 Date 对象的月份
setUTCSeconds	使用全球标准时间(UTC)设置 Date 对象的秒值
setYear	使用 Date 对象的年份
toGMTString	返回一个转换为使用格林威治标准时间(GMT)的字符串的日期

6.4 对　　象

6.4.1　对象的概念

　　JavaScript 中的对象是由属性（property）和方法（method）两个基本元素构成的。用来描述对象特性的一组数据，也就是若干个变量，称为属性；用来操作对象特性的若干个动作，也就是若干函数，称为方法。

　　对象（object）是一种非常重要的数据类型。JavaScript 的一个重要功能就是面向对象的功能，通过基于对象的程序设计，可以用更直观、模块化和可重复使用的方式进行程序开发。

　　对象拥有属性（property）和方法（method）：属性是属于某个特定对象的变量；方法是只有某个特定对象才能调用的函数。

6.4.2　对象的属性

　　对象属性的引用有 3 种方式。

　　1）点（.）运算符

　　把点放在对象实例名和它对应的属性之间，以此指向一个唯一的属性。属性的使用格式为：

对象名.属性名 = 属性值；

　　2）对象的数组下标

　　通过“对象[下标]”的格式也可以实现对象的访问。在用对象的下标访问对象属性时，下标从 0 开始，而不是从 1 开始的。

　　3）通过字符串的形式实现

　　通过“对象[字符串]”的格式实现对象的访问，格式如下：

```
person["sex"] = "female";
```

6.4.3　对象的事件

　　事件就是对象上所发生的事情。事件是预先定义好的、能够被对象识别的动作，如单击（Click）事件、双击（DblClick）事件、装载（Load）事件、鼠标移动（MouseMove）事件等，不同的对象能够识别不同的事件。通过事件，可以调用对象的方法，以产生不同的执行动作。有关 JavaScript 的事件，后面将详细介绍。

6.4.4　对象的方法

　　一般来说，方法就是要执行的动作。JavaScript 的方法是函数。如 window 对象的关闭

(Close)方法、打开(Open)方法等。每个方法可完成某个功能,但其实现步骤和细节用户既看不到、也不能修改,用户能做的工作就是按照约定直接调用它们。

6.4.5 对象的使用

要使用一个对象,有下面 3 种方法:

(1) 引用 JavaScript 内置对象。

(2) 由浏览器环境提供。

(3) 创建新对象。

对象在被引用之前必须已经存在。

6.4.6 对象与对象实例

1. 动态对象

使用"对象实例名. 成员"的格式来访问其属性和方法。

2. 静态对象

直接使用"对象名. 成员"的格式来访问其属性和方法。

(1) 对象所包含的内容:

① 变量就是对象的属性;

② 对属性进行操作的函数就是对象的方法;

③ 对象的属性和方法都叫对象的成员。

(2) 对象是对某一类事物的描述,是抽象的概念,而对象实例是一类事物中的具体个例。

(3) 能够用来创建对象实例的函数叫对象的构造函数,只要定义了一个对象的构造函数就等于定义了一个对象,使用 new 关键字和对象的构造函数就可以创建对象实例,语法格式如下:

```
var objInstance = new ObjName(传递给该对象的实际参数列表);
```

创建字符串有如下两种不同方法。

(1) 使用 var 语句

```
var newstr = "这是我的字符串";
```

(2) 创建 String 对象

```
var newstr = new String("这是我的字符串")
```

6.4.7 常用 JavaScript 核心对象

1. String 对象

String 对象的属性和方法如表 6-10 所示。

表 6-10　String 对象的属性和方法

	名　　称	说　　明
属性	length	返回字符串的长度
方法	big( )	增大字符串文本
	blink( )	使字符串文本闪烁(IE 浏览器不支持)
	bold( )	加粗字符串文本
	fontcolor( )	确定字体颜色
	italics( )	用斜体显示字符串
	indexOf("子字符串",起始位置)	查找子字符串的位置
	strike( )	显示加删除线的文本
	sub( )	将文本显示为下标
	…	…
	toLowerCase( )	将字符串转换成小写
	toUpperCase( )	将字符串转换成大写

2. Math 对象

Math 对象是静态对象,不能使用 new 关键字创建对象实例,应直接使用"对象名·成员"的格式访问其属性或方法。例如:

```
var num = Math.random();
```

Math 对象的属性和方法如表 6-11 所示。

表 6-11　Math 对象的属性和方法

	名　　称	说　　明
属性	PI	π 的值,约等于 3.1415
	LN10	10 的自然对数的值,约等于 2.302
	E	Euler 的常量的值,约等于 2.718。Euler 的常量用作自然对数的底数
方法	abs(y)	返回 y 的绝对值
	sin (y)	返回 y 的正弦,返回值以弧度为单位
	cos (y)	返回 y 的余弦,返回值以弧度为单位
	tan (y)	返回 y 的正切,返回值以弧度为单位
	min (x, y)	返回 x 和 y 两个数中较小的数
	max (x, y)	返回 x 和 y 两个数中较大的数
	random	返回 0~1 的随机数
	round (y)	四舍五入取整
	sqrt (y)	返回 y 的平方根

【例 6-15】 Math 对象的示例。本例文件 6-15.html 在浏览器中显示的效果如图 6-15 所示。

图 6-15　Math 对象示例的效果

代码如下:

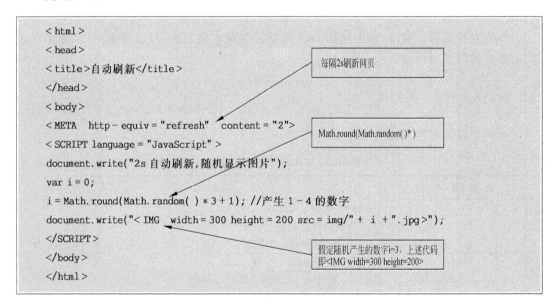

```
< html >
< head >
< title >自动刷新</title >
</head >
< body >
< META  http-equiv = "refresh"  content = "2">
< SCRIPT language = "JavaScript" >
document.write("2s 自动刷新,随机显示图片");
var i = 0;
i = Math.round(Math.random( ) * 3 + 1); //产生 1-4 的数字
document.write("< IMG  width = 300 height = 200 src = img/" + i + ".jpg>");
</SCRIPT >
</body >
</html >
```

每隔2s刷新网页

Math.round(Math.random( )*)

假定随机产生的数字i=3,上述代码
即<IMG width=300 height=200>

3. Date 对象

1) Date 对象

Date 对象存储的日期为自 1970 年 1 月 1 日 00:00:00 以来的毫秒数。格式如下:

```
var 日期对象 = new Date (年、月、日等参数)
```

例如：

```
var  mydate = new Date( "July 29, 1998,10:30:00 ")
```

如果没有参数,表示当前日期和时间。例如:

```
var today = new Date(  )
```

Data 方法的分组如表 6-12 所示。

表 6-12   Data 方法

方 法 分 组	说　明
setxxx	用于设置时间和日期值
getxxx	用于获取时间和日期值
Toxxx	用于从 Date 对象返回字符串值
parsexxx & UTCxx	用于解析字符串

（1）set 方法

set 方法的说明如表 6-13 所示。

表 6-13   set 方法

方　　法	说　　明
setDate	设置 Date 对象中月份中的天数,其值在 1～31
setHours	设置 Date 对象中的小时数,其值在 0～23
setMinutes	设置 Date 对象中的分钟数,其值在 0～59
setSeconds	设置 Date 对象中的秒数,其值在 0～59
setTime	设置 Date 对象中的时间值
setMonth	设置 Date 对象中的月份,其值在 1～12

（2）get 方法

get 方法的说明如表 6-14 所示。

表 6-14   get 方法

方　　法	说　　明
getDate	返回 Date 对象中月份中的天数,其值在 1～31
getDay	返回 Date 对象中的星期几,其值在 0～6
getHours	返回 Date 对象中的小时数,其值在 0～23
getMinutes	返回 Date 对象中的分钟数,其值在 0～59
getSeconds	返回 Date 对象中的秒数,其值在 0～59
getMonth	返回 Date 对象中的月份,其值在 0～11
getFullYear	返回 Date 对象中的年份,其值为 4 位数
getTime	返回自某一时刻(1970 年 1 月 1 日)以来的毫秒数

（3）To 方法

To 方法的说明如表 6-15 所示。

表 6-15　To 方法

方　法	说　明
ToGMTString	使用格林尼治标准时间（GMT）数据格式将 Date 对象转换成字符串表示
ToLocaleString	使用当地时间格式将 Date 对象转换成字符串表示

（4）Parse 方法和 UTC 方法

Parse 方法和 UTC 方法的说明如表 6-16 所示。

表 6-16　Parse 方法和 UTC 方法

方　法	说　明
Date. parse（date string ）	用日期字符串表示自 1970 年 1 月 1 日以来的毫秒数
Date. UTC（year，month，day，hour，min.，sec.）	Date 对象中自 1970 年 1 月 1 日以来的毫秒数

（5）Date 方法

Date 方法的参数如表 6-17 所示。

表 6-17　Date 方法的参数

值	整　数
Second 和 minuty	0～59
Hour	0～23
Day	0～6(星期几)
Date	1～31(月份中的天数)
Month	0～11(一月至十二月)

2）Date 对象的实例说明

【例 6-16】　Date 对象的示例。本例文件 6-16. html 在浏览器中显示的效果如图 6-16
所示。

图 6-16　Date 对象示例的效果

代码如下：

```
<HTML>
<BODY>
<script language = "javaScript">
var now = new Date( );          ← 获得当前日期和时间
var hour = now.getHours( );     ← 获得小时，即当前是几点
if ( hour >= 0 && hour <= 12)
document.write("上午好!")
if ( hour > 12 && hour <= 18)   ← 判断上午、下午还是晚上
document.write("下午好!");
if ( hour > 18 && hour < 24)
document.write("晚上好!");
document.write("<P>今天日期:" + now.getFullYear() + "年" + (now.getMonth( ) + 1) + "月" +
now.getDate() + "日");
document.write("<P>现在时间:" + now.getHours() + "点" + now.getMinutes( ) + "分");
</script>
</body>
</HTML>          ← 月份数字0~11，注意+1
```

4. Object 对象

Object 对象提供了一种创建自定义对象的简单方式，不需要程序员再定义构造函数。

【例 6-17】 Object 对象的示例。本例文件 6-17.html 在浏览器中显示的效果如图 6-17 所示。

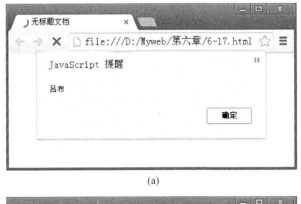

(a)

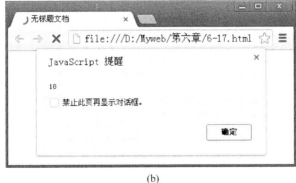

(b)

图 6-17　Object 对象的示例的效果

代码如下:

```
< html >
< head >
</ head >
< body >
< script language = "javascript">
    function getAttributeValue(attr)
    {
            alert(person[attr]);
    }
    var person = new Object();
    person. name = "吕布";
    person. age = 18;
    getAttributeValue("name");
    getAttributeValue("age");
</ script >
</ body >
</ html >
```

toString 方法是 JavaScript 中的所有内部对象的一个成员方法,它的主要作用就是将对象中的数据转换成某种格式的字符串来表示,具体的转换方式取决于对象的类型。

【例 6-18】　toString 方法的示例。本例文件 6-18. html 在浏览器中显示的效果如图 6-18 所示。

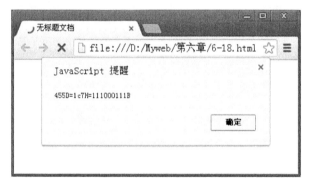

图 6-18　toString 方法示例的效果

代码如下:

```
< html >
< body >
< script language = "javascript">
    var x = 455;
    alert(x + "D = " +  x. toString(16) +
    "H = " + x. toString(2) + "B");
</ script >
</ body >
</ html >
```

6.5 文档对象模型

6.5.1 DOM 介绍

文档对象模型(Document Object Model,DOM)是 W3C 组织推荐的处理可扩展置标语言的标准编程接口。DOM 定义表示和修改文档所需的对象、对象的行为和属性以及对象之间的关系。

JavaScript 通过 DOM 对象可以对浏览器、文档(网页页面)进行操作,甚至重构整个 HTML 文档。DOM 把一份文档表示为一棵"树",如图 6-19 所示。

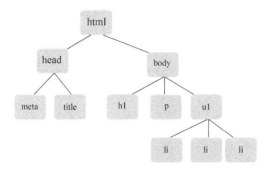

图 6-19   网页中的元素表示为一棵家谱树图解

1. DOM 的结构图

DOM 的结构图如图 6-20 所示。

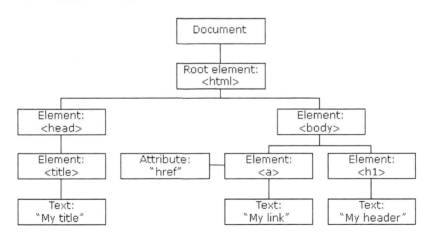

图 6-20   DOM 的结构图

DOM 对象的一个特点是,它的各种对象有明确的从属关系。也就是说,一个对象可能是从属于另一个对象的,而它又可能包含了其他的对象。如图 6-21 所示,显示了 DOM 对象的从属关系。

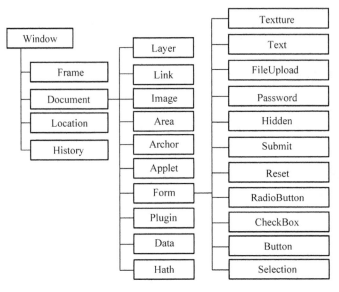

图 6-21　DOM 对象的从属关系图

2. 节点

文档是由节点(node)构成的集合,在 DOM 里存在着许多不同类型的节点,而且这些节点还可能包含子节点。一份 HTML 文档是一个文档节点,DOM 的节点分为元素节点、文本节点、属性节点。

1) 元素节点

每个 HTML 标签是一个元素节点(element node)。元素节点可以包含元素节点。各种标签提供了元素的名字,例如<body>、<p>、<ul>等都是元素。通常情况下为了编程的方便,程序员会给元素节点起一个名字(或 ID)方便在程序里进行操作。格式如下:

```
< span id = "name">姓名</span>
```

说明:<span>是标签,span 是元素,id 就是 span 这个元素节点的"属性节点"。

2) 文本节点

元素是不同节点类型的一种。如果一份文档完全由一些空白元素构成,它将有一个结构,但是这份文档本身不包含什么内容。

3) 属性节点

包含在 HTML 元素中的文本是文本节点。每一个 HTML 属性是一个属性节点。

4) 根节点

一个网页最外层的标记是<HTML>,实际上它也是页面所有元素的根,通过 document 对象的 documentElement 属性可以获得。格式如下:

```
var root = document.documentElement;
```

5）子节点

任何节点都可以通过集合（数组）属性 childNodes 来获得自己的子节点。例如，根节点包含两个子节点，也就是 head 和 body。

```
var aNodeList = root.childNodes;
```

一个节点的子节点，还可以通过节点的 firstChild 和 lastChild 属性来获得它的第一个和最后一个子节点。

6.5.2 Browser 对象

Browser 对象主要由 window、navigator、screen、history、location 5 个对象组成，如表 6-18 所示。其中 window 对象是 JavaScript 层级中的顶层对象，这个对象会在一个页面中<body>或<frameset>出现时被自动创建，也就是一个浏览器中显示的网页会自动拥有相关的 window 对象。

表 6-18　Browser 对象

对　　象	描　　述
window	JavaScript 层级中的顶层对象，表示浏览器窗口
navigator	包含客户端浏览器的信息
screen	包含客户端显示屏的信息
history	包含浏览器窗口访问过的 URL
location	包含当前 URL 的信息

1. window 对象的属性

（1）history：该对象记录了一系列用户访问的网址，可以通过 history 对象的 back()、forward()和 go()方法来重复执行以前的访问。

（2）location：window 对象的 location 表示本窗口中当前显示文档的 Web 地址。如果把一个含有 URL 的字符串赋予 location 对象或它的 href 属性，浏览器就会把新的 URL 所指的文档装载进来，并显示在当前窗口，例如 window.location="/index.html"。

（3）navigator：navigator 是一个包含有关客户机浏览器信息的对象，例如 var browser=navigator.appName。

（4）screen：每个 window 对象的 screen 属性都引用一个 screen 对象。screen 对象中存放着有关显示浏览器屏幕的信息。

（5）parent：获得当前窗口的父窗口对象引用。

（6）top：窗口可以层层嵌套，典型的如框架，top 表示最高层的窗口对象引用。

（7）self：返回对当前窗口的引用，等价于 window 属性。

【例 6-19】　screen 对象的示例。本例文件 6-19.html 在浏览器中显示的效果如图 6-22 所示。

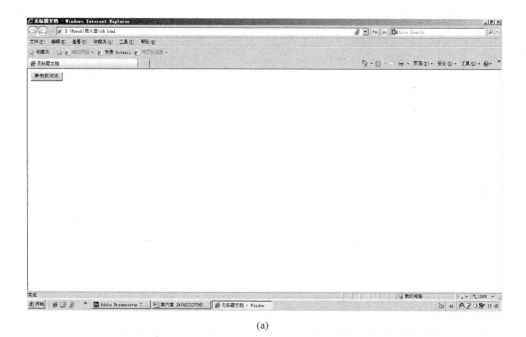

(a)

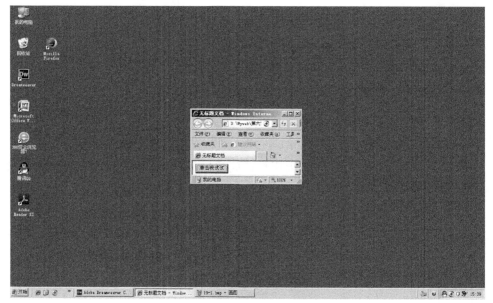

(b)

图 6-22　screen 对象示例的效果

代码如下：

```
<!DOCTYPE HTML>
<html>
<head>
<meta charset=""utf-8>
```

```
<title>使用 screen 定位窗口显示位置</title>
</head>
< body >
< input type = "button" onclick = "doMove()" value = "单击我试试"/>
< script type = "text/javascript">
function doMove()
{
    window. resizeTo(300,200);                              //设定当前窗口显示大小
    var top = ((window. screen. availHeight – 200)/2);      //计算窗口居中后左上角的垂直坐标
    var left = ((window. screen. availWidth – 300)/2);      //计算窗口居中后左上角的水平坐标
    window. moveTo(left,top);                               //调整当前窗口左上角的显示坐标位置
}
</script>
</body>
</html>
</html>
```

2. window 对象的方法

前面在介绍 window 对象的时候,陆陆续续地已经介绍了很多属于 window 对象的方法,如 3 种类型的对话框、设置按时间重复执行某个功能的 setInterval()、移动窗口位置的 moveTo()等。除此之外,window 对象还有一些主要的方法可供使用:

(1) close():关闭浏览器窗口。

(2) createPopup():创建一个右键弹出窗口。

(3) open():打开一个新的浏览器窗口或查找一个已命名的窗口。

6.5.3 Document 对象

HTML DOM 对象如表 6-19 所示。

表 6-19　HTML DOM 对象

对　　象	描　　述
document	代表整个 HTML 文档,可用来访问页面中的所有元素
anchor	代表<a>元素
area	代表图像映射中的<area>元素
base	代表<base>元素
body	代表<body>元素
button	代表<button>元素
event	代表某个事件的状态
form	代表<form>元素
frame	代表<frame>元素
frameset	代表<frameset>元素
iframe	代表<iframe>元素
image	代表<img>元素
input button	代表 HTML 表单中的一个按钮

对　象	描　述
input checkbox	代表 HTML 表单中的复选框
input file	代表 HTML 表单中的文件上传
input hidden	代表 HTML 表单中的隐藏域
input password	代表 HTML 表单中的密码域
input radio	代表 HTML 表单中的单选按钮
input reset	代表 HTML 表单中的重置按钮
input submit	代表 HTML 表单中的确认按钮
input text	代表 HTML 表单中的文本输入域(文本框)
link	代表<link>元素
meta	代表<meta>元素
object	代表<object>元素
option	代表<option>元素
select	代表 HTML 表单中的选择列表
style	代表单独的样式声明
table	代表<table>元素
tableData	代表<td>元素
tableRow	代表<tr>元素
textarea	代表<textarea>元素

6.5.4　getElementById()方法

语法：document.getElementById(id)

参数：id。必选项，为字符串。

返回值：对象。返回相同 id 对象中的第一个，如果无符合条件的对象，则返回 null。

```
var userName = document.getElementById("userName").value;
```

6.5.5　getElementsByName()方法

语法：document.getElementsByName(name)

参数：name。必选项，为字符串。

返回值：数组对象。如果无符合条件的对象，则返回空数组。

由于该方法的返回值是一个数组，所以可以通过位置下标来获得页面元素，例如：

```
var userNameInput = document.getElementsByName("userName");
var userName = userNameInput[0].value;
```

6.5.6　getElementsByTagName()方法

除了通过 id 和 name 可以获得对应的元素外，还可以通过指定的标签名称，来获得页面上所有这一类型的元素,如 input 元素。

　　语法:document. getElementsByTagName(tagname)

　　参数:tagname。必选项,为字符串。

　　返回值:数组对象。如果无符合条件的对象,则返回空数组。

　　例如:在程序 9-18login()函数中可添加这样两行:

```
var inputs = document.getElementsByTagName("input");
alert(input.length);        //显示为 4
```

6.5.7 getAttribute()方法

通过名称获取属性的值。

　　语法:elementNode. getAttribute(name)

　　参数:name,规定从中取得属性值的属性。

6.6 JavaScript 事件

　　事件是可以被 JavaScript 监测到的行为。网页中的每个元素都可以产生某些可以触发 JavaScript 函数的事件。JavaScript 是一种基于对象的语言,基于对象语言的基本特征是采用事件驱动机制。事件驱动是指由于某种原因(例如鼠标单击或按键操作等)触发某项事先定义的事件,从而执行处理程序。

　　根据事件触发的来源不同,网页访问中常见的事件可以分为浏览器事件、键盘事件和鼠标事件 3 种主要类型。

6.6.1 浏览器事件

浏览器事件主要由 load、unload、DragDrop 以及 Submit 等事件组成。

1. load 事件

load 事件发生在浏览器完成一个窗口或一组帧的装载之后。

2. unload 事件

unload 事件发生在用户在浏览器的地址栏中输入一个新的 URL,或者使用浏览器工具栏中的导航按钮,从而使浏览器试图载入新的网页时。例如:

```
< body   onload = "alert('网页读取完成!')" onunload = "alert('再见!')">
```

6.6.2 键盘事件

下面介绍几个主要的键盘事件。

1. KeyDown 事件

在键盘上按下一个键时,发生 KeyDown 事件。在这个事件发生后,由 JavaScript 自动调用 onKeyDown 句柄。

2. KeyPress 事件

在键盘上按下一个键时,发生 KeyDown 事件。在这个事件发生后,由 JavaScript 自动调用 onKeyPress 句柄。

3. KeyUp 事件

在键盘上按下一个键,再释放这个键的时候发生 KeyUp 事件。

4. Change 事件

在一个选择框、文本输入框或者文本输入区域失去焦点,其中的值又发生改变时,就会发生 Change 事件。

```
< input   type = "button" onclick = "createOrder()" value = "发送教材选购单">
```

6.6.3　鼠标事件

鼠标事件除了最典型的 Click 之外,还有鼠标进入页面元素 MouseOver 事件、退出页面元素 MouseOut 事件和鼠标按键检测 MouseDown 等事件。

（1）onClick：单击鼠标,然后放开。

（2）onDblClick：双击鼠标,然后放开。

（3）onMouseDown：按下鼠标按键。

（4）onMouseUp：释放鼠标按键。

（5）onMouseover：当鼠标第一次进入相关 HTML 元素占用的显示区域。

（6）onMouseMove：进入显示区域后,鼠标在这个元素的内部移动。

（7）onMouseout：鼠标离开这个元素。对于一些元素而言,onFocus 事件对应于 onMouseOver,而 onBlur 对应于 onMouseout。

【例 6-20】　鼠标事件的示例。本例文件 6-20. html 在浏览器中显示的效果如图 6-23所示。

(a) 没选中图片

(b) 选中图片

图 6-23　鼠标事件示例

代码如下：

```
< html >
< head >< meta charset = "utf - 8">
< script type = "text/javascript">
function mouseOver() {
document. mouse. src = "img/over. png"
    }
function mouseOut() {
document. mouse. src = "img/out. png"
    }
function mousePressd() {
if (event. button == 2) {
        alert("您单击了鼠标右键!")
    }
else{
        alert("您单击了鼠标左键!")
    }
}
</ script >
</ head >

< body onmousedown = "mousePressd()">
< img border = "0" src = "img/out. png" name = "mouse"
onmouseover = "mouseOver()" onmouseout = "mouseOut()"/>
</ body >
</ html >
```

6.6.4 表单事件

Form 表单是网页设计中的一种重要的和用户进行交互的工具,它用于搜集不同类型的用户输入。

1. 元素通用属性

(1) form 属性：获取该表单域所属的表单。

(2) name 属性：获取或设置表单域的名称。

(3) type 属性：获取表单域的类型。

(4) value 属性：获取和设置表单域的值的通用方法。

(5) focus 方法：让表单域获得焦点。

(6) blur 方法：让表单域失去焦点。

2. 通用事件

(1) onChange：文本框的值被修改。

(2) onBlur：文本框失去焦点。

(3) onFocus：光标进入文本框中。

(4) onSubmit：表单提交事件,单击"提交"按钮时产生。此事件属于<FORM>元素,不属于提交按钮。

（5）onClick：按钮单击事件。

（6）onBlur：复选框失去焦点。

（7）onClick：复选框被选定或取消选定。

【例 6-21】 表单事件的示例一。本例文件 6-21.html 在浏览器中显示的效果如图 6-24 所示。

图 6-24　表单示例一

代码如下：

```html
<html>
<head>
<title> New Document </title>
<script>
//显示属性
function test(){
    var name1 = document.formData.name1;
    alert("name1.form = " + name1.form. name + "\nname1.name = " + name1.name + "\nname1.type
= " + name1. type + "\nname1. value = " + name1. value + "\nname1. defaultValue = " + name1.
defaultValue);
}
//获得焦点
function do_focus(){
    var name1 = document.formData.name1;
    name1.focus();
}
//失去焦点
function do_blur(){
    var name1 = document.formData.name1;
    name1.blur();
}
</script>
</head>
<body>
<form name = "formData">
```

```
< input type = "text" name = "name1" value = "name" ><! -- onfocus = "this.blur()" -->
< input type = "button" name = "button1" value = "性质" onclick = "test()">
< br >< br >
< input type = "button" name = "button2" value = "获得焦点" onclick = "do_focus()">
  
< input type = "button" name = "button3" value = "失去焦点" onclick = "do_blur()">
< br >< br >
< input type = "reset" value = "重置">
</form>
</body>
</html>
```

【例 6-22】 表单事件的示例二。本例文件 6-22.html 在浏览器中显示的效果如图 6-25 所示。

图 6-25　表单示例二

代码如下：

```
< html >
< head >
< script type = "text/javascript">
    function chkUsername(){
        var reUsername = /^([a-zA-Z](\d|[a-zA-Z]) * )$/;
        if(document.form.username.value.search(reUsername) == -1){
            alert("用户名的格式不正确,请重新输入!");
            //document.form.username.value = "";
            //document.form.username.focus();
            return false;
        }
        return true;
    }
    function chkPwd(){
        var repass = /^[a-zA-Z0-9] * [^a-zA-Z0-9] + [a-zA-Z0-9] * $/;
        if(document.form.pwd.value.search(repass) == -1){
            alert("密码无效,请重新输入!");
```

227

第
6
章

```
                    return false;
                }
            else{
                if(document.form.pwd.value.length <= 8)
                {
                    alert("密码长度错误,请重新输入!");
                    return false;
                }
            }
            return true;
        }
        function chkSame(){
            if(document.form.pwd.value != document.form.rePwd.value){
                alert("两次输入密码不一致,请重新输入!");
                //form.pwd.value = "";
                // form.rePwd.value = "";
                return false;
            }
            return true;
        }
</script>
</head>
<body>
<form name = "form" action = "action.asp" method = "post" >
    用户名:
    <input type = "text" name = "username" onblur = "chkUsername()"/><font color = "red">必
填项</font>
             用户名为字母或数字且以字母开头<p>

    密码:
    <input type = "password" name = "pwd" onblur = "chkPwd()"/>  长度为>8<p>
    确认密码:
    <input type = "password" name = "rePwd" onblur = "chkSame()"/><p>
<input type = "submit" value = "登录"onclick = "return false;"/>
    <input type = "reset" value = "重置">
</form>
```

6.6.5 文档事件

(1) onload 事件:在页面或图像加载完成后立即发生。

语法:onload="SomeJavaScriptCode"

参数:SomeJavaScriptCode,规定该事件发生时执行的 JavaScript。

(2) onUnload 事件:在用户退出页面时发生。

语法:onunload="SomeJavaScriptCode"

参数:SomeJavaScriptCode,规定该事件发生时执行的 JavaScript。

例如:在页面关闭时会显示一个对话框。

```
<body onunload = "alert('The onunload event was triggered')"> </body>
```

【例 6-23】 onload 事件的示例,即文本"网页已经加载完成!"会显示在状态栏中。本例文件 6-23.html 在浏览器中显示的效果如图 6-26 所示。

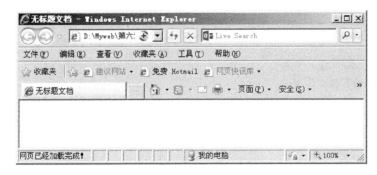

图 6-26　onload 事件的示例

代码如下:

```
< html >
< head >
< script type = "text/javascript">
function load( )
{
    window.status = "网页已经加载完成!"
}
</script>
</head>
< body onload = "load( )">
</body>
</html>
```

6.6.6　在 JavaScript 中动态指定事件处理程序

基本语法:<事件对象>.<事件> = <事件处理程序>;

语法说明:这种用法中,"事件处理程序"是真正的代码,而不是字符串形式的代码。如果事件处理程序是一个自定义函数,且无使用参数的需要,就不要加"()"。

例如,要显示如图 6-27 所示的运行效果。

图 6-27　运行效果

代码如下：

```
< script type = "text/javascript">
  function m(){
    alert("再见");
    }
  window. onload = function(){
        alert("网页读取完成");
    }
  window. onunload = m;      //这里制定了页面卸载时,执行函数 m
</script >
```

6.7 JavaScript 综合实例

【例 6-24】 做一个乘法表,要求在网页上用 JavaScript 函数,在网页上打印出九九乘法表。本例文件 6-24. html 在浏览器中显示的效果如图 6-28 所示。

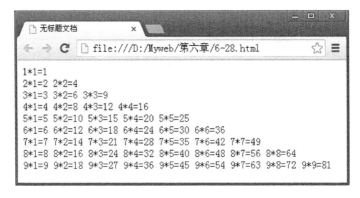

图 6-28 九九乘法表

代码如下：

```
< html >
    < body >
        < SCRIPT >
            function Mult(){//函数形式
                for(var i = 1; i <= 9; i++){
                    for(var j = 1; j <= i; j++){
                        document.write(i + " * " + j + " = " + (i * j) + "\t");
                    }
                    document.write("< br >");
                }
            }

            Mult();
        </SCRIPT >
    </body >
</html >
```

【例 6-25】 使用 prompt("","")获取用户输入的字符串,直到实现输入 STOP 时停止。并打印所有的输入:其他字符使用绿色字体输出,STOP 使用红色字体输出。本例文件 6-25.html 在浏览器中显示的效果如图 6-29 所示。

prompt()的使用方法如下:

```
var inputStr = prompt("请输入一串字符","default");
alert(inputStr);
```

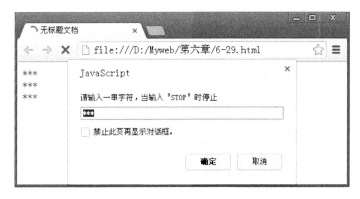

图 6-29　获取用户输入的字符串示例

代码如下:

```
<html>
<script language = "JavaScript">
    function Catch(){
        var i = 0;
        do{
            var inputStr = prompt("请输入一串字符,当输入"STOP"时停止"," * * *");
            if (inputStr != "STOP"){
                document.write("<font color = green>" + inputStr + "</font><br/>");
            }else{
document.write("您输入了<font color = red>" + inputStr + "</font>,停止输入.<br/>");
            }

            if(i++ == 10){
                break;
            }
        }while(inputStr != "STOP")
    }
    Catch();
</script>
</html>
```

【例 6-26】 计算 2015 年的圣诞节是星期几,距当前时间还有多少毫秒,距今天还有多少天? 并计算 435765463489 毫秒对应的日期,并以 yyyy-MM-dd hh:mm:ss 格式显示。本例文件 6-26.html 在浏览器中显示的效果如图 6-30 所示。

解题提示：先获取 2015 年圣诞节的日期对象，再获取当前时间的日期对象，两者相减即获得毫秒数；可以根据毫秒数计算天数。

```
var a = 1.5;
```

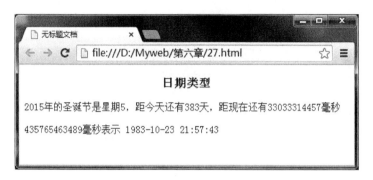

图 6-30　日期类型示例

代码如下：

```
<html>
<head><title>无标题文档</title></head>
<body>
    <h3><center>日期类型</center></h3>
<script>
        /*
        注意:对本方法,会调用即可,不要求掌握。
        对 Date 的扩展,将 Date 转化为指定格式的 String
        月(M)、日(d)、小时(h)、分(m)、秒(s)、季度(q) 可以用 1-2 个占位符,
        年(y)可以用 1-4 个占位符,毫秒(S)只能用 1 个占位符(是 1-3 位的数字)
        例子:
        (new Date()).Format("yyyy-MM-dd hh:mm:ss.S") ==> 2014-07-02 08:09:04.423
        (new Date()).Format("yyyy-M-d h:m:s.S") ==> 2014-7-2 8:9:4.18
        */
        Date.prototype.Format = function(fmt){
            var o = {
                "M+" : this.getMonth()+1,                   //月份
                "d+" : this.getDate(),                      //日
                "h+" : this.getHours(),                     //小时
                "m+" : this.getMinutes(),                   //分
                "s+" : this.getSeconds(),                   //秒
                "q+" : Math.floor((this.getMonth()+3)/3),   //季度
                "S" : this.getMilliseconds()                //毫秒
            };          if(/(y+)/.test(fmt)){
                fmt = fmt.replace(RegExp.$1, (this.getFullYear()+"").substr(4-
RegExp.$1.length));
                }
```

```
                for(var k in o){
                    if(new RegExp("(" + k +")").test(fmt)){
                        fmt = fmt.replace(RegExp. $ 1, (RegExp. $ 1. length == 1) ? (o[k]) :
(("00" + o[k]). substr(("" + o[k]). length)));
                    }
                }
                return fmt;
            }
        var d1 = new Date('2015/12/25');
            //var d1 = new Date(2015,11,25);
            document.write("2015 年的圣诞节是星期" + d1.getDay());
            document.write(",");
        var d2 = new Date();
            document.write("距今天还有" + Math.ceil((d1 - d2)/(1000 * 60 * 60 * 24)) + "天");
            document.write(",");
            document.write("距现在还有" + (d1 - d2) + "毫秒");
            document.write("< br >< br >");
            //var tt = new Date(1983,10,23,21,57,43);
            var tt = new Date(435765463489);
            document.write(tt.getFullYear() + "< br >");
            document.write("435765463489 毫秒表示 " + tt.Format("yyyy - MM - dd hh:mm:ss"));
document.write("< br >< br >");
</body>
</html>
```

【例 6-27】 定义一个函数,其功能是去除字符串开头及末尾的空格。例如,输入"[5 个空格]abc[2 空格]def[3 空格]",返回"abc[2 空格]def"。本例文件 6-27.html 在浏览器中显示的效果如图 6-31 所示。

解题思路:使用 charAt 和 substring 去除头尾的空格。

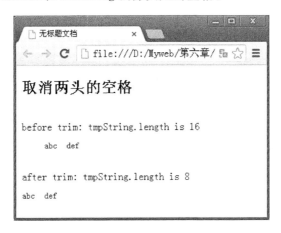

图 6-31 取消两头的空格示例

代码如下：

```html
<html>
<head>
    <title>The String Object</title>
</head>
<body>
    <h2>取消两头的空格</h2>
    <script language="JavaScript">
        /* function do_trim(ss){
                var start = 0;
                var end = ss.length;
                while(ss.charAt(start) == " "){
                    start++;
                }
                while(ss.charAt(end-1) == " "){
                    end--;
                }
                ss = ss.substring(start,end);
                return ss;
        } */
function RTrim(str){
                var i = str.length-1;
                while(str.charAt(i) == " " && i>=0){
                    --i;
                }

        //document.write("<br>r-i=" + i);
            str = str.substring(0,i+1);
            return str;
        }
        function LTrim(str){
            var i = 0;
            while(str.charAt(i) == " " && i<str.length){
                ++i;
            }
            //document.write("<br>l-i=" + i);
            str = str.substring(i,str.length)
            return str;
        }
        function Trim(str){
            return(LTrim(RTrim(str)));
        }

        var tmpString = 'abcdef';
        document.write("<br>before trim: tmpString.length is " + tmpString.length +
"<br>");

        document.write("<pre>" + tmpString + "</pre>");
```

```
                document.write("< br > after trim: tmpString. length is " + Trim(tmpString).
        length + "< br >");
                document.write("< pre >" + Trim(tmpString) + "</pre>");
        </script>
</body>
</html>
```

【例 6-28】 有两个输入文本框和一个 select 框,在两个文本框中输入数字后,选择 select 框中的"＋－ ＊ /"选项,再单击"计算"按钮把两个输入框的值按照 select 框的值进行运算,并把结果写到第三个文本框中。本例文件 6-28. html 在浏览器中显示的效果如图 6-32 所示。

图 6-32　文本框示例

代码如下:

```
< html >
    < body >
        < script language = "javascript" type = "text/javascript">
        <! --
            function do_sum(){
                //var theForm = document. forms["myForm"];

                //theForm. elements["sum"]. value = eval(theForm. elements["x"]. value)
                // + eval(theForm. elements["y"]. value)
                with(document. myForm){
                    var x_value = x. value;
                    var y_value = y. value;
                    var sel_value = selChar. value;
                    //var sum_value = Number(x_value) + Number(y_value);
                    var sum_value = eval(x_value + sel_value + y_value);
                    //alert(sum_value);
                    sum. value = sum_value;
                }
            } -->
        </script>
```

```
        < form name = "myForm">
            < input type = "text" name = "x"/>
            < select name = "selChar">
                < option value = " + ">+</option>
                < option value = " - ">-</option>
                < option value = " * ">*</option>
                < option value = "/">/</option>
            </select >
            < input type = "text" name = "y"/>
            < input type = "button" onclick = "do_sum()" value = " = "/>
            < input type = "text" name = "sum"/>< br >
        </form >
    </body>
</html >
```

6.8 本 章 小 结

这一章里,介绍了 DOM 提供的 4 个方法:

(1) getElementById()方法;

(2) getElementByTagName()方法;

(3) getAttribute()方法;

(4) setAttribute()方法。

这 4 个方法是编写许多 DOM 脚本的基石。

DOM 还提供了许多其他的属性和方法,如 nodeName、nodeValue、ChileNodes、nexSibling 和 parentNode 等。

本章内容理论实际结合。在看过那么多的 alert 对话框之后,相信大家都迫不及待地想通过其他一些东西去进一步了解和测试 DOM,而本书也将通过一个案例来进一步展示 DOM 的强大威力。

6.9 习   题

1. 选择题

(1) 下列不属于文档对象的方法的是(   )。

    A. createElement   B. getElementById

    C. getElementByName   D. forms. length

(2) 在 JavaScript 中,下列关于 document 对象的方法说法正确的是(   )。

    A. getElementById()通过元素 id 获取元素对象的方法,其返回值为单个对象

    B. getElementByName()是通过元素 name 获取元素对象的方法,其返回值为单个对象

C. getElementbyid()是通过元素 id 获取元素对象的方法,其返回值为单个对象

D. getElementbyname()是通过元素 name 获取元素对象的方法,其返回值为对象组

(3) 使用下列哪种方法可以用一个 URL 取代当前窗口的 URL(　　　)。

　　A. load　　　　　　 B. onload　　　　　 C. replace　　　　 D. open

(4) 下列代码不能获得文档中的 form 对象的是(　　　)。

　　A. document. forms[0];　　　　　　 B. document. forms(0);

　　C. document. forms. 0;　　　　　　 D. document. forms. item(0)

(5) 对下列代码分析正确的是(　　　)。

```
01  function msg()
02  {
03  var p = document. createElement("p");
04  var Text = document. createTextNode("Hello!");
05  P. appendChild("Text");
06  document. body. appendChild(p);
07  }
```

　　A. 代码第 2 行创建一个<p>元素标签

　　B. 代码第 3 是创建一个文本节点

　　C. <p>是文本节点的子节点

　　D. 代码的作用是创建新的节点

(6) 在 HTML 中有如下代码,运行后页面显示结果为(　　　)。

```
< script language = "JavaScript">
Document. bgColor = "♯ff0000";
</script >
```

　　A. 整个网页里面活动链接的颜色为红色

　　B. 整个网页里面文字颜色为红色

　　C. 整个网页里面用户访问过的链接的颜色为红色

　　D. 整个网页背景为红色

(7) 分析下面的 JavaScript 代码,假如显示网页时,系统的时间为 2014 年 8 月 10 日 16:49,那么网页上的输出为(　　　)。

```
var today = new Date();
document. write("现在时间: " + today. getHours() + ":" + today. getMinutes());
```

　　A. 现在时间是:2008-08-10-16:49

　　B. 现在时间是:16:49

　　C. 现在时间是:00:00

　　D. 现在时间是:+16+:+49

(8) 当鼠标移到某些网站的图片广告上时,它会切换为别的图片,而当鼠标移走时,又恢复为原来的图片,这是对 JavaScript 事件中(　　　)和(　　　)事件的典型应用。

A. onFocus   B. onMouseDown   C. onMouseOver   D. onMouseOut

（9）分析下面的 JavaScript 代码段：

```
a = new Array(2,3,4,5,6);
sum = 0;
for(I = 1;I < a.length;I++)
sum += a[I ];
document.write(sum);。
```

输出的结果是（   ）。

    A. 20   B. 18   C. 14   D. 12

（10）分析下面的 JavaScript 代码段：

```
var mystring = "I am a student";
a = maystring.indexOf("am");
Document.write(a );
```

输出结果是（   ）。

    A. 3   B. 4   C. 2   D. 1

2. 填空题

（1）document 对象的＿＿＿＿属性可以返回整个 HTML 文档中的所有 HTML 元素。

（2）history 对象是 JavaScript 中的一种默认对象，该对象可以用来＿＿＿＿。

（3）location 对象的＿＿＿＿属性可以加载指定的新页面。

（4）document 对象是由＿＿＿＿和＿＿＿＿组成的。

（5）在 JavaScript 中，可以通过＿＿＿＿的方式来创建 cookie。

3. 简答题

（1）文档对象常见的属性和方法有哪些？

（2）简述历史对象和地址对象的属性和方法。

（3）为什么要使用 cookie？它有哪些优点和缺点？

（4）cookie 主要应用在哪些场合？

（5）使用 cookie 时应该注意什么？

4. 编程题

（1）写一程序实现图片自动随机切换。

（2）做个简单的文字编辑器，可以调整字体的大小、颜色和对齐方式。

（3）制作一个简易的相册。

（4）只做一个简易的登录界面，当用户输入密码正确时就跳转到指定页面。

（5）制作 3 个文本框，在前两个文本框中输入数字，在第三个框中显示两者的和。

（6）在两个文本框中输入数字，当单击"确定"按钮时，创建一个对应数据行和列的表格。

第 三 部 分

高级应用篇

第7章 HTML 5 的高级应用

内容提要：

本章主要介绍 HTML 5 的一些标签，包括主要文档结构标签、音频视频标签、canvas 绘图、HTML 5 的其他标签。通过本章的学习，可以详细地通过每个实例加深对 HTML 标签的认识，强化所学的知识，巩固网页设计基础，向成为网页设计师迈进坚实的一步！

HTML 5 是用于取代 1999 年所制定的 HTML 4.01 和 XHTML 1.0 标准的 HTML 标准版本，现在仍处于发展阶段，但大部分浏览器已经支持某些 HTML 5 技术。HTML 5 有两大特点：首先，强化了 Web 网页的表现性能；其次，追加了本地数据库等 Web 应用的功能。广义论及 HTML 5 时，实际指的是包括 HTML、CSS 和 JavaScript 在内的一套技术组合。它希望能够减少浏览器对于需要插件的丰富性网络应用服务（plug-in-based rich internet application，RIA），如 Adobe Flash、Microsoft Silverlight 与 Oracle JavaFX 的需求，并且提供更多能有效增强网络应用的标准集。

7.1 HTML 5 的主要文档结构标签

HTML 5 中的主要文档结构元素如表 7-1 所示。

表 7-1 HTML 5 中的主要文档结构元素

元　素	说　明
＜section＞标签	代表文档中的一段或者一节
＜nav＞标签	用于构建导航
＜header＞标签	页面的页眉
＜footer＞标签	页面的页脚
＜article＞标签	表示文档、页面、应用程序或网站中一体化的内容
＜aside＞标签	代表与页面内容相关、有别于主要内容的部分
＜hgroup＞标签	代表段或者节的标题
＜time＞标签	表示日期和时间
＜mark＞标签	文档中需要突出的文字

使用结构元素构建网页布局的典型布局如图 7-1 所示。

7.1.1 ＜header＞标签

＜header＞标签的属性如表 7-2 所示。

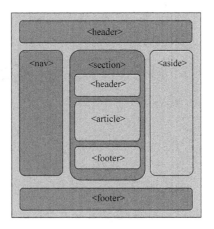

图 7-1 使用结构元素构建的典型网页布局图

表 7-2 ＜header＞标签

＜header＞ 标签	说　　　明
＜header＞ 标签定义及用法	定义 section 或 document 的页眉(介绍信息)
＜header＞头部标签	被设计作为关于一个章节或者一整张网页介绍信息的容器
＜header＞ 标签	可以包含从位于大多数页面顶部的典型标志或者标语,到介绍一个章节的标语和开场白的任何东西。里面可以嵌套其他标签和设置格式

【例 7-1】　＜header＞标签示例,如图 7-2 所示。

图 7-2 ＜header＞标签示例效果

代码如下:

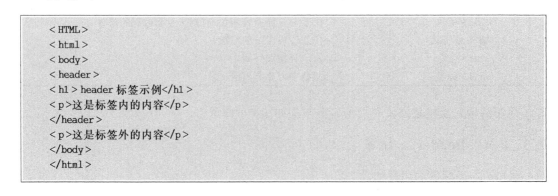

```
< HTML >
< html >
< body >
< header >
< h1 > header 标签示例</h1 >
< p >这是标签内的内容</p >
</header >
< p>这是标签外的内容</p >
</body >
</html >
```

7.1.2 <footer>标签

<footer>标签定义 section 或 document 的页脚。在通常情况下,该标签会包含创作者的姓名、文档的创作日期以及联系信息等。

【例 7-2】 <footer>标签示例,如图 7-3 所示。

图 7-3 <footer>标签示例效果

代码如下:

```
<!DOCTYPE HTML>
<html>
<body>
<footer><h2 align = "center">本书将出版于 2014 年!</h2></footer>
</body>
</html>
```

7.1.3 <nav>标签

<nav>标签定义导航链接的部分,相当于对浏览器和搜索引擎声明,这里包含的是起导航的超链接。

【例 7-3】 <nav>标签示例,如图 7-4 所示。

图 7-4 <nav>标签示例效果

代码如下:

```
<!DOCTYPE HTML>
<html>
<header>
<title>nav 标签</title>
</header>
```

HTML 5 的高级应用

```
< body >
< nav >
< a href = "http://www.qq.com">腾讯</a>
< a href = "http://www.baidu.com">百度</a>
< a href = "http://www.sina.com.cn">新浪</a>
< a href = "http://www.taobao.com">淘宝网</a>
</nav>
</body>
</html>
```

7.1.4 ＜section＞标签

＜section＞标签定义文档中的节(区段),例如章节、页眉、页脚或文档中的其他部分,其属性如表 7-3 所示。

表 7-3 ＜section＞标签

属　　性	描　　述
cite	section 的 URL,假如 section 摘自 Web 的话

＜section＞标签被设计为一个章节容器,里面可以嵌套其他标签和设置格式。

【例 7-4】 ＜section＞标签示例,如图 7-5 所示。

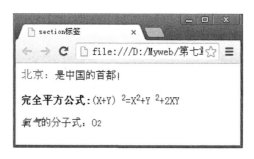

图 7-5 ＜section＞标签示例效果

代码如下:

```
<!DOCTYPE HTML >
< html >
< header >
< title > section 标签</title>
</header>
< body >
< section >
< font size = " + 1" color = "green">北京: </font>是中国的首都!< p >
<b> 完全平方公式:</b>(X + Y)< sup >
< font size = " - 1">2</font></sup> = X< sup >2</sup> + Y< sup >
< font size = - 1">2</font></sup> + 2XY< p >
```

```
<i>氧气</i>的分子式: O<font size = "-1">2</font><sup><br>
</section>
</body>
</html>
```

7.1.5 ＜article＞标签

＜article＞标签定义组成文档或站点独立部分的一段内容,例如杂志、新闻的文章,或者博客条目。

【例 7-5】 使用＜article＞标签定义简介商品的文章,本例文件 7-5. html 在浏览器中的显示效果如图 7-6 所示。

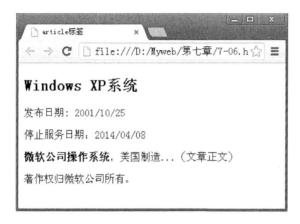

图 7-6 ＜article＞标签定义

代码如下:

```
<!doctype html>
<html>
<head>
<meta charset = "gb2312">
<title>article 标签</title>
</head>
<body>
<article>
    <header>
        <h1>Windows XP 系统</h1>
        <p>发布日期: 2001/10/25</p>
        <p>停止服务日期: 2014/04/08</p>
    </header>
    <p><b>微软公司操作系统</b>,美国制造...(文章正文)</p>
    <footer>
        <p>著作权归微软公司所有.</p>
    </footer>
```

245

第
7
章

HTML 5 的高级应用

```
    </article>
  </body>
</html>
```

【例 7-6】 使用嵌套的<article>标签定义文章及评论,本例文件 7-6.html 在浏览器中的显示效果如图 7-7 所示。

图 7-7 <article>标签定义

代码如下:

```
<!doctype html>
<html>
<head>
<meta charset = "gb2312">
<title>嵌套定义 article 标签/title>
</head>
<body>
<article>
    <header>
        <h1>Windows XP 系统</h1>
        <p>发布日期: 2001/10/25 </p>
        <p>停止服务日期: 2014/04/08 </p>
    </header>
    <p><b>微软公司操作系统</b>,美国制造...(文章正文)</p>
```

```
        <section>
            <h2>评论</h2>
            <article>
                <header>
                    <h3>发表者：蝶舞</h3>
                    <p>1 小时前</p>
                </header>
                <p>永别了，我的最爱！</p>
            </article>
            <article>
                <header>
                    <h3>发表者：古惑仔</h3>
                    <p>半小时前</p>
                </header>
                <p>我的好哥们，我会永远记住你的。</p>
            </article>
        </section>
    </article>
</body>
</html>
```

7.1.6 ＜aside＞标签

＜aside＞标签定义 article 以外的内容。aside 的内容应该与 article 的内容相关。aside 元素标签可以包含与当前页面或主要内容相关的引用、侧边栏、广告、nav 元素组，以及其他类似的有别于主要内容的部分。

【例 7-7】 ＜aside＞标签示例。本例文件 7-7.html 在浏览器中的显示效果如图 7-8 所示。

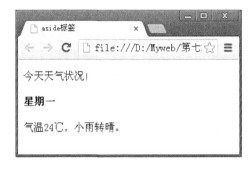

图 7-8 ＜aside＞标记示例效果

代码如下：

```
<!DOCTYPE HTML>
<html>
<body>
<p>今天天气状况！</p>
```

HTML 5 的高级应用

```
<aside>
<h4>星期一</h4>
气温 24℃,小雨转晴.
</aside></body>
</html>
```

7.2 音频和视频

7.2.1 HTML 5 的音频和视频格式

1. 音频格式

(1) Ogg Vorbis。

(2) MP3。

(3) WAV。

2. 视频格式

(1) Ogg。

(2) H.264(MP4)。

(3) WebM。

7.2.2 音频标签<audio>

<audio>标签定义声音,例如音乐或其他音频流。目前,大多数音频是通过插件(例如Flash)来播放的。然而,并非所有浏览器都拥有同样的插件。HTML 5 规定了一种通过音频标签<audio>来包含音频的标准方法,<audio>标签能够播放声音文件或者音频流,其属性如表 7-4 所示。

表 7-4 音频标签属性

属　　性	描　　述
autoplay	如果出现该属性,则音频在就绪后马上播放
controls	如果出现该属性,则向用户显示控件,例如"播放"按钮
loop	如果出现该属性,则每当音频结束时重新开始播放
preload	如果出现该属性,则音频在页面加载时进行加载,并预备播放
	如果使用 autoplay,则忽略该属性
src	要播放的音频的 URL

音频标签格式:

```
<audio src = "song.ogg" controls = "controls" autoplay = "autoplay">
```

【例 7-8】 使用<audio>标签播放音频。本例文件 7-8.html 在浏览器中的显示效果如图 7-9 所示。

图 7-9　插入音频示例一

代码如下：

```
<!doctype html>
<html>
   <head>
   <meta charset = "gb2312">
   <title>音频标签 audio</title>
   </head>
   <body>
    <h3>播放音频</h3>
    <audio src = "med/song1.ogg" controls = "controls" autoplay = "autoplay">
        您的浏览器不支持音频标签。
    </audio>
    </body>
</html>
```

【例 7-9】　插入 mp3 格式音乐示例，本例文件 7-9.html 在浏览器中的显示效果如图 7-10 所示。

图 7-10　插入音频示例二

```
<html>
<head></head>
<body>
<P>mp3 格式音乐文件：</P>
```

HTML 5 的高级应用

```
< audio src = "med/song2.mp3" autoplay = "autoplay"
controls = "controls"loop = "loop" >
<! -- 自动播放,有控制条,循环播放。 -->
</audio >
</body >
</html >
```

7.2.3 视频标签<video>

对于视频来说,大多数视频是通过插件(例如 Flash)来显示的。然而,并非所有浏览器都拥有同样的插件。HTML 5 规定了一种通过视频标签<video>来包含视频的标准方法。<video>标签能够播放视频文件或者视频流,其属性如表 7-5 所示。

表 7-5　视频标签属性

属　　　性	描　　　述
autoplay	如果出现该属性,则视频在就绪后马上播放
controls	如果出现该属性,则向用户显示控件,例如"播放"按钮
height	设置视频播放器的高度
loop	如果出现该属性,则当媒介文件完成播放后再次开始播放
Spreload	如果出现该属性,则视频在页面加载时进行加载,并预备播放。如果使用 autoplay,则忽略该属性
src	要播放的视频的 URL
width	设置视频播放器的宽度

例如,视频标签格式如下:

```
< video src = " movie.ogg" width = "320" height = "240" controls = "controls" autoplay =
"autoplay">
```

【例 7-10】　使用<video>标签播放视频示例,如图 7-11 所示。

图 7-11　插入视频示例

代码如下：

```
<!doctype html>
< html >
    < head >
    < meta charset = "gb2312">
    < title >视频标签 video </title >
    </head >
    < body >
    < h3 >播放视频</h3 >
    < video src = "movie.ogg" width = "320" height = "240" controls = "controls" autoplay =
"autoplay">
            您的浏览器不支持视频标签。
    </video >
    </body >
</html >
```

7.3　canvas 绘图

7.3.1　创建<canvas>元素

<canvas>标签定义图形,例如图表和其他图像。这个 HTML 元素是为了客户端矢量图形而设计的。它自己没有行为,但却把一个绘图 API 展现给客户端 JavaScript 以使脚本能够把想绘制的东西都绘制到一块画布上。其属性如表 7-6 所示。

表 7-6　<canvas>标签属性

属　　性	描　　述
height	设置 canvas 的高度
width	设置 canvas 的宽度

创建<canvas>元素的主要属性是画布宽度属性 width 和高度属性 height,单位是像素。向页面中添加<canvas>元素的语法格式为：

```
< canvas id = "画布标识" width = "画布宽度" height = "画布高度">
    …
</canvas >
```

注意：<canvas>看起来很像<img>,唯一不同就是它不含 src 和 alt 属性。如果不指定 width 和 height 属性值,默认的画布大小是宽 300px、高 150px。

7.3.2　构建绘图环境

大多数<canvas>绘图 API 都没有定义在<canvas>元素本身上,而是定义在通过画布的 getContext()方法获得的一个"绘图环境"对象上。getContext()方法返回一个用于在

画布上绘图的环境,其语法为:

```
canvas.getContext(contextID)
```

注意:参数 contextID 指定了用户想要在画布上绘制的类型。"2d",即二维绘图,这个方法返回一个上下文对象 CanvasRenderingContext2D,该对象导出一个二维绘图 API。

7.3.3 通过 JavaScript 绘制图形

<canvas>元素只是图形容器,其本身是没有绘图能力的,所有的绘制工作必须在 JavaScript 内部完成。在画布上绘图的核心是上下文对象 CanvasRenderingContext2D,用户可以在 JavaScript 代码中使用 getContext()方法渲染上下文进而在画布上显示形状和文本。

JavaScript 使用 getElementById 方法通过 canvas 的 id 定位 canvas 元素,例如以下代码:

```
var myCanvas = document.getElementById('myCanvas');
```

1. 绘制矩形

1) 绘制填充的矩形

fillRect()方法用来绘制填充的矩形,语法格式为:

```
fillRect(x, y, weight, height)
```

其中的参数含义如表 7-7 所示。

表 7-7　fillRect()方法的参数

参　　数	说　　明
x,y	矩形左上角的坐标
weight,height	矩形的宽度和高度

说明:fillRect()方法使用 fillStyle 属性所指定的颜色、渐变和模式来填充指定的矩形。

2) 绘制矩形轮廓

strokeRect()方法用来绘制矩形的轮廓,语法格式为:

```
strokeRect(x, y, weight, height)
```

其中的参数含义如表 7-8 所示。

表 7-8　strokeRect()方法的参数

参　　数	说　　明
x,y	矩形左上角的坐标
weight,height	矩形的宽度和高度

说明：strokeRect()方法按照指定的位置和大小绘制一个矩形的边框(但并不填充矩形的内部)，线条颜色和线条宽度由 strokeStyle 和 lineWidth 属性指定。

【例 7-11】 绘制填充的矩形和矩形轮廓。本例文件 7-11.html 在浏览器中的显示效果如图 7-12 所示。

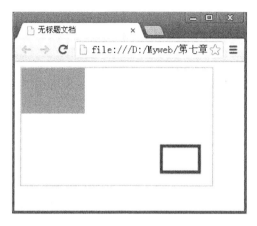

图 7-12　绘制填充的矩形和矩形轮廓

代码如下：

```
<!doctype html>
<html>
  <head>
    <meta charset = "gb2312">
    <title>绘制矩形</title>
  </head>
  <body>
    <canvas id = "myCanvas" width = "300" height = "180" style = "border: 2px solid #
c3c3c3;">
      您的浏览器不支持 canvas 元素。
    </canvas>
    <script type = "text/javascript">
      var c = document.getElementById("myCanvas");
      var cxt = c.getContext("2d");
      cxt.fillStyle = "#3cf";
      cxt.fillRect(0,0,100,70);
      cxt.strokeStyle = "#f00";
      cxt.lineWidth = "5";
      cxt.strokeRect(220,120,60,40);
</script>
</body>
</html>
```

2. 绘制直线

1) lineTo()方法

lineTo()方法用来绘制一条直线，语法格式为：

```
lineTo(x, y)
```

其中的参数含义如表 7-9 所示。

表 7-9　lineTo()方法的参数

参　　数	说　　明
x, y	直线终点的坐标

说明：lineTo()方法为当前子路径添加一条直线。这条直线从当前点开始，到(x,y)结束。当方法返回时，当前点是(x,y)。

2) moveTo()方法

在绘制直线时，通常配合 moveTo()方法设置绘制直线的当前位置并开始一条新的子路径，其语法格式为：

```
moveTo(x, y)
```

其中的参数含义如表 7-10 所示。

表 7-10　moveTo()方法的参数

参　　数	说　　明
x, y	新的当前点的坐标

说明：moveTo()方法将当前位置设置为(x,y)并用它作为第一点创建一条新的子路径。如果之前有一条子路径并且它包含刚才的那一点，那么从路径中删除该子路径。

【**例 7-12**】　绘制一条直线。本例文件 7-12.html 在浏览器中的显示效果如图 7-13 所示。

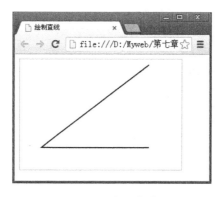

图 7-13　绘制一条直线

代码如下：

```
<!doctype html>
<html>
```

```
<head>
    <meta charset = "gb2312">
    <title>绘制直线</title>
</head>
<body>
<canvas id = "myCanvas" width = "300" height = "200" style = "border:1px solid #c3c3c3;">
    您的浏览器不支持 canvas 元素。
    </canvas>
    <script type = "text/javascript">.
        var c = document.getElementById("myCanvas");
        var cxt = c.getContext("2d");
        cxt.moveTo(240,10);
        cxt.strokeStyle = "#0000ff";
        cxt.lineWidth = "2";
        cxt.lineTo(40,160);
        cxt.lineTo(240,160);
        cxt.stroke();
</script>
</body>
</html>
```

3. 绘制圆弧或圆

arc()方法使用一个中心点和半径,为一个画布的当前子路径添加一条弧,语法格式为:

```
arc(x, y, radius, startAngle, endAngle, counterclockwise)
```

其中的参数含义如表 7-11 所示。

表 7-11 arc()方法的参数

参　　数	说　　明
x, y	描述弧的圆形的圆心坐标
radius	描述弧的圆形的半径
startAngle, endAngle	沿着圆指定弧的开始点和结束点的一个角度。这个角度用弧度来衡量,沿着 x 轴正半轴的三点钟方向的角度为 0,角度沿着逆时针方向而增加
counterclockwise	弧沿着圆周的逆时针方向(true)还是顺时针方向(false)遍历

说明:这个方法的前 5 个参数指定了圆周的一个起始点和结束点。调用这个方法会在当前点和当前子路径的起始点之间添加一条直线。接下来,它沿着圆周在子路径的起始点和结束点之间添加弧。最后一个 counterclockwise 参数指定了圆应该沿着哪个方向遍历来连接起始点和结束点。

【例 7-13】 绘制圆弧和圆。本例文件 7-13. html 在浏览器中的显示效果如图 7-14 所示。

HTML 5 的高级应用

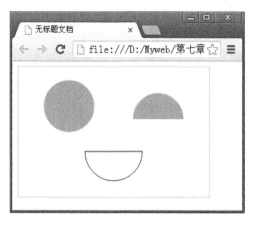

图 7-14 绘制圆弧和圆

代码如下：

```
    <!doctype html>
<html>
  <head>
    <meta charset = "gb2312">
    <title>绘制圆弧和圆</title>
  </head>
  <body>
<canvas id = "myCanvas" width = "300" height = "200" style = "border:1px solid #c3c3c3;">
    您的浏览器不支持 canvas 元素。
    </canvas>
<script type = "text/javascript">
        var c = document.getElementById("myCanvas");
        var cxt = c.getContext("2d");
        cxt.fillStyle = "#6cf";
        cxt.beginPath();
        cxt.arc(80,60,40,0,Math.PI * 2,true);          //逆时针方向绘制填充的圆
        cxt.closePath();
        cxt.fill();
        cxt.beginPath();
        cxt.arc(220,80,40,0,Math.PI,true);              //逆时针方向绘制填充的圆弧
        cxt.closePath();
        cxt.fill();
        cxt.beginPath();
        cxt.arc(150,130,45,0,Math.PI,false);            //顺时针绘制圆弧的轮廓
        cxt.closePath();
        cxt.stroke();
    </script>
  </body>
</html>
```

4. 绘制文字

1）绘制填充文字

fillText()方法用于填充方式绘制字符串，语法格式为：

```
fillText(text,x,y,[maxWidth])
```

其中的参数含义如表 7-12 所示。

表 7-12　fillText()方法的参数

参　　数	说　　明
text	表示绘制文字的内容
x，y	绘制文字的起点坐标
maxWidth	可选参数，表示显示文字的最大宽度，可以防止溢出

2）绘制轮廓文字

strokeText()方法用于轮廓方式绘制字符串，语法格式为：

```
strokeText(text,x,y,[maxWidth])
```

【例 7-14】　绘制填充文字和轮廓文字。本例文件 7-14.html 在浏览器中的显示效果如图 7-15 所示。

图 7-15　绘制填充文字和轮廓文字

代码如下：

```
<!doctype html>
<html>
  <head>
    <meta charset = "gb2312">
    <title>绘制文字</title>
  </head>
  <body>
```

```
        < canvas id = "myCanvas" width = "300" height = "200" style = "border:1px solid #
c3c3c3;">
        您的浏览器不支持 canvas 元素。
        </canvas >
        < script type = "text/javascript">
        var c = document.getElementById("myCanvas");
        var cxt = c.getContext("2d");
        cxt.fillStyle = "#63c";
        cxt.font = '16pt 黑体';
        cxt.fillText('画布上绘制的文字:', 20, 40);             //绘制填充文
        cxt.strokeStyle = "#06f";
        cxt.shadowOffsetX = 5;                              //设置阴影向右偏移 5 像素
        cxt.shadowOffsetY = 5;                              //设置阴影向下偏移 5 像素
        cxt.shadowBlur = 10;                                //设置阴影模糊范围
        cxt.shadowColor = 'black';                          //设置阴影的颜色
        cxt.lineWidth = "2";
        cxt.font = '40pt 隶书';
        cxt.strokeText('大展宏图', 40, 120);                  //绘制轮廓文字
        </script > </body >
</html >
```

5. 绘制渐变

1) 绘制线性渐变

createLinearGradient()方法用于创建一条线性颜色渐变,语法格式为:

```
createLinearGradient(xStart, yStart, xEnd, yEnd)
```

其中的参数含义如表 7-13 所示。

表 7-13　createLinearGradient()方法的参数

参　　数	说　　明
xStart，yStart	渐变的起始点的坐标
xEnd，yEnd	渐变的结束点的坐标

2) 绘制径向渐变

createRadialGradient()方法用于创建一条放射颜色渐变,语法格式为:

```
createRadialGradient(xStart, yStart, radiusStart, xEnd, yEnd, radiusEnd)
```

其中的参数含义如表 7-14 所示。

表 7-14　createRadialGradient()方法的参数

参　　数	说　　明
xStart，yStart	开始圆的圆心坐标
radiusStart	开始圆的半径
xEnd，yEnd	结束圆的圆心坐标
radiusEnd	结束圆的半径

addColorStop()方法在渐变中的某一点添加一个颜色变化,其语法格式为:

```
addColorStop(offset, color)
```

【例7-15】 绘制线性渐变和径向渐变。本例文件7-15.html在浏览器中的显示效果如图7-16所示。

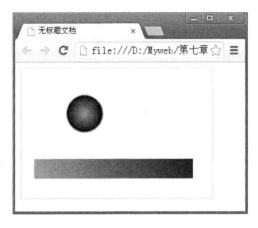

图 7-16　绘制线性渐变和径向渐变

代码如下:

```
<!doctype html>
<html>
  <head>
    <meta charset = "gb2312">
    <title>绘制渐变</title>
  </head>
  <body>
    <canvas id = "myCanvas" width = "300" height = "200" style = "border: 1px solid #c3c3c3;
color: #959595;">
    您的浏览器不支持 canvas 元素。
    </canvas>
    <script type = "text/javascript">
      var c = document.getElementById("myCanvas");
      var cxt = c.getContext("2d");
      var grd = cxt.createLinearGradient(20,140,250,30);        //绘制线性渐变
      grd.addColorStop(0,"#00ff00");                            //渐变起点
      grd.addColorStop(1,"#0000ff");                            //渐变结束点
      cxt.fillStyle = grd;
      cxt.fillRect(20,140,250,30);
var radgrad = cxt.createRadialGradient(100,70,1,100,70,30);     //绘制径向渐变
      radgrad.addColorStop(0,"#00ff00");                        //渐变起点
      radgrad.addColorStop(0.9,"#0000ff");                      //渐变偏移量
      radgrad.addColorStop(1,"#ffffff");                        //渐变结束点
      cxt.fillStyle = radgrad;
```

```
        cxt.fillRect(70,40,60,60);
    </script> </body>
</html>
```

6. 绘制图像

canvas 相当有趣的一项功能就是可以引入图像,它可以用于图片合成或者背景制作等。只要是 Gecko 排版引擎支持的图像(如 PNG、GIF、JPEG 等)都可以引入到 canvas 中,并且其他的 canvas 元素也可以作为图像的来源。

用户可以使用 drawImage()方法在一个画布上绘制图像,也可以将源图像的任意矩形区域缩放或绘制到画布上,语法格式如下。

格式一:

```
drawImage(image, x, y)
```

格式二:

```
drawImage(image, x, y, width, height)
```

格式三:

```
drawImage ( image, sourceX, sourceY, sourceWidth, sourceHeight, destX, destY, destWidth,
destHeight)
```

【例 7-16】 绘制图像。本例文件 7-16. html 在浏览器中的显示效果如图 7-17 所示。

图 7-17 绘制图像

代码如下：

```
<!doctype html>
<html>
  <head>
    <meta charset = "gb2312">
    <title>绘制图像</title>
  </head>
  <body>
    <canvas id = "myCanvas" width = "400" height = "250" style = "border:1px solid #
c3c3c3;">
    您的浏览器不支持 canvas 元素。
    </canvas>
    <script type = "text/javascript">
      var c = document.getElementById("myCanvas");
      var cxt = c.getContext("2d");
      var img = new Image();
      img.src = "img/flower.jpg";
        img.onload = function () {
            cxt.drawImage(img, 20, 20);
        }
</script>
</body>
</html>
```

注意： 绘图 cxt.drawImage(img,0,0);必须在图片加载完成后，才能成功显示。

img.onload = function () { cxt.drawImage(img, 0, 0); }

7.4 HTML 5 其他标签

7.4.1 <datalist>标签

<datalist>标签用于描述文档或文档某个部分的细节。常常与<input>元素配合使用，来定义<input>可能的值。datalist 及其选项不会被显示出来，它仅仅是合法的输入值列表。请使用 input 元素的 list 属性来绑定 datalist。

【例 7-17】 将<input>标记和<datalist>搭配使用示例，如图 7-18 所示。

图 7-18　datalist 标记示例效果

HTML 5 的高级应用

代码如下：

```
<!DOCTYPE HTML>
< html >
< h4 > datalist 标记使用</h4>
< body >
< input list = "天气查询" />
< datalist id = "天气查询">
    < option value = "昆明">
    < option value = "西双版纳">
    < option value = "大理">
< option value = "曲靖 ">
< option value = "丽江">
</datalist>
</body>
</html>
```

7.4.2 ＜summary＞标签

＜summary＞标签包含 datalist 元素的标题，datalist 元素用于描述有关文档或文档片段的详细信息。

【例 7-18】 ＜summary＞标签示例，如图 7-19 所示。

图 7-19 summary 标签示例效果

代码如下：

```
<!DOCTYPE HTML>
< html >
< body >
< details >
< summary >XP 系统</summary>
XP 系统是 2014 年停止服务的。
</details></body>
</html>
```

7.4.3 ＜figcaption＞标签和＜figure＞标签

＜figcaption＞标签定义 figure 元素的标题。figcaption 元素应该被置于 figure 元素的第一个或最后一个子元素的位置。＜figure＞标签用于对元素进行组合。

【例 7-19】 文档中插图的图像,带有一个标题,如图 7-20 所示。

图 7-20 ＜figcaption＞标签和＜figure＞标签示例效果

代码如下:

```
<!DOCTYPE HTML>
<html>
<body>
<figcaption>大观楼</figcaption>
<img src="img/大观楼.jpg" alt="大观楼照片" align="right" border="1" width=300 height
=200>
</figure>
<p>大观楼,位于云南昆明市近华浦南面,三重檐琉璃戗角木结构建筑。清康熙三十五年(1696年)
始建二层楼宇。乾隆年间,孙髯翁为其撰写长联,由名士陆树堂书写刊刻,大观楼因长联而成中国
名楼。道光八年(1828)修葺大观楼,增建为三层。咸丰三年(1853)咸丰帝题"拔浪千层"匾,咸丰七
年(1857)长联与楼毁于兵燹。同治五年(1866)重建,复遭大水,光绪九年(1883)再修。光绪十四年
(1888)赵藩重以楷书刊刻长联。一九八三年大观楼公布为云南省重点文物保护单位。
</p>
</body>
</html>
```

7.4.4 ＜hgroup＞标签

＜hgroup＞标签用于对网页或区段(section)的标题进行组合。

【例 7-20】 ＜hgroup＞标签示例,如图 7-21 所示。

图 7-21　＜hgroup＞标签示例效果

代码如下：

```
<!DOCTYPE HTML>
<html>
<body>
<hgroup>
<h1>云南旅游</h1>
<h2>昆明景点</h2>
</hgroup>
<p>昆明,无愧于"春城"这一雅称,四季如春,无论从哪个角度看昆明,一定是春光明媚,天空碧蓝又
高远,仿佛是透明的。太阳肆意地迸发着耀眼的光,迎着每一位在这座城中漫步的人。
</p>
</body>
</html>
```

7.4.5　＜time＞标签

＜time＞标签定义公历的时间（24 小时制）或日期，时间和时区偏移是可选的。该元素能够以机器可读的方式对日期和时间进行编码。例如，用户代理能够把生日提醒或排定的事件添加到用户日程表中，搜索引擎也能够生成更智能的搜索结果。

【例 7-21】　＜time＞标签示例，如图 7-22 所示。

图 7-22　＜time＞标签使用实例效果

代码如下：

```
<!DOCTYPE HTML>
<html>
<body>
<p>我明天早上<time>8:00</time>开始上课。</p>
<p>我们在<time datetime="2014-8-2">七夕节</time>有个约会。</p>
<p>祝大家<time datetime="2014-9-8">中秋节</time>快乐!</p></body>
</html>
```

7.4.6 ＜mark＞标签

＜mark＞标签定义带有记号的文本,在需要突出显示文本时使用＜mark＞标签。

【例 7-22】 ＜mark＞标签示例,如图 7-23 所示。

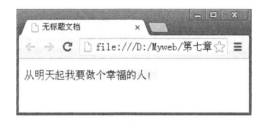

图 7-23 ＜mark＞标签使用示例效果

代码如下：

```
<!DOCTYPE HTML>
<html>
<body>
<p>从明天起我要做<mark>个幸福的人!</mark></p>
</body>
</html>
```

7.4.7 ＜ruby＞标签和＜rt＞标签

＜ruby＞标签与＜rt＞标签一同使用,ruby 元素由一个或多个字符(需要一个解释/发音)和一个提供该信息的 rt 元素组成,还包括可选的 rp 元素,定义当浏览器不支持 ruby 元素时显示的内容。

【例 7-23】 ＜ruby＞以及＜rt＞标签示例,如图 7-24 所示。

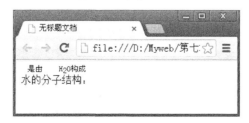

图 7-24 ＜ruby＞标签使用示例效果

HTML 5 的高级应用

代码如下：

```
<!DOCTYPE HTML>
<html>
<body>
<ruby>
水的分子结构: <rt>是由 H<sub><font size="2">2</font></sub>O 构成 </rt>
</ruby>
</body>
</html>
```

7.4.8 <meter>标签

<meter>标签定义度量衡，仅用于已知最大和最小值的度量，其属性值如表 7-15 所示。

表 7-15 <meter>标签属性

属　　　性	描　　　述
high	定义度量的值位于哪个点，被界定为高的值
low	定义度量的值位于哪个点，被界定为低的值
max	定义最大值。默认值是 1
min	定义最小值。默认值是 0
optimum	定义什么样的度量值是最佳的值
	如果该值高于 high 属性，则意味着值越高越好
	如果该值低于 low 属性的值，则意味着值越低越好
value	定义度量的值

【例 7-24】 <meter>标签示例，如图 7-25 所示。

图 7-25 <meter>标签使用示例效果

代码如下：

```
<!DOCTYPE HTML>
<html>
<body>
<meter value="3" min="0" max="5">3/5</meter><br/>
<meter value="0.2">20%</meter></body>
</html>
```

7.4.9 ＜command＞标签

＜command＞标签定义命令按钮,例如单选按钮、复选框或按钮,其属性如表 7-16 所示。

表 7-16　＜command＞标签属性

属　　性	描　　述
checked	定义是否被选中。仅用于 radio 或 checkbox 类型
disabled	定义 command 是否可用
icon	定义作为 command 显示的图像的 url
label	为 command 定义名称。label 是可见的
radiogroup	定义该 command 所属的 radiogroup 的名称。仅在类型为 radio 时使用
type	定义该 command 的类型。默认是 command

7.4.10 ＜menu＞标签

＜menu＞标签定义菜单列表。当希望列出表单控件时使用该标签。在 HTML 5 中,重新定义了 menu 元素,且用于排列表单控件,其属性如表 7-17 所示。

表 7-17　＜menu＞标签属性

属　　性	描　　述
autosubmit	如果为 true,那么当表单控件改变时会自动提交
label	为菜单定义一个可见的标注
type	定义显示那种类型的菜单,默认值是 list

7.5　本 章 小 结

本章主要通过应用案例详细讲解 HTML 5 的文档结构标签、音频视频标签、canvas 绘图标签以及 HTML 5 的其他标签。HTML 5 语言集合了 HTML、CSS、JavaScript,能减少浏览器对需要插件的丰富网络应用服务的 Oracle JavaFX 需求,并且提供更多有效增强网络应用,是目前最完善的网页设计语言。通过学习这些标签的用法,可以更全面地了解 HTML 5 的用途,把所需的标签合理利用在自己设计的作品中,呈现出属于自己的设计风格。

7.6　习　　　　题

1. 选择题

(1) 在 HTML 中,(　　)标记不可出现在＜body＞和＜/body＞标签之间。

　　A. ＜hr＞　　　　　B. ＜br＞　　　　　B. ＜title＞　　　　　D. ＜!－－…－－＞

(2) 在 HTML 中,正确的嵌套方式是(　　)。

　　A. ＜table＞＜td＞＜tr＞＜/tr＞＜/td＞＜/table＞

B. <table><tr><td></td></tr></table>

C. <table><tr><td></td></tr></td></table>

D. <table><td><tr></td></tr></table>

（3）HTML 样式格式文件的后缀名是（　　）。

A. .asp　　　　　B. .js　　　　　C. .css　　　　　A. .ss

（4）下列哪些是视频文件？（　　）

A. jpg 文件　　　B. avi 文件　　　C. mov 文件　　　D. mpg 文件

（5）主页一般包含以下几种基本元素（　　）？

A. 文本（Text）　　　　　　　　B. 图像（Image）

C. 表格（Table）　　　　　　　　D. 超链接（HyperLink）

（6）. <HR>在 HTML 中是（　　）标签。

A. 空格　　　　　B. 换行　　　　　C. 水平标尺　　　D. 标题

（7）设置网页名称的标签是（　　）。

A. <TITLE>和</TITLE>

B. <HEAD>和</HEAD>

C. <TITLES>和</TITLES>

D. <NAME>和</NAME>

（8）关于 HTML 文档，下面说法正确的是（　　）。

A. HTML 文档要用专门的网页制作工具进行编写

B. HTML 文档可以连接互联网上除了执行程序外的所有的资源

C. HTML 文档标题是显示在网页上的

D. 把 HTML 文档从 Windows 2000 系统复制到 UNIX 系统上使用，不需要做任何改动

（9）在网页中，超文本链接不可能是（　　）。

A. 一个字　　　　B. 单选按钮　　　C. 一幅图　　　　D. 一句话

（10）下面哪一个标记是用于插入背景音乐的（　　）？

A. <MUSIC>　　　　　　　　　　B. <SWF>

C. <A>　　　　　　　　　　　　D. <BGSOUND>

2. 操作题

（1）使用<section>制作如图 7-26 所示的网页。

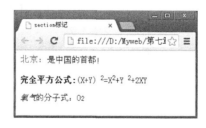

图 7-26　网页

（2）使用<audio>标签制作如图 7-27 所示的网页。

图 7-27　网页

（3）绘制如图 7-28 所示的网页。

图 7-28　网页

（4）绘制如图 7-29 填充文字和轮廓文字。

图 7-29　填充文字和轮廓文字

HTML 5 的高级应用

第 8 章 Photoshop 网页切图

内容提要：

(1) 网页切图的基本概念；

(2) Photoshop 简介；

(3) 切图的基本操作；

(4) 网页切图实例；

(5) PSD 切图转 HTML 实例。

8.1 网页切图的基本概念

网页切图是一种网页制作技术，它是将美工效果图转换为页面效果图的重要技术。在网页制作时，不能将美工设计的网页效果图直接插入到网页中，而是首先用图形图像处理软件 Photoshop、Flash、Firework 等提供的切片工具，将美工设计的效果图进行切图，将一幅大图生成一系列的小切片，导出一个网页文件和多个图形文件，分别存储在网站的站点下，然后在网页制作软件 Dreamweaver 中打开站点。

网页切图就是指在网页制作过程中，用图形图像处理软件提供的切片工具，将美工设计的网页大幅图像分割成一系列小的图像，这些小图像称为原大幅图像的切片。本章将详细讲解如何使用 Photoshop 进行网页切图。

8.2 Photoshop 简介

Photoshop 是图像设计与制作工具软件。图像处理是对已有的位图图像进行编辑加工处理以及运用一些特殊效果，其重点在于对图像的处理加工。它包括以下特点。

1) 功能强大的选择工具

Photoshop 拥有多种选择工具，极大地方便了用户的不同要求。而且多种选择工具还可以结合起来选择较为复杂的图像。

2) 制定多种文字效果

利用 Photoshop 不仅可以制作精美的文字造型，而且还可以对文字进行复杂的变换。

3) 多姿多彩的滤镜

Photoshop 不仅拥有多种内置滤镜可供用户选择使用，而且还支持第三方的滤镜。这样,Photoshop 就拥有了"取之不尽,用之不竭"的滤镜。

4)易学易用,用途广泛

对 Photoshop 不了解的人常常认为它是一种专业图形图像处理软件,其实这是一种误解,Photoshop 虽然功能强大,但是也易学易用,适应于不同水平的用户。

8.3　切图工具图标的识别

切图工具如图 8-1 所示。

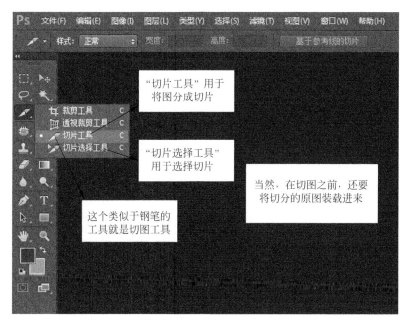

图 8-1　切图工具介绍

8.4　切图基本操作

切图基本操作有两个:划分切片和编辑切片。

(1)划分切片是使用切片工具,在原图上进行切分的操作。

(2)编辑切片是对切分好的切片进行编辑的操作,编辑包括对切片的名称、尺寸等的修改。

8.4.1　切图原则

一张图可以有多种相关的切图方案,但不是所有的切图方案都是适合网页编程的。所以在切图技术中,应该保证实现的是最佳切图方案,因此切图技术中还涉及了切图的原则和切图的技巧。分块原则如下。

(1)以相关内容为一块,根据原图中的相关内容,确定整体的切分策略。即切分要有分块的思想,把整个网页看成是多个块构成的,每个块就是一个 table,块中每一个细节内容就是 table 的单元格中的内容。在切图时,同一块中的内容是完整的,也就是说,要保证完整的一部分在一个块内,例如某区域的标题文字、网页的 logo、网页的广告、网页的导航区等可以分别为一个个独立的块,这样做的目的是方便日后网页编程和修改。

(2) 尽量分成大行,平行地切。当一个网页的内容比较多时,在显示网页时是有时间差的,这时要求内容的显示是从上而下从左到右逐行显示的,绝不允许一个网页上的内容杂乱地跳出来。因此,在分块时也应该贯穿逐行分块的原则。切图的时候要尽量平行地切。

8.4.2 切图的具体步骤

在这里,我们按照切图的原则举例说明,并介绍切图的具体步骤。

1. 划分切片

划分切片指的是通过切片工具,按块分割整个图片。如图 8-2 所示,我们将这个网页划分为 8 大块。

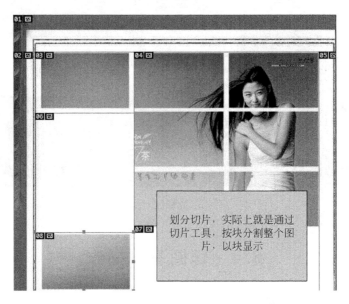

图 8-2　切图板块显示

2. 移动切片

要移动某个切片,可以使用"切片选择工具"选择某个切片,并用鼠标进行拖动。如果想精确地细微移动,则可以使用设置切片尺寸实现,如图 8-3 所示。

3. 切片的存储输出

如果想将某个切片保存为某个图片并输出,可以使用"切片选择工具"选择某个切片,然后选择"文件"菜单,并选择"存储为 Web 所用格式",然后在弹出的界面中(如图 8-4 所示)进行设置,完成后单击"存储",弹出如图 8-5 所示的对话框,设置文件名及格式后即可保存。

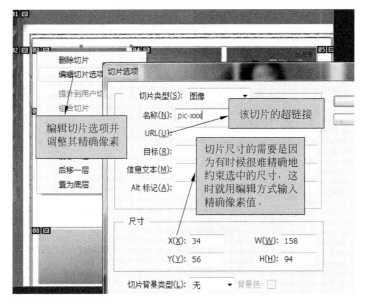

图 8-3　编辑切片

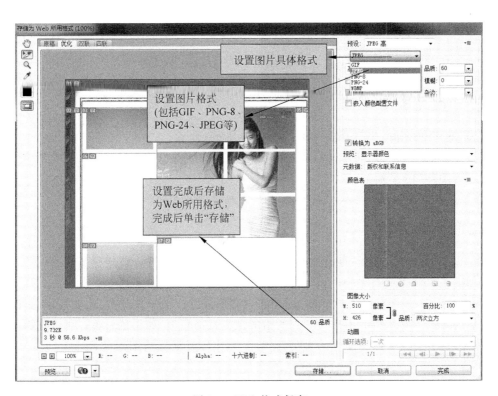

图 8-4　Web 格式保存

第
8
章

Photoshop 网页切图

图 8-5　存储格式

8.5　班级网页切图实例

8.5.1　网页布局设计

（1）在 Photoshop 中打开设计稿，如图 8-6 所示。

（2）选择工具板上的切片工具，对这个网页进行切片。本例中，我们将网页总共切成 4 块，切好的图如图 8-7 所示。

注意：大面积的色块单独切成一块，尽可能地保持在水平线上的整齐。

8.5.2　参数选择

在 Photoshop 中，选择"存储为 Web 所用格式"来存储文件。在这里要注意一些参数的选择，如图 8-8 所示。

在图 8-8 中，按照圆圈所标识的"1"、"2"、"3"部分进行操作。首先，选中"1"所指的切片工具，然后，选择"2"所指的图片，在"3"所指的地方选择色值，如果色彩单一可以选择尽量小的色值位，这样会大大减小文件的大小，同时又能比较好地保持图片的色彩。"1"、"2"、"3"部分设置好后单击 OK 输出文件，这里的文件包括了一个 htm 文件和 images 文件夹，如图 8-9 所示。

此时页面切图完成了一半，接下来我们要在 Dreamweaver 里建立站点。

图 8-6　PSD 原图

图 8-7　切图划分

Photoshop 网页切图

图 8-8　切图存储格式

图 8-9　存储文件

8.5.3　定义站点

（1）在 Dreamweaver 里定义站点的方法如图 8-10 所示。

（2）在图 8-10 的"站点名称"中为站点起一个名字"Myweb"，然后在下面的"本地站点文件夹"中选择刚才导出的站点所在的文件夹。站点建好后，可查看"站点地图"，如图 8-11所示。

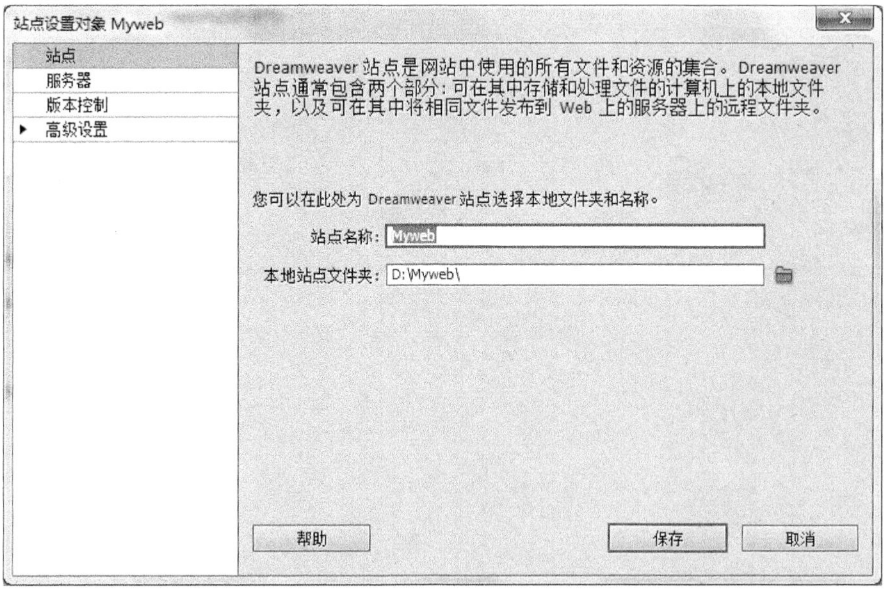

图 8-10　建立站点

图 8-11　查看站点地图

注意：建立站点可以使我们养成一种很好的习惯，就是把一个网站所包含的文件、文件夹有条理地放在一起，同时可以很容易地将这个站点移动到其他地方而不用对文件路径进行任何修改。

8.5.4　制作页面表格

通常在 Photoshop 中导出的 HTML 文件是不可以直接使用的，因为有些地方在实际运用时要作调整，例如有动态文字的地方需要在页面中输入，而不需要图片。假如我们在直接生成的 HTML 的网页中拿走不想要的图片后，紧接着加上动态文字，我们可能会发现整个页面完全乱套了，因此需要制作页面表格。现在，先分析导出的 HTML 文件，如图 8-12 所示。

如图 8-12 所示，在我们导出来的切图中，文字已被隐藏。根据对这个页面表格的分析，在新的页面中建立一个三行一列的表格，如图 8-13 所示。

注意：把"单元格边距"、"单元格间距"、"边框"三项值设为 0，因为在图片中我们不希望看到空隙和错位；然后再在第一行中插入一个三行两列的表格，并合并左边三列的表格，插

278

图 8-12　导出的 HTML 文件

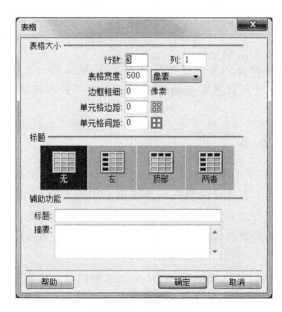

图 8-13　插入表格

入表格后的效果如图 8-14 所示。

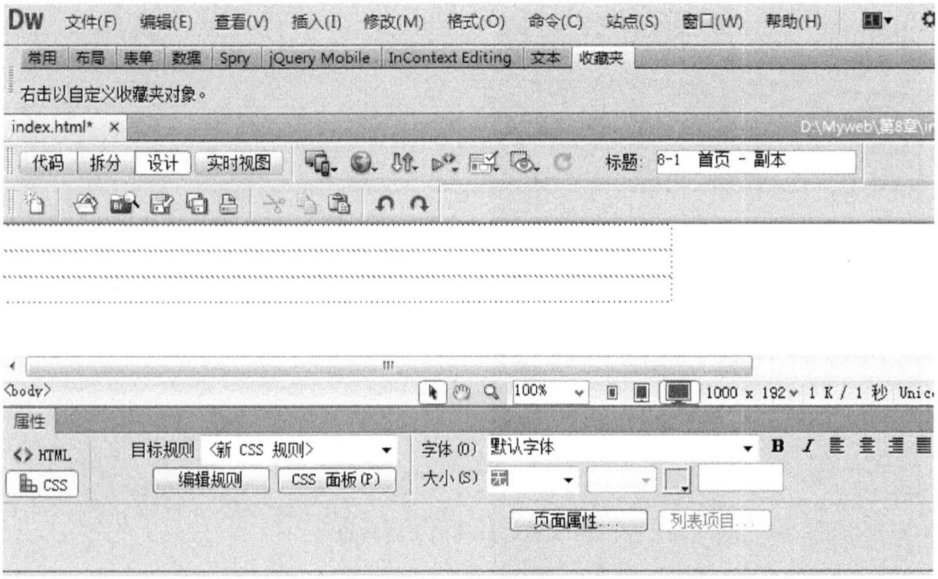

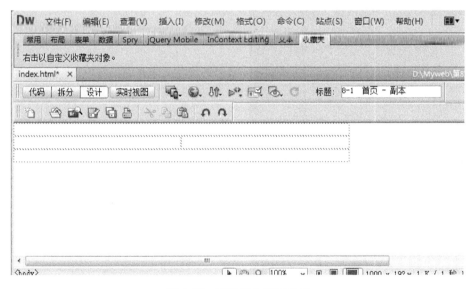

图 8-14 插入后表格效果

注意：插入表格时一定要对比原 HTML 文件中的内容。接下来在第二行中插入一个一行二列的表格，按上面的方法合并左边的单元格，并在右边单元格的第一行插入一个一行两列的表格效果，如图 8-15 所示。

图 8-15 再次插入中间表格

最后得到的页面如图 8-16 所示。
然后，可以在表格里面添加图片和内容了。

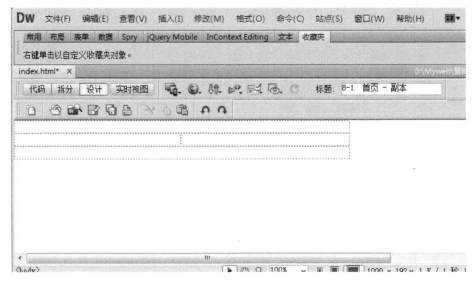

图 8-16   最终的表格效果

8.5.5   在网页中添加图片和内容

添加图片和内容时,表格单元格的 align、valign 两个属性非常重要。

(1) 首先要添加图片,代码如下:

```
< body bgcolor = " # FFFFFF" leftmargin = "0" topmargin = "0" marginwidth = "0" marginheight =
"0">
<! -- Save for Web Slices ( * .jpg) -->
< table id = "__01" width = "750" height = "711" border = "0" cellpadding = "0" llspacing = "0">
    < tr >
        < td colspan = "2">
            < img src = "images/school - pic11.jpg" width = "750" height = "247" alt = "">
    </td>
    </tr>
    < tr >
        < td >
            < img src = "images/school - pic2.png" width = "207" height = "423" alt = ""></td>
        < td >
            < img src = "images/school - pic3.png" width = "543" height = "423" alt = ""></td>
    </tr>
    < tr >
        < td colspan = "2">
            < img src = "images/school - pic4.png" width = "750" height = "41" alt = ""></td>
    </tr>
</table>
<! -- End Save for Web Slices -->
</body>
```

我们已经将表格搭建好了,只需要将之前已经切好的图片套进去就可以了,因为我们只是添加图片,不需要任何 CSS 样式修饰。完成后就能看见背景效果图了,如图 8-17所示。

图 8-17　导出的 HTML 背景效果

(2)添加文字,先来添加一个导航。

```
< td colspan = "2">
        < img src = "images/school - pic11.jpg" width = "750" height = "247" alt = "">
    < ul class = "nav">
    < li >< a href = "index.html" style = " color:♯30F; font - weight:bold;">首页</a></li>
    < li >< a href = "photo.html">班级相册</a></li>
    < li >< a href = "work.html">同学作品</a></li>
    < li >< a href = "luck.html">光荣榜</a></li>
    < li >< a href = "life.html">生活记录</a></li>
    < li >< a href = "about.html">关于我们</a></li>
    < li >< a href = "message.html">留言板</a></li>
    </ul>
        </td>
```

然后添加 CSS 修饰,为了让文字和背景更好地融合在一起,我们用到一个特殊的属性——绝对定位 position。绝对定位的属性值为 absolute,会将对象拖离出正常的文档流,绝对定位而不考虑它周围内容的布局。

Photoshop 网页切图

```
ul {list－style: none;}
.nav {position: absolute;top: 32px;overflow: hidden;}
.nav li {float: left; font－size: 17px; padding: 0 15px; background: url(img/divider1.gif)
no－repeat left center; }
.nav a:link {text－decoration: none;color: #60F;}
.nav a:hover, .nav a.active {color: #30F;font－weight:bold;}
```

absolute 在文档中不占位,它以父层来定位,这样就更方便在页面布局中排版。通过上面的 CSS 样式修饰,这时可以在浏览器中看到添加的导航效果了,如图 8-18 所示。

图 8-18　添加图文中的导航

（3）主页面区域的内容设置则是继续完善 HTML 标记中的结构。现在来添加主页内容,如何在一个容器里面完成主体内容的代码如下:

```
<td>
        <img src = "images/school－pic3.png" width = "543" height = "423" alt = "">

    <div class = "indent">
      <div class = "welcome">
        <h3>欢迎光临昆明理工大学快乐芭比 1402 班</h3>
        <h4>学校是我家……我们用行动美化校园! </div>
      <h3>最新公告</h3>
      <ul id = "listItem">
      <li><a href = "#"><br/>
        校园最新动态,你看了吗?</a></li>
<li><a href = "#"><br/>
        给我们一个文明的校园,我们才能快乐成长</a></li>
      <li><a href = "#"><br/>
        关于举办"梦想青春,微电影创作大赛的通知</a></li>
      <li><a href = "#"><br/>
```

```
       美文欣赏——《用青春的活力幻化绚烂彩虹》</a></li>
        <div class = "more"><a href = "#">更多...</a></div>
     </ul></div>
    </td>
```

主体内容中的标题和段落文字可以用 CSS 的样式来修饰,其代码如下:

```
.indent {position: absolute;padding: 10px 20px 98px 158px;left: 80px;
    top: 250px;
}
.welcome {padding - bottom: 10px;}
h4{color: #333}
#listItem li {padding - left: 30px;margin - bottom: 20px;height: 30px;
background: url(images/school - pic00.jpg) no - repeat left center;font - size: 12px;}
#listItem a:link {text - decoration: none;font - weight: bold;color: #03C;}
#listItem a:hover {text - decoration: underline;color: #00F;}
#listItem a:active {text - decoration: underline;color: #517208;}
.more{color: #339; font - weight:bold;}
```

完成上面的内容以及修饰,里面的内容可以根据自己喜欢的文字随意地改动,页脚可以直接引用切图。图 8-19 为浏览器中的页面效果。

图 8-19　浏览器中的页面效果

Photoshop 网页切图

8.6 博客网页切图实例

本例主要以博客为例,把设计好的 PSD 网站模板切图为 HTML＋CSS 网页,以设计和制作博客网站为目的,将设计好的 PSD 博客网站模板切图为 XHTML＋CSS 网页。本节的目的是使读者掌握一种方法,即将 PSD 网站模板转换为 XHTML＋CSS 网页的方法。

8.6.1 背景切图

(1)首先分析效果图,效果图如图 8-20 所示。

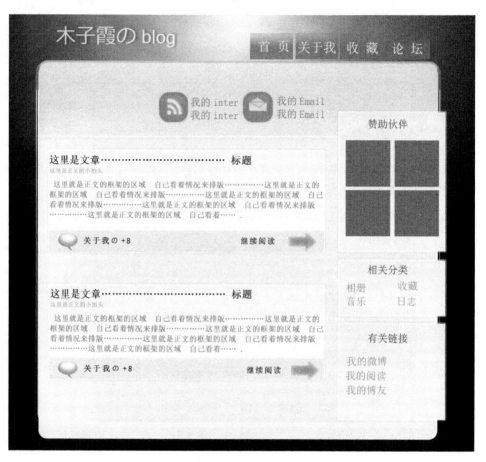

图 8-20　PSD 原效果图

(2)效果图背景切图需要隐藏其他页面的图层,最后将背景图导出为 Web 使用格式,导出背景图如图 8-21 所示。

(3)主内容区切图包括中部面板部分切图和带有效果的其他部分切图,例如阴影、半透明的边框等。另外,考虑到头部部分具有复杂透明度的导航区域,所以也需要顶部切图。如图 8-22 所示为切出的页头主体内容背景,图 8-23 为切出的主体内容。

页脚部分切图需要选择同样的宽度,另外,高度需要包含灰色渐变的图形。如图 8-24所示为切出的页脚背景。

图 8-21　导出背景图

图 8-22　切出页头主体内容背景

图 8-23　切出主体内容

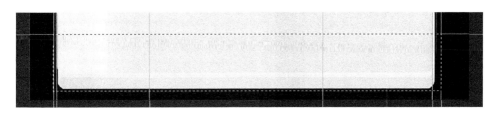

图 8-24　切出页脚背景

8.6.2　其他区域切图

1. 侧边栏切图

侧边栏切图,主体区域可使用垂直拉伸的效果。切图示例如图 8-25 和图 8-26 所示。

侧边栏为独立的图形,在切图时,需要注意两点:(1)切上部时,需要使其为足够长的区域,以便容纳更多的内容防止超出设计的部分;(2)切底部时,底部宽度需要与上部保持一致。"切侧边栏"时需要包含边线的透明效果,如图 8-27 和图 8-28 所示。

2. 导航背景图切图

导航背景图切图如图 8-29 所示。

切出导航栏的背景,需要根据菜单栏中文字的长度来调整。

3. 博客发布区切图

博客发布区切图如图 8-30 所示。

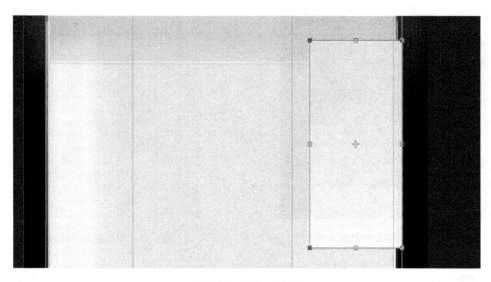

图 8-25　选中侧边栏

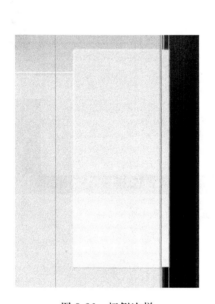

图 8-26　切侧边栏

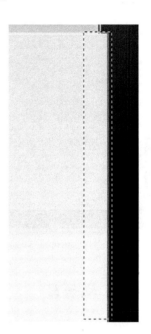

图 8-27　包括边线的透明效果侧边栏切图

图 8-28　切侧边栏底部效果

4. 提示内容区背景切图

提示内容区背景切图如图 8-31 所示。

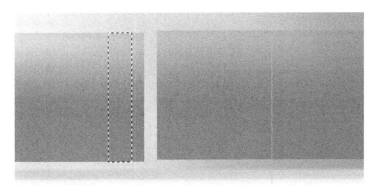

图 8-29　导航背景图切图

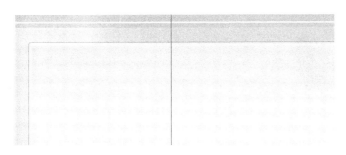

图 8-30　博客发布区切图

图 8-31　提示内容区切图

8.6.3　logo 切图

（1）评论气泡消息提示 logo 切图如图 8-32 所示。

图 8-32　评论气泡消息提示 logo 切图

（2）logo 切图包括小的评论气泡、箭头、rss 标志和电子邮箱图标，切图文件如图 8-33 所示。

完成背景切图、其他区域切图和 logo 切图后，博客效果图被切成 13 个小图片文件，如图 8-34 所示。

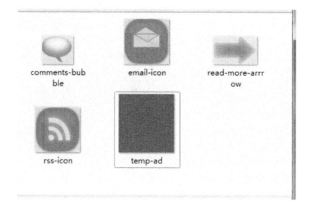

图 8-33　logo 切图文件

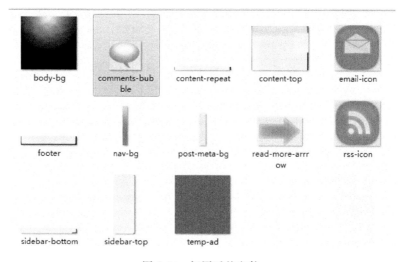

图 8-34　切图后的文件

8.6.4　添加图文代码实现与 CSS 修饰

1. 博客网页的主体 html 代码

```
<!DOCTYPE html PUBLIC " - //W3C//DTD XHTML 1.0 Transitional//EN"
"http://www.w3.org/TR/xhtml1/DTD/xhtml1 - transitional.dtd">
< html xmlns = "http://www.w3.org/1999/xhtml">
< head >
< link href = "blog.css" rel = "stylesheet" type = "text/css">
< meta http - equiv = "Content - Type" content = "text/html; charset = utf - 8" />
<title>木子霞のblog</title>
</head >
< body >
</body >
</html >
```

2. 博客主页的布局

博客主页主要用层来布局,其中包含主页的内容和背景。网页的名称用 h1 标签来控制,上部导航区和电子邮件订阅选项区为无序列表样式排列。

```html
<body><div class="box">
<!-- 这是博客页头的导航 -->
<h1><a>木子霞の blog</a></h1>
<ul class="navigation">
        <li><a href="#">首页</a></li>
        <li><a href="#">关于我</a></li>
        <li><a href="#">图  片</a></li>
        <li style="border:none;"><a href="#">论  坛</a></li>
</ul>
<!-- 这是博客的邮箱等 logo -->
<div id="container">
    <div id="content">

            <ul class="subscription">
            <li><a href="#" class="rss">我的 inter 我的 inter</a></li>
            <li><a href="#" class="email">我的 Email 我的 Email</a></li>
        </ul>
    </div><!-- Content -->
    <div id="footer">
    </div><!-- footer -->
</div><!-- container -->
</div>
</body>
```

3. 为博客的主体添加 CSS 效果

```css
/* 初始化 */
body,div,h1,h2,h3,h4,p,ul,ol,li,dl,dd,img,form,file
{margin:0px;
padding:0px;
border:0px;}
.box{height:1000px; width:1100px; border: 1px solid;}
body{ background:url(images/body-bg.jpg) top center no-repeat; margin:0 auto;
font:12px Arial, Helvetica, sans-serif; width:1100px; height:1000px;}
/* 博客的 PSD 背景效果图 */
#container{ width:966px; margin:0 auto; background:url(images/content-repeat.jpg) repeat-y;}
#content{ background:url(images/content-top.jpg) no-repeat; min-height:730px; margin-top:105px;}
#footer{ height:135px; background:url(images/footer.jpg) no-repeat;}
```

4. 为博客导航添加 CSS 效果

```
/* 博客的导航 */
h1 a{ display:block;width:300px; height:70px; float:left;margin - top:35px; margin - left:
110px; font - size:36px; color: #FFF;}
ul.navigation{float:right;margin - top:42px; margin - right:100px; width:420px;}
    ul.navigation li{list - style:none;float:left; display:block;width:100px; background:
url( images/nav - bg. png) repeat - x; text - align: center; border - right: # a5def8 solid
thick;}
ul.navigation li a:link,ul.navigation li a:visited{ font:24px Arial, Helvetica, sans - serif
bold; text - align:center; line - height:60px; text - decoration:none; color:white;}
    ul.navigation li a:hover,ul.navigation li a:active{ color: #30F;}
ul.subscription{ width:400px; clear:both;float:left; margin:55px 0 0 285px; list - style:
none;}
```

5. 为博客电子阅读邮件部分添加 CSS 效果

```
/* 电子阅读邮件 logo */
    ul.subscription li{ display:inline - block;}
    ul.subscription li a{ width:115px;height:70px; float:left; font:16px Arial, Helvetica,
sans - serif bold; text - decoration: none; color: #069; text - transform: uppercase; text -
align:center; line - height:35px;}
ul.subscription li a.rss{ background:url( images/rss - icon.png) no - repeat;padding:0 10px
0 70px;}
    ul.subscription li a.email{ background:url( images/email - icon.png) no - repeat;padding:
0 10px 0 70px;}
    ul.subscription li a.rss:hover,ul.subscription li a.email:hover{ color: #00C;}
```

通过上面的 CSS 样式修饰，就可以再浏览器里面看到网页的背景、导航、以及相关的
logo，这样一个大致的网页雏形就呈现在我们眼前了，如图 8-35 所示。

图 8-35　博客主页面及导航实现效果图

6. 为博客的侧边栏添加 CSS 效果

```
<div class = "sidebar - section">
        <div class = "sidebar - section - content">
                <h3>有关链接</h3>
                <ul class = "link">
                        <li><a href = "#">我的微博</a></li>
                        <li><a href = "#">我的阅读</a></li>
                        <li><a href = "#">我的博友</a></li>
                </ul>
        </div><! -- sidebar - section content -->
    </div><! -- sidebar - section -->
</div><! -- sidebar -->
</div><! -- Content -->
/* 侧边栏内容广告上 */
#sidebar{
width:260px; float:right;margin - top:115px;
}
#sidebar h3{ font - size:24px; font - weight:bold; text - transform:uppercase; color:#06C;
margin:5px 20px 20px 50px;
}
.ads{ margin:20px 20px 40px 20px;
}
.ads img.ad{ margin:3px;
}
.sidebar - section{ width: 254px; background: url(images/sidebar - top.png) no - repeat;
margin:20px 0 0 5px;
}
    .sidebar - section - content{width:254px; padding:10px 10px 10px 20px; background:url
(images/sidebar - bottom.png) no - repeat;
        }
ul.categories{ width:220px; height:60px;list - style:none;
}
ul.categories li{ display:block; list - style:none;
}
ul.categories li a{width:90px; float:left;font:16px Arial, Helvetica, sans - serif bold;
text - decoration: none; color:#069; text - transform: uppercase; line - height:35px;padding
- left:20px;
}
ul.categories li a:hover{ color:#00F;
}
/* 侧边栏内容广告下 */

ul.link{ width:220px; height:100px;list - style:none;
}
ul.link li a{font:16px Arial, Helvetica, sans - serif bold; text - decoration: none; color:
#069; text - transform: uppercase; line - height:35px;
}
ul.link li a:hover{ color:#00F;
}
```

继续添加更多的 CSS 样式来控制 HTML 里面的元素（例如字体的大小、颜色、种类等），这样就可以在浏览器里面看到侧边栏了，如图 8-36 所示。要注意内容不要超过图片的宽度，否则会影响效果。

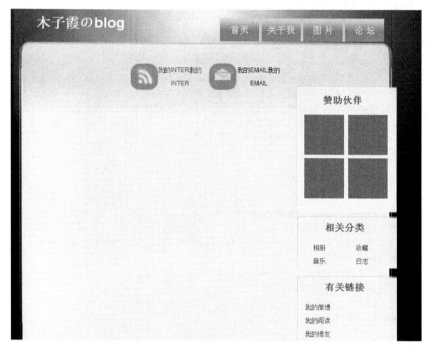

图 8-36　添加侧边栏效果图

7. 为博客文章日志发布区添加 CSS 效果

```
<! --这是博客的主页面日志区上 -->
    <div id = "main - content">
  <div class = "post - container">
    <div class = "post">
        <h2><a href = "#">这里是文章 …………………………… 标题</a></h2>
        <p class = "post - info">这里是正文的小抬头</p>
        <p>这里就是正文的框架的区域 自己看着情况来排版……………这里就是正文的框
架的区域 自己看着情况来排版………………这里就是正文的框架的区域 自己看着情况来排版……
………这里就是正文的框架的区域 自己看着情况来排版……………这里就是正文的框架的区域
自己看着情况来排版………………</p>
    </div><! -- post -->
/ *博客日志—内主容面板 * /
#main - content{width:640px; float:left;padding:60px 0 0 35px;}
    .post - container{ background: #eeeeee; border:1px solid #e2e2e2; padding:4px; - moz -
border - radius:5px;}
    .post{ background:#f7f7f7; border:1px solid #fff; padding:15px;}
    .post h2{ font - size:24px; letter - spacing: -1px; margin - bottom:3px;}
    .post h2 a:link,.post h2 a:visited{ text - decoration:none; color: #000;}
    .post p{ margin - bottom:10px; color: #393535;}
    .post p.post - info{ color: #656363;}
```

其效果如图 8-37 所示。

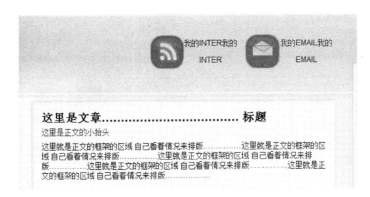

图 8-37　实现发布区效果图

8. 为博客日志区的信息提示框添加代码

```
<! -- 这是博客日志区的信息提示框 -->
    < div class = "post - options">
        < p class = "comments"><a href = "#">关于我の  + 8 </a></p>
        < p class = "read - more"><a href = "#">继续阅读</a></p>
    </div><! -- Post - Options -->
    </div><! -- post container -->
    </div><! -- main content 1 -->
</div><! -- Content -->
/ * 信息框示气泡和阅读箭头 * /
.post - options{
height:50px; background:url(images/post - meta - bg. png) repeat - x; border - left:1xp solid
#dce5e6; border - right:1px solid #dce5e6;
}
.post - options p. comments a:link,.post - options p. comments a:visited{ text - transform:
uppercase; line - height:50px; text - align:center; color: #000; background: url(images/
comments - bubble. png) left no - repeat; text - decoration:none; padding - left:60px; float:
left;}
.post - options p. comments a:hover{ color:#00C;}
.post - options p. read - more a:link,.post - options p. read - more a:visited{ text - transform:
uppercase; line - height:50px;text - align:center; color: #000; background:url(images/read
- more - arrow. png) right no - repeat; text - decoration:none; padding - right:80px; float:
right;}
.post - options p. read - more a:hover{ color:#00C;}
```

效果如图 8-38 所示。

最后,添加代码和 CSS 效果完成后,在 360 浏览器中得到最终的效果图,如图 8-39
所示。

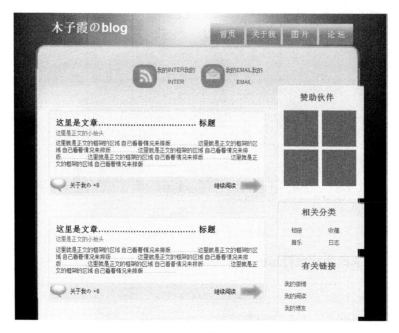

图 8-38　整体效果图

图 8-39　360 浏览器预览效果图

8.7   本 章 小 结

本章主要讲解的是如何使用 Photoshop 进行网页切图,并将切图转换成 HTML 代码。首先认识什么是 Photoshop,了解网页切图概念,掌握如何使用切图工具,学习如何切图,然后再将运用代码和 CSS 修饰将切图转换成 HTML 代码。在本章节中也介绍了如何对网站进行布局设计的具体步骤。

8.8   习   题

1. 简答题

(1) 切图的基本操作有哪些?

(2) 切片的存储格式有哪些?

(3) 什么是网页切图?

(4) 如何建立站点?

2. 操作题

(1) 将任何一张图片在 Photoshop 中切图并存储为 Web 格式,写出切图流程。

(2) 自己动手做网页切图,用 HTML 编码实现(要求:可根据自己的爱好在 Photoshop 中设计一张宽 1200px、高 1000px 的简单网页,然后用切图工具切图并将其转换成 XHTML+CSS 网页)。

(3) 在 Dreamweaver 中制作如下表格(要求:文字居中、蓝色边框)。

Height	Table	Width
tr	表格属性	td
Caption		Fram
Background	Border	Bgcolor

第 四 部 分

综合案例篇

第9章 综合案例

内容提要：

（1）班级网站制作；

（2）博客网站制作；

（3）在线考试系统；

（4）导航菜单制作。

9.1 班级网站制作

9.1.1 网站规划与设计

首先利用前面内容所涉及的 Web 设计基础中的知识进行规划与设计。

1. 网站定位

班级的组成首先是构成它的学生，其次是围绕他们的教师、家长，这是和他们密切相关的群体。一个班级网站提供了学生、教师和家长可以共同聚集、相互沟通的平台。明确了网站的客户群体，接着要分析网站建设的目的，这可以从分析客户对于网站的需要开始。网站建设的目的就是为了满足访问者的使用。

2. 需求分析

1）学生需求

对于一个班级的学生而言，创建班级网站可能存在共同管理班级事务、展现集体或者个人学习、生活风采的需要。具体包括：

（1）发布班级公告，并对公告进行管理。

（2）发布班级日志，记录班级日常活动和同学生活的点点滴滴。

（3）发布班级相册，能够建立不同主题的图片集，实现对于每个主题的说明、每张图片的介绍，并提供留言的功能。

（4）发布同学作品，展示同学在学习生活中的各类成果。

（5）发布光荣榜，展示同学在学习生活中的各种光荣事件。

（6）建立留言板，实现留言能够进行回复、修改和删除等管理功能。

2）教师需求

对于教师而言，通过网站，可以更直观地了解学生的学习和生活状态，具体包括：

（1）具有对学生的管理功能。

（2）能够发布通知。

（3）能够发布学生的作品，并参与到学生的讨论中，引导学生。

3）家长需求

对于家长而言，他们可能更多地希望通过网站可以了解孩子在集体中的信息，具体包括：

（1）能够提供指定学生的所有信息的汇聚功能。

（2）参与学生讨论的功能。

（3）有留言的功能。

3. 栏目设计

班级网站自身具有特殊性，它主要面向的是在校的学生，反映的内容主要包括学生的学习安排、日常活动、学习成果、留言和讨论等信息。具体栏目的设计可以根据自己的需要以及分析同类网站的栏目设计确定。班级网站的软件功能图如图 9-1 所示。

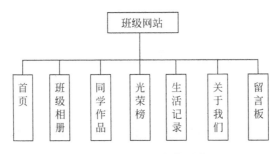

图 9-1　班级网站的软件功能图

4. 站点定义与目录管理

站点是一个管理网页文档的场所。简单地讲，一个个网页文档连接起来就构成了站点。站点可以小到一个网页，也可以大到一个网站。制作网站，第一步就是创建站点，为网站指定本地的文件夹和服务器，使之建立联系。首先应建立公共目录，存放各网页访问和使用的公共信息，如 images 文件夹存放图片信息、js 文件夹存放 JavaScript 程序、CSS 文件夹存放全局的一些样式定义等。然后各栏目建立各自的文件夹。一般来说，如果在网站信息较大、栏目较复杂的情况下，则除公共 CSS 文件夹外，每个栏目目录下还可以存放各栏目的图片文件夹和 CSS 文件夹。

5. 网站的风格设计

网站的风格设计是一个网站区别于其他网站的重点，它包含了品牌传达、氛围宣传、信息排版等纯粹的视觉表现技术。对于班级网站，如果属于一个设计专业的班级，则应当考虑进行更专业的网站设计，以体现其专业特色。否则，尽可能地基于简洁的原则进行风格设计。

【例 9-1】　制作班级网站，班级网站的布局如图 9-2 所示，将网站的名称和内容直观展示给读者。

图 9-2　班级网站布局

9.1.2　首页布局

首页布局采用的是常见的分栏式结构。整体上划分为上中下三部分,其中上部区域主要为导航和 Banner 两部分内容。中部区域面积最大,为重要的信息栏区。下部区域为版权信息。班级网站的首页布局如图 9-3 所示。

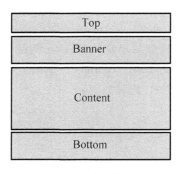

图 9-3　首页布局

说明:在具体实现过程中,Banner 和 Top 部分合并入 Header 中。

在布局网页的时候,遵循自顶向下、从左到右的原则。使用 div 层搭建主结构的主体,index. html 文件的源代码如下:

```
<!Doctype html><html><head><meta charset = "utf - 8">
<title>班级网站</title>
</head>
<body>
<div id = "container">
   <div id = "header">头部区域</div>
<div id = "content">中间内容区域</div>
<div id = "footer">底部区域</div>
</div></body></html>
```

使用样式文件 style.css 对班级网站全局页面元素进行统一的定义,代码如下:

```
{margin: 0;padding: 0;}
body {background: #fff;font - family: Tahoma, Arial, helvetica, sans - serif;}
h1{color: #929292;font - size: 22px;line - height: 1.2em;margin - bottom: 20px;}
h2{font - size: 18px;color: #89b700;line - height: 1.5em;margin - bottom: 15px;}
p { margin - bottom:14px; line - height:1.5em;}
```

接下来是对全局 div 层的样式定义:

```
#container {width: 1000px;margin: 0 auto;position: relative;}
#header {height: 334px;background: url(images/header - bg.jpg) no - repeat left center;}
#content {background: url(images/cont - bg.gif) no - repeat left center;height: 566px;}
#footer {height: 77px; float: none;font - size: 14px;text - align: center;color: #666;}
```

保存文件名为 style.css。然后,将 CSS 文件链接到首页,之后在浏览器中将可以清楚地看到班级网站的主结构已经搭建起来了。

```
<link href = "style.CSS" rel = "stylesheet" type = "text/CSS">
```

9.1.3　首页制作

1. 头部制作

前面已经提到,首页的头部包含了导航和 Banner 两部分内容。导航区域使用了标准的横向导航栏,采用无序列表的方式实现。Banner 导航的背景在一张图片中实现,Banner 中包含了班级的 logo 和口号。HTML 代码如下:

```
<div id = "header">
    <ul class = "nav">
  <li><a href = "index.html" style = " color:#952e25; font - weight:bold;">首页</a></li>
      <li><a href = "photo.html">班级相册</a></li>
      <li><a href = "work.html">同学作品</a></li>
      <li><a href = "luck.html">光荣榜</a></li>
      <li><a href = "life.html">生活记录</a></li>
      <li><a href = "about.html">关于我们</a></li>
```

```
        <li><a href = "message.html">留言板</a></li>

      </ul>
    <div class = "logo"><img src = "img/logo1.gif" alt = "" /></div>
  </div>
```

CSS 定义的代码如下：

```
#header{height:334px;width:1000px; background - image:url(img/header - bg2.jpg);}
#header .logo {position: absolute;left: 400px;top: 90px;
}
ul {list - style: none;}
.nav {position: absolute;left: 70px;top: 32px;overflow: hidden;}
.nav li {float: left; font - size: 17px; padding: 0 25px; background: url(img/divider1.gif)
no - repeat left center; }
.nav a:link {text - decoration: none;color: #282828;}
.nav a:hover, .nav a.active {color: #952e25;font - weight:bold;}
```

2. 内容部分制作

首页中间内容区域在视觉上主要由两部分组分：左边的背景图片和右边的内容。背景图片的显示只需对 CSS 中的 content 样式做简单修改，代码如下：

```
#content {
    background: url(img/cont - bg.jpg) no - repeat left center;
    height: 566px;
}
```

右边部分内容为主要区域，它又分上下两部分。上部分为班级欢迎内容，下部分为班级公告，采用无序列表的方式实现。HTML 代码如下：

```
<div id = "content">
    <div class = "indent">
      <div class = "welcome">
        <h1>欢迎光临昆明理工大学快乐芭比 1402 班</h1>
        <h2>因为有缘，所以相聚成一家,学校是我家……花儿用美丽装扮世界,我们用行动美化
校园! </div>
        <h1>最新公告</h1>
        <ul id = "listItem">
        <li><a href = "#"><br/>
            校园最新动态,你看了吗?</a></li>
<li><a href = "#"><br/>
            给我们一个文明的校园,我们才能快乐成长</a></li>
        <li><a href = "#"><br/>
            关于举办"梦想青春"云南省微电影创作大赛的通知</a></li>
        <li><a href = "#"><br/>
            美文欣赏——<<用青春的活力幻化绚烂彩虹,用生命的热情谱写生动旋律>></a></li>
        <div class = "more"><a href = "#">更多...</a></div>
        </ul></div></div>
```

CSS 定义如下:

```
# content .indent {padding: 10px 20px 98px 308px;}
# content .welcome {padding - bottom: 10px;}
h2{color: # 333}
# listItem li {padding - left: 50px;margin - bottom: 20px;height: 40px;
background: url(img/icon1.jpg) no - repeat left center;font - size: 15px;}
# listItem a:link {text - decoration: none;font - weight: bold;color: # 03C;}
# listItem a:hover {text - decoration: underline;color: # 00F;}
# listItem a:active {text - decoration: underline;color: # 517208;}
.more{color: # 339; font - weight:bold;}
```

3. 底部版权栏的制作

底部版权区域主要显示版权信息,实现起来非常简单。HTML 代码如下:

```
< div id = "footer">
    Copyright&copy; 2014 昆明理工大学快乐芭比 1402 班  All rights resvered.
</div >
```

CSS 定义如下:

```
# footer {height: 77px; float: none;font - size: 16px;text - align: center;color: # 666;
padding - top:25px;}
```

9.1.4 二级页面的制作

按照逻辑结构来分,网站首页视为网站结构中的第一级,与其有从属关系的页面则为网站结构中的第二级,一般称其为二级页面。二级页面的内容应该和一级页面存在从属关系。

班级网站的二级页面包括班级日志、班级相册、同学作品、留言板和关于我们。二级页面风格一般与首页一致,因此可以将首页"另存为"后修改完成。此处以留言板二级页面为例进行简单介绍,其余页面的制作可自行练习完成。

【例 9-2】 制作班级网站,留言板页面效果如图 9-4 所示。

首先将首页另存为文件 message. html。从图 9-4 所示的效果图可以看出,此页面与首页的区别仅在于中间内容区域的右边部分。此处主要是一张填写留言信息的表单,因此,对HTML 代码做如下修改:

```
< div class = "indent">
    < h1 >联系我们</h1 >
    < p >请认真填写以下信息,以便我们及时进行沟通交流: </p >
    < form id = "contacts - form" action = "">
      < fieldset >
      < div class = "field">
        < label >姓名: </label >
```

```
                    < input type = "text" value = ""/>
                </div>
            < div class = "field">
                <label>联系方式:</label>
                < input type = "text" value = ""/>
            </div>
            < div class = "field">
                <label>居住地址:</label>
                < input type = "text" value = ""/>
            </div>
            < div class = "field">
                <label>说点什么?:</label>
                < textarea></textarea>
        </div>
            < div class = "aligncenter" >
                < input type = "submit" name = "button" id = "button1" value = "确定"> 
                < input type = "reset" name = "button" id = "button2" value = "取消">
            </div>
        </fieldset>
    </form>
    </div></div>
```

图 9-4 留言板页面效果

CSS 定义如下：

```
#content .indent {padding: 10px 20px 98px 308px;}
#contacts - form { clear:right; width:100%; overflow:hidden; padding:15px 0 0 0;}
#contacts - form fieldset { border:none; float:left; }
#contacts - form .field { clear:both;}
#contacts - form label {float: left;width: 97px;line - height: 25px;padding - bottom: 6px;
font - weight: bold;color: #03C;font - size: 14px;}
#contacts - form input {width: 231px;padding: 1px 0 1px 3px;border: 1px solid #999;
color: #70635b;}
#contacts - form textarea { width:567px; height:228px; padding:1px 0 1px 3px; border:1px
solid #999; color:#70635b; margin - bottom:15px; overflow:auto;}
.aligncenter {text - align: center;}
#contacts - form fieldset .aligncenter input {width: 60px;height: 20px;color: #06C; font -
weight:bold;}
```

9.2　博 客 制 作

9.2.1　网页的结构设计

　　HTML 5 引入的一些新元素，将使网页更合乎语义化标准，使众多搜索引擎和屏幕阅读器能轻松浏览网页，并改善用户的网络使用体验。利用 HTML 5 和 CSS 构建一个博客，旨在演示当浏览器支持新规则时如何建设网站。当前博客的设计日臻完美，概括来说就是由页眉、导航、内容、表单、侧栏和页脚这几个部分组成。

1. 网页基本框架结构

　　制作网页前，首先应该规划总体结构的线框图，博客的框架结构如图 9-5 所示。

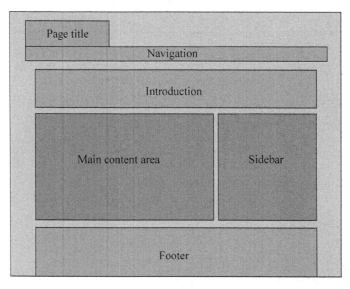

图 9-5　博客框架结构

用 HTML 5 中特定的标签表现页眉、导航、侧边栏和页脚,HTML 代码如下:

```
<!doctype html><html><head><title>The Blog</title></head><body>
<header><h1>The Blog</h1></header>
<nav><!-- Navigation --></nav>
<section id="intro"><!-- Introduction --></section>
<section><!-- Main content area --></section>
<aside><!-- sidebar --></aside>
<footer><!-- footer --></footer>
</body></html>
```

2. 编写导航菜单

同 HTML 4 或 XHTML 中所用的导航代码一样,这里也用无序列表:

```
<nav>
<!-- Navigation -->
  <ul>
    <li><a href="#">博客</a></li>
    <li><a href="#">关于</a></li>
    <li><a href="#">收藏</a></li>
    <li><a href="#">联系</a></li>
    <li class="subscribe"><a href="#">订阅</a></li>
  </ul>
</nav>
```

3. 编写导言

用 section 标签在文章中定义章节:

```
<section id="intro">
<!-- Introduction -->
  <header>
    <h2>你想了解更多的图片信息吗?</h2>
  </header>
  <p>博客是"一种表达个人思想、网络链接、内容,按照时间顺序排列,并且不断更新的出版方式"。
它也是一种新的文化现象,博客的出现和繁荣,真正凸现网络的知识价值,标志着互联网发展开始
步入更高的阶段。</p>
</section>
```

4. 编写主要内容区

主要内容区域由博客文章、评论及评论表单三个部分组成,可用 HTML 5 中的新结构
标签来制作。

1) 编写博客文章代码

```
<section>
<!-- Main content area -->
<article class="blogPost">
```

```
< header >
< h2 >荷塘月色博客</h2 >
< p >上传于< time datetime = "2013 - 08 - 29T23:31:45 + 08:00">2014 - 8 - 10</time >作者< a
href = "#">朱自清</a > - < a href = "#comments">3 评论</a ></p ></header >
< p >正文 ————— </p >
</article >
</section >
```

2）编写评论代码

评论代码（紧跟在前面文章代码 section 后）非常简单，其中没有使用新标签或属性：

```
< section id = "comments">
    < header >
        < h3 >评论者</h3 >
    </header >
        < article >
        < header >
        < a href = "#">流星</a > 于 < time datetime =
"2014 - 08 - 12T10:35:20 + 08:00">2014 年 8 月 12 日 10:35</time >
        </header >
            < p >作者写月色是荷塘里的月色,写荷塘是月光下的荷塘,层次里富有层次,使整个画面有
立体感、渗透感；其中动静、虚实、浓淡、疏密,是画意的设置,也是诗情的安排,这就不仅使画面色彩
均匀悦目,而且透出一股神韵,氤氲着一种浓郁的诗意。
            </p >
        </article >
        < article >
        < header >
            < a href = "#">蝴蝶</a > 于 < time datetime =
            "2014 - 08 - 12T13:40:09 + 08:00">2014 年 8 月 12 日 13:40</time >
        </header >
            < p >多样形态的叠字叠词不仅富有艺术表现力,而且节奏鲜明、韵律协调,富有音乐美。
<<荷塘月色>>的语言艺术确是达到了如作者所追求的
            "顺口""顺耳""顺眼"的境地。</p >
        </article >
</section >
```

3）制作评论表单

在 HTML 5 中增强了表单功能。不用再编写必填字段、电子邮件等客户端验证程序,
浏览器会自动关注这些内容。代码（紧跟在前面评论代码之后）如下：

```
    < form action = "#" method = "post">
        < h3 >发表评论: </h3 >
        < p >
        < label for = "name">姓名: </label >
        < input name = "name" id = "name" type = "text" required />
        </p >
        < p >
```

```
    < label for = "email">E - mail:</label>
    < input name = "email" id = "email" type = "email" required />
</p>
< p >
    < label for = "website">网址:</label>
    < input name = "website" id = "website" type = "url" />
</p>
< p >
    < label for = "comment">内容:</label>
    < textarea name = "comment" id = "comment" required ></textarea>
</p>
< p >< input type = "submit" value = "发评论" /></p>
</form>
```

4) 编写侧栏

在 HTML 5 中增强了表单功能。不用再编写必填字段、电子邮件等客户端验证程序，浏览器会自动关注这些内容。代码(紧跟在前面评论代码之后)如下：

```
<aside><! -- sidebar -->
    < section >
    < header >
        < h3 >头条博客</h3>
    </header >
    < ul >
    <li>< a href = "#">排行</a></li>
    <li>< a href = "#">名博</a></li>
    <li>< a href = "#">专题</a></li>
    <li>< a href = "#">要闻</a></li>
    <li>< a href = "#">热图</a></li>
    <li>< a href = "#">更多</a></li>
    </ul >
    </section >
    < section >
    < header >
        < h3 >种类</h3>
    </header >
    < ul >
    <li>< a href = "#">风景</a></li>
    <li>< a href = "#">萌宠</a></li>
    <li>< a href = "#">植物</a></li>
    <li>< a href = "#">建筑</a></li>
    <li>< a href = "#">名车</a></li>
    </ul >
    </section >
</aside >
```

5) 编写页脚

在 HTML 5 中增强了表单功能。不用再编写必填字段、电子邮件等客户端验证程序，

浏览器会自动关注这些内容。代码(紧跟在前面评论代码之后)如下:

```
< footer >< ! -- footer -->
< div >
    < section id = "about">
      < header >
        < h3 >帮助中心</h3 >
      </header >
      < ul >
      < li >< a href = " # ">博客搬家服务</a ></li >
      < li >< a href = " # ">密码忘了怎么找回</a ></li >
      < li >< a href = " # ">博客如何使用声明</li >
      < li >< a href = " # ">关于收费删帖等诈骗行为</a ></li >
      < li >< a href = " # ">防诈骗虚假中奖信息举报</a ></li >
      </ul >
    </section >
    < section id = "popular">
      < header >
        < h3 >便民服务</h3 >
      </header >
      < ul >
      < li >< a href = " # ">特色小吃</a ></li >
      < li >< a href = " # ">机票查询</a ></li >
      < li >< a href = " # ">酒店预订</a ></li >
      < li >< a href = " # ">旅游景点</a ></li >
      < li >< a href = " # ">大众点评</a ></li >
      < li >< a href = " # ">旅游路线</a ></li >
      </ul >
    </section >
</div >
</footer >
```

9.2.2 用 CSS 添加样式

1. 通用基本样式

首先定义一些有关网页排版和背景颜色等方面的基本样式,CSS 2 与 CSS 1 代码相似。

```
body {margin: 0 auto;padding: 22px 0;width:940px;font: 13px/22px Helvetica, Arial, sans -
serif;background: # F0F0F0;}
/ * Tell the browser to render HTML 5 elements as block * /
header, footer, section, aside, nav, article {display: block;}
h1, h2 {font - size: 28px;line - height: 44px;padding: 22px 0;}
h3 {font - size: 18px;line - height: 22px;padding: 11px 0;}
p {padding - bottom: 22px;}
```

2. 设置导航样式

在此要重点注意 body 的宽度被定义为 940px,且已居中。导航栏要与窗口等宽,所以

要应用到一些其他样式,例如:

```
nav {
    position: absolute;
    width: 100%;
    background: #0CF;
    top: 130px;
    left: -4px;
}
```

将导航元素设为绝对定位,对齐到窗口左侧,并令其与窗口等宽。将嵌套的列表设为居中,以显示布局的边界:

```
nav ul {
    margin: 0 auto;
    width: 940px;
    list-style: none;
}
```

现在,将定义一些其他样式,使导航项的外观看起来更美观,并基于布局使其对齐到网格。其中包括一些重点页面的样式和一个自定义样式的订阅链接。

```
nav ul li {
    float: left
}
nav ul li a {
    display: block;
    margin-right: 20px;
    width: 140px;
    font-size: 14px;
    line-height: 44px;
    text-align: center;
    text-decoration: none;
    color: #000;
}
nav ul li a:hover {
    color: #fff;
}
nav ul li.selected a {
    color: #fff;
}
nav ul li.subscribe a {
    margin-left: 22px;
    padding-left: 33px;
    text-align: left;
    background: url("img/rss.png") left center no-repeat;
}
```

3. 设置导言样式

导言标签的设置非常简单,就是带有标题和简介的一段文字。但是,在此将使用一些 CSS 的新技巧,使其看起来更具视觉吸引力。

```
# intro {
    margin - top: 66px;
    padding: 44px;
    background:url("img/intro_flower.gif")no - repeat right bottom/940px 100 %  # 467612;
    / * Border - radius not implemented yet  * /
    border - radius: 22px;
}
# intro h2,  # intro p {
    z - index: 9999;
    width: 336px;
}
```

主流浏览器的最新版本已经支持以上这些性能。如果考虑老版本,可以通过使用提供商的特定属性(加内核前缀)获得一些支持。现在只需要设置头部和文本的风格即可:

```
# intro h2 {
    padding: 0 0 22px 0;
    font - weight: normal;
    color:  # 00CCFF;
}
# intro p {
    padding: 0;
    color:  # 00CCFF;
}
```

9.2.3 内容区域与边缘的风格化

内容域和边栏要相互对齐。传统的方式是利用浮动,但在 CSS 3 中可进行表格化。不使用 table 元素,而是可以让某些元素行为更像表格的样式,如图 9-6 所示。

```
< div id = "content">
  < div id = "mainContent">
< section >< ! -- Blog post --></section >
< section id = "comments">< !--comments --></section >
< form >< !--Comment form --></form >
</div >
< aside >< !--Sidebar --><./aside >
</div >
```

以上仍然符合语义化标准。现在要用以下的样式,让 # content div 表现出表格的特性。在此用 # mainContent 使其如表的单元格一般一致。

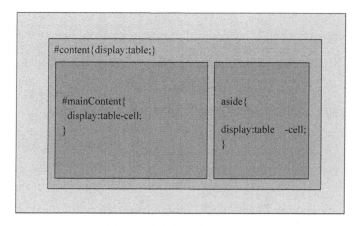

图 9-6　内容与边缘的风格图

```
#content {
    display: table;
}
#mainContent {
    display: table - cell;
    width:720px;
    padding - right: 22px;
}
aside {
    display: table - cell;
    width: 200px;
    background: url("img/sidebar_background.png") top left;
}
```

9.2.4　博客文章的风格化

此博客文章页眉部分的风格采用了普通样式,因此这里将介绍最有吸引力的部分——多行布局。

1. 多行布局

以前版本中文本的多行布局离不开手动拆分段落。但在 CSS 3 中,对于当前正使用的浏览器来说,增加一个 div 就可解决这种问题。在<article class="blogPost"></article>之间<header>区域的后面有一个段落,把 div 添加在这个段落外面,并且再多增加几个段落。

```
<div>
<p>荷塘月色博客 </p>
< img src = "images/flower.png" alt = "Flower" />
<p>正文 ----</p>
…
</div>
```

添加两个 CSS 属性：

```
.blogPost div {column - count: 2;column - gap: 22px;}
```

如果希望第二列有 22px 的间距,则需要额外的 div,因为在此之前还没有一个元素支持超过一列的跨度。但若浏览器版本够高的话,可以指定 column-span：

```
.blogPost div {column - count: 2;column - gap: 22px;}
.blogPost header {column - span:all;}
```

目前,Chrome 和 Firefox 浏览器支持 column-count 和 column-gap 属性还处于实验阶段。所以在.blogPost Div{}中还必须增加提供商特定的属性。

```
- moz - column - count: 2;
- webkit - column - count: 2;
- moz - column - gap: 22px;
- webkit - column - gap: 22px;
```

2. 块阴影

仔细观察博客文章里的图片,会发现图片边缘有一个投影。可以使用 CSS 3 的 box-shadow 属性来实现此效果。

```
.blogPost img {
    margin: 22px 0;
    box - shadow: 3px 3px 7px #777;
}
```

9.2.5 为评论设置斑马纹

所谓的"斑马纹"即网站中常用的隔行换色,一般的做法是用程序遍历所有奇数元素并以突出的颜色显示。CSS 3 介绍了伪类 nth-child,这使隔行换色简单到无以复加的地步,从此不必再用编程来设置了。

```
#comments article:nth - child(odd) {
    padding: 21px;
    background: #E3E3E3;
    border: 1px solid #d7d7d7;
    border - radius: 11px;
}
```

综上所述,网页的最终效果如图 9-7 所示。

图 9-7 博客效果图

9.3 在线考试

9.3.1 在线考试系统的页面设计

本例中设计两个单选题,每题 50 分,总分 100 分。在线考试系统界面设计如图 9-8 所示。

在线测试题

1.HTML 指的是( )。
◎ A.文本标记语言
◎ B.家庭工具标记语言
◎ C.家庭工具标记语言
◉ D.超文本标记语言

2.下面不属于CSS插入形式的是( )。
◎ A.外部式
◎ B.内联式
◎ C.嵌入式
◉ D.索引式

交卷

图 9-8 在线考试系统界面设计

其界面代码如下：

```
<html xmlns = "http://www.w3.org/1999/xhtml" >
<head>
<title>在线测试题</title>
</head>
<body oncontextmenu = "window. event. returenValue = false">
<table width = "75%" border = "0" align = "center">
<tr><td>
<form><center>
        在线测试题
    <hr>
    </center><p>
1. HTML 指的是( )。
<br>
<input type = "radio" name = "q1" value = "0"> A. 文本标记语言<br>
<input type = "radio" name = "q1" value = "0"> B. 家庭工具标记语言<br>
<input type = "radio" name = "q1" value = "0"> C. 家庭工具标记语言<br>
<input type = "radio" name = "q1" value = "1"> D. 超文本标记语言<br>
</form>
<form>
2. 下面不属于 CSS 插入形式的是( )。
<br>
<input type = "radio" name = "q1" value = "0"> A. 外部式<br>
<input type = "radio" name = "q1" value = "0"> B. 内联式<br>
<input type = "radio" name = "q1" value = "0"> C. 嵌入式<br>
<input type = "radio" name = "q1" value = "1"> D. 索引式<br><Br>
</form>
<form>
    <hr>
        <div align = "center">
            <input type = "button" name = "Submit" value = "交卷"
onClick = "Grade()" class = "pt9">
        </div>
</form>
    </td>
  </tr>
</table>
</body>
</html>
```

9.3.2 在线考试系统的程序设计

在本例中，通过嵌入 JavaScript 语言，实现选择和得分的功能。代码如下：

```javascript
< script language = "JavaScript">
var Total_test = 2; // 修改这里与题目数量一致。
var msg = ""// 正确答案。
var Solution = new Array(Total_test)
Solution[0] = "D.超文本标记语言";
Solution[1] = "D.索引式";
function GetSelectedButton(ButtonGroup)
{for (var x = 0; x < ButtonGroup. length; x++)
    if (ButtonGroup[x]. checked) return x;
  return 0;}
function ReportScore(correct)
{var
SecWin = window. open("","scorewin","scrollbars, width = 300, height = 220"); var MustHave1 =
"< html >< head >< title >测验成绩报告</title></head>";
  var totalgrade = Math. round(correct/Total_test * 100);
  var Percent = "< h2 >测验成绩 : " + totalgrade + "分</h2 >< hr >";
  lastscore = Math. round(correct/Total_test * 100);
  if (lastscore == "100"){
  msg = MustHave1 + Percent + "< font color = 'red'>恭喜,全部答对了!</font ><p>" + msg +
"< input type = 'button' value = '关闭'onclick = javascript:window. close()></body></html>"}
  else {
  msg = MustHave1 + Percent + "< font color = 'red'>正确答案: </font ><p>" + msg + "< input
type = 'button' value = '关闭' onclick = javascript:window. close()></body></html>";}
  SecWin. document. write(msg);
  msg = ""; //清空 msg}
function Grade()
{
  var correct = 0;
  var wrong = 0;
  for (number = 0; number < Total_test; number++)
    {
      var form = document. forms[number];                    // 测试题 #
      var i = GetSelectedButton(form. q1)
      if (form. q1[i]. value == "1")
        { correct++; }
      else
        { wrong++;
          msg += "测试题 " + (number + 1) + "." + Solution[number] + "< BR >";
        }
    }
  ReportScore(correct);
}</script >
```

9.3.3 在线考试系统实现效果

【例9-3】 在线考试系统,最终效果如图9-9所示。

图 9-9 在线考试系统实现效果图

9.4 多级导航菜单制作

多级下拉式菜单是网站设计中常用的导航形式,这种菜单形式能够充分利用页面现在空间隐藏与显示更多内容,并能对内容进行合理的分类显示,是一种非常优秀的导航形式。早期的下拉或弹出式菜单通过隐藏的 layer 或 div 来实现内容的隐藏,通过 JavaScript 脚本来响应用户的操作,目前采用 CSS 和 div 即可完成菜单的制作,本例将利用 CSS 和 div 制作一个简单的两级导航菜单。

9.4.1 多级导航菜单结构

首先是导航菜单的结构实现,其 HTML 代码如下:

```
<! DOCTYPE html PUBLIC " - //W3C//DTD XHTML 1.0 Transitional//EN" "http://www.w3.org/TR/
xhtml1/DTD/xhtml1 - transitional.dtd">
< html xmlns = "http://www.w3.org/1999/xhtml">
< head >
< meta http - equiv = "Content - Type" content = "text/html; charset = utf - 8" />
< title >多级导航菜单</title >
</head >
< body >
< ul id = "nav">
    < li >< a href = "">Web 页面设计</a>
        < ul >
            < li >< a href = "">页面布局</a></li>
            < li >< a href = "">CSS 样式</a></li>
            < li >< a href = "">JavaScript 脚本</a></li>
        </ul >
    </li>
```

```
        <li><a href = "">实例学习</a>
            <ul>
                <li><a href = "">班级网站制作</a></li>
                <li><a href = "">博客制作</a></li>
                <li><a href = "">在线考试</a></li>
                <li><a href = "">多级导航菜单制作</a></li>
            </ul>
        </li>
        <li><a href = "">设计素材</a>
            <ul>
                <li><a href = "">PSD图片</a></li>
                <li><a href = "">网页模板</a></li>
            </ul>
        </li>
    </ul>
</body>
</html>
```

【**例 9-4**】 多级导航菜单结构预览效果,如图 9-10 所示。

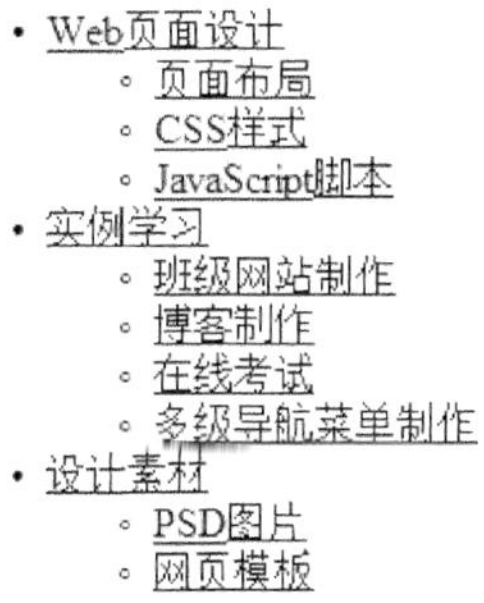

- Web页面设计
  - 页面布局
  - CSS样式
  - JavaScript脚本
- 实例学习
  - 班级网站制作
  - 博客制作
  - 在线考试
  - 多级导航菜单制作
- 设计素材
  - PSD图片
  - 网页模板

图 9-10　菜单结构

9.4.2　用 CSS 添加样式

下一步,添加 CSS 样式,对导航菜单的所有 ul 元素进行基本设置,list-style:none 属性能够帮助我们去掉 ul 中的所有圆点标识。float:left 使菜单形成横向的布局,使用每个 li 的宽度为 150px,方便作为菜单进行点击。

```
ul { padding:0; margin:0; list-style:none;}
li { float:left; width:150px;}
```

【**例 9-5**】 多级导航菜,添加 CSS 样式后菜单结构如图 9-11 所示。

li ul 的定义在这里所指的是所有 li 下面的 ul 元素,除了根层的 ul 元素外,所有 li 下面定义的 ul 元素都将遵守这部分样式的定义。使用 display:none 让这部分被隐藏起来。CSS中的所有元素基本上都可以使用 display 属性来控制显示还是隐藏。

Web页面设计	实例学习	设计素材
页面布局	班级网站制作	PSD图片
CSS样式	博客制作	网页模板
JavaScript脚本	在线考试	
	多级导航菜单制作	

图 9-11　添加 CSS 样式后菜单结构

```
li ul { display:none;}
li:hover ul,.over ul { display:block;}
```

li:hover ul 定义了 li 元素下的 ul 元素。通过逗号分隔,让这两种情况下都能使用 display:block 属性,display:block 属性和 display:none 属性刚好相反,当设置为 display: block 时,不仅其指派的元素将显示,而且还显示成一个块状,如果不进行 display:block 时, 元素只会按自己的内容在屏幕上占有的区域进行显示,而使用 display:block 时,元素将自 己形成一个区块作为自己的点位符,这种设置对于做大按钮来说是非常方便的。

此时在浏览器中预览时,发现导航菜单的下拉弹出式效果已经实现,这使菜单效果更为 美观,再增加两个 CSS 属性,对菜单字体、背景色和边框进行修整。

```
ul li a{display:block; font - size:12px;border:1px solid #ccc; margin - top:2px;margin -
left:3px;
padding:3px;text - decoration:none;color: #000;text - align: center;}
ul li a:hover {background - color: #09C;}
```

9.4.3　多级导航菜单实现效果

【例 9-6】　多级导航菜单的最终实现效果如图 9-12 所示,当然还可以制作层级更多的 菜单,方法无非是在上一级的 li 元素里面定义新一级的 ul 元素,并添加类似的 CSS 属性 即可。

图 9-12　多级导航菜单实现效果

9.5　本 章 小 结

本章中设计了 4 个综合案例,分别是"班级网站制作"、"博客制作"、"在线考试"和"多级 导航菜单制作"。希望通过对这几个案例的学习,读者可以了解遵从 Web 标准的网页设计 流程。此外,读者可以仔细研究一些著名网站,思考一下,如果你来设计这样一个网站,会如 何进行分析、如何搭建结果等。

9.6 习 题

1. 填空题

（1）如果要为网页指定黑色的背景颜色,应使用以下 HTML 语句：<body _____>。

（2）<hr width＝50％>表示创建一条_____的水平线。

（3）在 ol 标记符中,使用_____属性可以控制有序列表的数字序列样式。

（4）请至少说明 GIF 格式的两种特点：_____；_____。

（5）请至少说出两种以上的图像处理软件的名称：_____。

（6）如果要创建一个指向电子邮件 someone@mail.com 的超链接,代码应该为：

<a _____>指向 someone@mail.com 的超链接</a>

（7）在给图像指定超链接时,默认情况下总是会显示蓝色边框,如果不想显示蓝色边框,应使用以下语句：

<a href ＝ "test.htm"><img src ＝ image.gif _____></a>

（8）在指定页内超链接的时候,如果在某一个位置使用了<a _____＝"target1">锚点</a>语句定义了锚点,那么应使用以下语句,以便在单击超链接时跳转到锚点定义的位置：

<a href ＝ _____>锚点链接</a>

2. 简答题

（1）简要说明表格与框架在网页布局时的区别。

（2）简要说明在网页设计中使用图像时应注意那些问题。

（3）举例说明在网页中使用 CSS 样式表的三种方式（都以对 p 标记符应用 color 属性为例）,并简要分析各自的特点。提示：LINK 标记符的用法：<LINK rel＝"stylesheet" type＝"text/CSS" href＝"">。

3. 综合题

（1）已知网页初始效果如图 9-13 所示,整个窗口分为左右两框,左边框架为 150px；单击左边框架中的"文件 1"超链接,将在右边框架中显示"内容 1"；单击左边框架中的"文件 2"超链接,将在当前整个窗口中显示"内容 2"（即框架结构消失）。所有的超链接均没有下划线。请填写以下源代码中的空白处。

```
--------------------- index.htm -------------------
<HTML><HEAD><TITLE>框架结构</TITLE></HEAD>
<FRAMESET    ①  ＝   ②  >
<FRAME src ＝ "content.htm">
<FRAME src ＝ "main.htm" name ＝    ③   >
</FRAMESET>
</HTML>
---------------- content.htm --------------------
<HTML>
<HEAD><TITLE>目录</TITLE>
```

综合案例

```
< STYLE >   ④   {text – decoration:none}</STYLE >
</HEAD >
< BODY >
< A href = file1. htm target = "content">文件 1 </A > < P >
< A href = file2. htm target =    ⑤   >文件 2 </A >
</BODY >
</HTML >
 --------------- main. htm ---------------------
< HTML >内容</HTML >
 ---------- file1. htm ------------
< HTML >内容 1 </HTML >
 ---------- file2. htm -----------
< HTML >内容 2 </HTML >
```

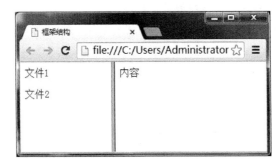

图 9-13　网页初始效果

请将答案填在下列横线上：

① _____

② _____

③ _____

④ _____

⑤ _____

（2）已知网页如图 9-14 所示，请将代码填写完整。

图 9-14　网页

```
< FORM >
    请输入姓名：< INPUT >< P >
    请输入密码：< INPUT      ①      >< P >
    请选择性别：< INPUT      ②      name = "gender">男< INPUT      ③      name = "gender">女< P >
    请选择兴趣：
< SELECT multiple size = 2 >
< OPTION      ④      >运动
< OPTION >美术
< OPTION >音乐
</ FORM >
```

① _____

② _____

③ _____

④ _____

（3）写出实现如图 9-15 所示的表格的 HTML 代码。

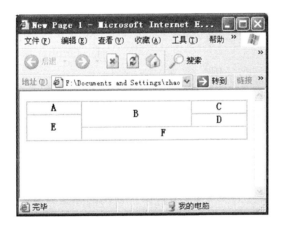

图 9-15　表格

第 10 章 网页设计与制作模拟试题和参考答案

10.1 模拟试题(一)

1. 单项选择题(本大题共 20 小题,每小题 1 分,共 20 分。在每小题的 4 个备选答案中,选出一个正确答案,并将正确答案的字母填在题干的括号内)

(1) 目前在 Internet 上应用最为广泛的服务是(　　)。

    A. FTP 服务　　　　　　　　　　　　B. WWW 服务

    C. Telnet 服务　　　　　　　　　　　　D. Gopher 服务

(2) 在域名系统中,域名采用(　　)。

    A. 树型命名机制　　　　　　　　　　B. 星型命名机制

    C. 层次型命名机制　　　　　　　　　D. 网状型命名机制

(3) IP 地址在概念上被分为(　　)。

    A. 两个层次　　　　　　　　　　　　B. 三个层次

    C. 四个层次　　　　　　　　　　　　D. 五个层次

(4) 嵌入式样式单嵌入到 HTML 文件头中使用的标签对是(　　)。

    A. <style> </style>　　　　　　　　B. <head> </head>

    C. <link> </link>　　　　　　　　　D. <p> </p>

(5) Web 安全色所能够显示的颜色种类为(　　)。

    A. 4 种　　　　　　　　　　　　　　B. 16 种

    C. 216 种　　　　　　　　　　　　　D. 256 种

(6) 为了标识一个 HTML 文件应该使用的 HTML 标签是(　　)。

    A. <p> </p>　　　　　　　　　　　B. <boby> </body>

    C. <html> </html>　　　　　　　　D. <table> </table>

(7) 在客户端网页脚本语言中最为通用的是(　　)。

    A. JavaScript　　　　B. VB　　　　C. Perl　　　　D. ASP

(8) 在 HTML 语言中,有些符号由于被标签或标签的属性所占用,在 HTML 文本中用特殊符号表示,"<"代表的符号是(　　)。

    A. &　　　　　　　　B. "　　　　　C. >　　　　　D. <

(9) 在 HTML 中,标签<pre>的作用是(　　)。

    A. 标题标签　　　　　　　　　　　　B. 预排版标签

    C. 转行标签　　　　　　　　　　　　D. 文字效果标签

(10) 在 DHTML 中把整个文档的各个元素作为对象处理的技术是（　　）。

    A. HTML   B. CSS

    C. DOM   D. Script(脚本语言)

(11) 下面不属于 CSS 插入形式的是（　　）。

    A. 索引式   B. 内联式   C. 嵌入式   D. 外部式

(12) 使用 FrontPage 时,如果要检查网页的超链接是否正确有效,可以使用（　　）。

    A. 网页视图   B. 超链接视图

    C. 报表视图   D. 导航视图

(13) 如果站点服务器支持安全套接层(SSL),那么连接到安全站点上的所有 URL 开头是（　　）。

    A. HTTP   B. HTTPS   C. SHTTP   D. SSL

(14) HTML 文件中用超链接标签指向一个目标的基本格式为（　　）。

    A. ＜a href＝"URL"＞

    B. ＜href＝"URL"＞字符串

    C. ＜a href＝"URL"＞字符串＜/a＞

    D. ＜href＝"URL"＞

(15) 对远程服务器上的文件进行维护时,通常采用的手段是（　　）。

    A. POP3   B. FTP   C. SMTP   D. Gopher

(16) 下列 Web 服务器上的目录权限级别中,最安全的权限级别是（　　）。

    A. 读取   B. 执行   C. 脚本   D. 写入

(17) XML 描述的是（　　）

    A. 数据的格式   B. 数据的规则

    C. 数据本身   D. 数据的显示方式

(18) Internet 上使用的最重要的两个协议是（　　）。

    A. TCP 和 Telnet   B. TCP 和 IP

    C. TCP 和 SMTP   D. IP 和 Telnet

(19) 非彩色所具有的属性为（　　）。

    A. 色相   B. 饱和度   C. 明度   D. 纯度

(20) 下面说法错误的是（　　）。

    A. 规划目录结构时,应该在每个主目录下都建立独立的 images 目录

    B. 在制作站点时应突出主题色

    C. 人们通常所说的颜色,其实指的就是色相

    D. 为了使站点目录明确,应该采用中文目录

2. 多项选择题(本大题共 10 小题,每小题 2 分,共 20 分。在每小题的 5 个备选答案中,选出 2~5 个正确的答案,并将正确答案的字母填在题干的括号内,多选、少选、错选均不得分)

(21) WWW 的组成主要包括（　　）。

    A. URL   B. Gopher

    C. HTML   D. HTTP

E. Telnet

(22) 下列属于 JavaScript 对象的有(　　)。

A. Write
B. Document
C. Close
D. String
E. Math

(23) 一般来说,适合使用信息发布式网站模式的题材有(　　)。

A. 软件下载
B. 新闻发布
C. 个人简介
D. 音乐下载
E. 文学作品大全

(24) 网页制作工具按其制作方式分,可以分为(　　)。

A. 通用型网而制作工具
B. 标记型网页制作工具
C. 专业型网页制作工具
D. 编程型网页制作工具
E. "所见即所得"型网页制作工具

(25) 下列关于网页设计的说法中,正确的有(　　)。

A. 冷暖色调在均匀使用时不宜靠近
B. 纯度相同的两种颜色适宜放在一起
C. 整个页面中最好有一个主色调
D. 文本的色彩不会发生抖动,只有图片的色彩才会发生抖动
E. 抽象线条的构图很容易造成重心不稳

(26) 下面说法正确的是(　　)。

A. Java 是一种编译语言
B. JavaScript 是面向对象的程序设计语言
C. JavaScript 是由 SUN 公司开发的
D. JavaScript 的源代码非常安全
E. Java 采用强定义类型变量检查

(27) 以下属于 DHTML 最主要的优点的是(　　)。

A. 动态样式
B. 动态定位
C. 动态链接
D. 动态内容
E. 动态扩展

(28) 在 CSS 中,下列属于 BOX 模型属性的有(　　)。

A. font
B. margin
C. padding
D. visible
E. border

(29) 下面属于 JavaScript 对象的有(　　)。

A. window
B. document
C. form
D. string
E. navigator

(30) 下列关于 CSS 的说法正确的有(   )。

    A. CSS 可以控制网页背景图片

    B. margin 属性的属性值可以是百分比

    C. 整个 BODY 可以作为一个 BOX

    D. 对于中文可以使用 word-spacing 属性对字间距进行调整

    E. margin 属性不能同时设置四个边的边距

3. 名词解释(本大题共 5 小题,每小题 2 分,共 10 分)

(31) DOM

(32) 网站的层次

(33) 贴层

(34) 可扩展标记语言(XML)

(35) 标签

4. 简答题(本大题共 5 小题,每小题 4 分,共 20 分)

(36) 简述选择符的作用及分类。

(37) 简述 XML 的主要特征。

(38) 简述 FrontPage 的主要功能。

(39) 简述 HTML 文件的基本标签组成。

(40) 简述 Java 与 JavaScript 的主要区别。

5. 设计题(本大题共 3 小题,每小题 10 分,共 30 分)

(41) 创建以自己班级、姓名命名的站点。

要求:

① 站点包括三个以上的文件夹和主页(主页有背景颜色、有 2 个网页和 3 个站点内的链接)。

② 主页中有"水平线"(水平线的高度为 5;颜色为红色)和"当前日期"(格式为年月日,不要时间)。

③ 主页中有锚链接和 E-mail 链接。

④ 插入一幅图像和文字。

⑤ 插入表格(四行和四列,行高 20、列宽 30)。

(42) 该网页使用 CSS 方法,使用的是 HTML 中的 style 标记。

说明:

① 主体背景为白色,背景图像名为 beijing.jpg,垂直方向排一列。

② 二级标题:方正舒体,20px,蓝色,网页中"传统经典"为二级标题。

③ 链接文字:华文彩云,15px,红色,网页中"链接百度"超链接到 www.baidu.com。

根据图 10-1 所示的运行结果写出 HTML 文档源代码。

(43) 按图 10-2 做网页,写出网页的完整代码(其中年龄分为 0～17 岁、18～35 岁、36～50 岁、50 岁以上 4 个年龄段)。

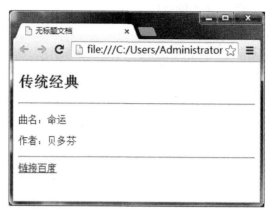

图 10-1　运行结果

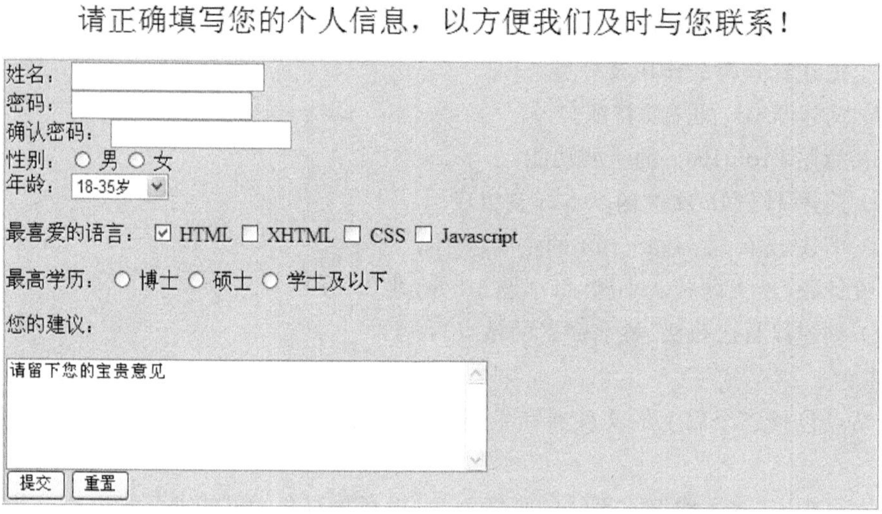

请正确填写您的个人信息，以方便我们及时与您联系！

图 10-2　网页效果图

10.2　模拟试题(二)

1. 单项选择题(本大题共 20 小题，每小题 1 分，共 20 分。在每小题的 4 个备选答案中，选出一个正确答案，并将正确答案的字母填在题干的括号内)

(1) body 元素用于背景颜色的属性是(　　)。

    A. alink　　　　　　B. vlink　　　　　　C. bgcolor　　　　　　D. background

(2) 在 HTML 的<th>和<td>标签中，不属于 valign 属性的是(　　)

    A. top　　　　　　　B. middle　　　　　　C. low　　　　　　　　D. bottom

(3) 运行在互联网上用于电子邮件发送的协议是(　　)

    A. HTTP　　　　　　B. FTP　　　　　　　C. SMTP　　　　　　　D. POP3

(4) 选择 Photoshop 滤镜 Distort 中的 Zigzag，实现的效果是整个画面做成了(　　)。

A. 水纹效果 B. 凸凹感的墙纸效果

C. 隔着毛玻璃的效果 D. 彩色铅笔描绘的效果

(5) 在 HTML 文档中,<td>标签的( )属性可以创建跨越多个行的单元格。

A. rowspan B. colspan C. cellspacing D. cellpadding

(6) 在 HTML 中,行的标签是( )。

A. <td> B. <span> C. <tr> D. <body>

(7) HTML 文件中用超链接标签指向一个目标的基本格式为( )。

A. <a href="URL">

B. <href="URL">字符串

C. <a href="URL">字符串</a>

D. <href="URL">

(8) 嵌入式样式单嵌入到 HTML 文件头中使用的标签对是( )。

A. <style> </style> B. <head> </head>

C. <link> </link> D. <p> </p>

(9) 在 Photoshop 中,缩小图像使用的快捷键是( )。

A. Ctrl 和— B. Alt 和 & C. Shift 和@ D. Tab 和>

(10) 在 HTML 语言中,有些符号由于被标签或标签的属性所占用,在 HTML 文本中用特殊符号表示,"<"代表的符号是( )。

A. & B. " C. > D. <

(11) 在 HTML 中,指定 wav 声音文件在网页中播放次数的是( )。

A. loop 属性 B. loopdelay 属性

C. start 属性 D. src 属性

(12) 在 HTML 中使用图像地图时,设置图像区域的形状为多边形的是( )。

A. triangle B. rect C. poly D. circle

(13) 下列可以指定横向框架的是( )。

A. <frame cols="20%,*">

B. <frameset cols="20%,*">

C. <rows="20%,*">

D. <frameset rows="20%,*">

(14) 当离开当前的网页时激发的事件为( )。

A. Focus B. UnLoad

C. MouseOver D. Blur

(15) 在 HTML 文档头部中嵌入 JavaScript,应该使用的标签是( )。

A. <body></body> B. <script></script>

C. <head></head> D.

(16) DHTML 技术的核心是( )。

A. CSS B. HTML

C. SCRIPT D. DOM

(17) 在 CSS 的 BOX 模型属性中,padding 属性数值表示 4 个方向的填充值的顺序应为( )。

  A. 顶、右、底、左   B. 顶、左、底、右

  C. 左、右、顶、底   D. 顶、底、左、右

(18) 在 CSS 中,id 选择符在定义的前面需要的指示符是( )。

  A. &   B. *

  C. #   D. !

(19) 在 Flash 中的时间轴上按( )键可以插入关键帧。

  A. F3   B. F4   C. F5   D. F6

(20) 外部样式单文件的扩展名是( )。

  A. .js   B. .css   C. .htm   D. .dom

2. 多项选择题(本大题共 5 小题,每小题 2 分,共 10 分)

在每小题列出的 5 个备选项中有一个至多个是符合题目要求的,请将正确的选项填写在题后的括号内。错选、多选、少选或未选均无分。

(21) Photoshop 打开和保存的图像格式有( )。

  A. BMP   B. TIF

  C. PSD   D. WMV

  E. JPG

(22) 要想让网页被搜索引擎检查到,可以实现此功能的标签有( )。

  A. <meta name="keywords" content="XXXX">

  B. <meta name="refresh" content="XXXX">

  C. <meta name="http-equiv" content="XXXX">

  D. <meta name="reply-to" content="XXXX">

  E. <meta name="description" content="XXXX">

(23) 下列属于 JavaScript 对象的有( )。

  A. write   B. document

  C. close   D. string

  E. math

(24) 下列选项中,属于 FrontPage 2003 提供的典型站点模板有( )。

  A. 空站点模板   B. 政府站点模板

  C. 项目站点模板   D. 客户支持站点模板

  E. 个人站点模板

(25) Dreamweaver 中视图方式包括( )。

  A. 代码   B. 设计者

  C. 拆分   D. 设计

  E. 代码编写者

3. 简答题(本大题共 4 小题,每小题 5 分,共 20 分)

(26) 网页制作中有哪几种样式设置方法?各有何特点?

(27) 描述建设一个网站的具体步骤。

(28) div 设置 float 属性后与 div 设置 position 属性为 absolute 的相同点与区别是

什么?

（29）列举常用的表单对象有哪些?

4. 编程题(本大题共 2 小题,每小题 15 分,共 30 分)

（30）编写出实现如图 10-3 所示页面效果的关键 HTML 代码。其中,A、B、C、D、E 均为默认字号和默认字体,并且加粗显示,它们都位于各自单元格的正中间,A 单元格的高度为 200px,B 单元格的高度为 100px,C 单元格的宽度为 100px、高度为 200px。(15 分)

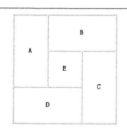

图 10-3 页面效果

（31）已知页面效果如图 10-4 所示(其中的细线效果均为一 px 粗细,颜色为黑色),请填写以下 HTML 代码中的空白(编号相同的空白表示应填写相同的内容),注意填写在题后的空白里。(15 分)

如梦令

昨夜雨疏风骤,
浓睡不消残酒。
试问卷帘人,
却道海棠依旧。
知否? 知否?
应是绿肥红瘦。

图 10-4 页面效果

```
< table cellspacing =    (1)    cellpadding =    (2)    align = "center">
< tr height = "100">
  < td width = "100">
  < td width = "1"   (3)   >
  < td width = "600"><h1 align = "center"><FONT_   (4)   _ = "楷体_gb2312">如梦令</FONT></h1>
< tr_   (5)   _ = "1">
  < td colspan = "3"    (3)   >
< tr height = "600">
  < td width = "100">
  < td width = "1" (3) >
```

< td width = "600" align = "middle" valign = "top">< h3 >< br >< br >昨夜雨疏风骤,< br >浓睡不消残酒。< br >试问卷帘人,< br >却道海棠依旧。
< br >知否?知否?< br >应是绿肥红瘦。</h3 >
</table>

(1) _____

(2) _____

(3) _____

(4) _____

(5) _____

10.3　模拟试题(一)参考答案

1. 单项选择题(本大题共 20 小题,每小题 1 分,共 20 分)

(1) B　(2) C　(3) B　(4) B　(5) C　(6) C　(7) A　(8) C　(9) B　(10) C

(11) A　(12) C　(13) B　(14) B　(15) B　(16) A　(17) C　(18) B　(19) C　(20) D

2. 多项选择题(本大题共 10 小题,每小题 2 分,共 20 分)

(21) ACD　(22) ABCD　(23) ABDE　(24) BE　(25) ACE　(26) AE　(27) ABD

(28) BCE　(29) ABCDE　(30) ABC

3. 名词解释(本大题共 5 小题,每小题 2 分,共 10 分)

(31) DOM 即文档对象模型,为 HTML 文档定义了一个与平台无关的程序接口。

(32) 网站的层次是指主页面(首面或一级页面)和二级页面、三级页面之间的结构关系。

(33) 贴层是用于精确地定位页面元素的一种 CSS 属性。具有贴层(clip)属性的元素在网页上,三维方向的位置都是可以控制的。

(34) 可扩展标记语言(XML)是一种基于 SGML 标准的网络信息描述语言,能够允许用户创建自己的 DTD。

(35) 标签是 HTML 中用来标识网页元素的类型、格式和外观的文本字符串。

4. 简答题(本大题共 5 小题,每小题 4 分,共 20 分)

(36) 选择符作用在于定义 CSS 的名称,以便引用。

在 CSS 中主要有三种选择符:

① 超文本标记选择符;

② 类选择符;

③ ID 选择符。

(37) XML 的最主要的特点是:

① 严密性;

② 可扩展性;

③ 互操作性;

④ 开放性。

(38) FrontPage 的主要功能有:

① 创建 Web 站点;

② 管理 Web 站点；

③ 制作网页；

④ 发布站点；

⑤ 维护站点。

（39）HTML 文件的基本标签组成为：

① ＜html＞ ＜/html＞

② ＜head＞ ＜/head＞

③ ＜body＞ ＜/body＞

（40）主要的区别在于以下几方面：

① Java 是面向对象的，而 JavaScript 是基于对象的；

② JavaScript 是解释执行的，而 Java 是编译执行的；

③ Java 采用强变量，JavaScript 采用弱变量；

④ 两者的代码格式不同；

⑤ 两者嵌入的方式不一样；

⑥ Java 采用静态联编，JavaScript 采用动态联编。

5. 设计题（本大题共 3 小题，每小题 10 分，共 30 分）

（41）评分标准：

① 按要求创建文件夹和主页，有背景颜色、有 2 个网页和 3 个站点内的链接）。（3 分）

② 主页中有水平线（水平线的高度为 5，颜色为红色）和当前日期（格式为年月日，不要时间）。（2 分）

③ 主页中有锚链接和 E-mail 链接。（2 分）

④ 插入一幅图像和文字（2 分）

⑤ 插入表格（4 行和 4 列，行高 20、列宽 30）（1 分）

（42）HTML 代码如下：

```
< html >
< head >
< style >（2 分）
<! --
body >{background - color:white;background - image:url(1.jpg);
background - repeat:repeat - y}（2 分）
h2{font - family:"方正舒文"; font - size:20px;color:blue}（2 分）
a{font - family:"华文彩云"; font - size:15px;color:red}（2 分）
-->
</style>
</head>
< body >< h2 >传统经典</h2>
< hr >
<p>曲名：命运</p><p>作者：贝多芬</p>
< hr >
< a href = "http://www.baidu.com">链接百度</a>（2 分）
</body>
</html>
```

（43）代码如下：

```
<! DOCTYPE html PUBLIC " - //W3C//DTD XHTML 1.0 Transitional//EN" "http://www.w3.org/TR/
xhtml1/DTD/xhtml1 - transitional.dtd">
< html xmlns = "http://www.w3.org/1999/xhtml">
< head >
< meta http - equiv = "Content - Type" content = "text/html; charset = utf - 8" />
< title >表单</title >
</head >
< body >
< p align = "center"><font size = "5">请正确填写您的个人信息,以方便我们及时与您联系!
</font ></p>
< form id = "form1" name = "form1" method = "post" >
  < table width = "695" height = "336" border = "1" align = "center" cellspacing = "0" bgcolor
= "♯FFCC99">
    < tr >
      < td width = "689" height = "334" colspan = "2" align = "left">姓名:
      < label >
      < input type = "text" name = "username" id = "username" />
      < br />
      </label >密码:
      < label >
      < input type = "password" name = "pass" id = "pass" />
      < br />
      </label >确认密码:
      < label >
      < input type = "password" name = "pass2" id = "pass2" />
      < br />
      </label >性别:
      < label >
      < input type = "radio" name = "sex" id = "radio" value = "radio" />
      男
      < input type = "radio" name = "sex" id = "radio2" value = "radio2" />
      女< br />
      </label >年龄:
      < label >
      < select name = "select" id = "select">
        < option >0 - 17 岁</option >
        < option selected = "selected">18 - 35 岁</option >
        < option >36 - 50 岁</option >
        < option >50 岁以上</option >
</select >
      </label >
      < p >最喜爱的语言:
      < label >
      < input type = "checkbox" name = "checkbox" id = "checkbox" />
      </label >
      HTML
      < label > XHTML
```

```
            < label >
            < input type = "checkbox" name = "checkbox3" id = "checkbox3" />
            </label >
            CSS
            < label >
            < input type = "checkbox" name = "checkbox4" id = "checkbox4" />
            </label >
Javascript </p>
< p >最高学历：
            < label >
               < input type = "radio" name = "radio3" id = "radio3" value = "radio3" />
            </label >
            博士
            < label >
            < input type = "radio" name = "radio3" id = "radio4" value = "radio4" />
            </label >
            硕士
            < label >
            < input type = "radio" name = "radio3" id = "radio5" value = "radio5" />
            </label >学士及以下 </p>
            < p >您的建议：</p>
            < label >
            < textarea name = "textarea" id = "textarea" cols = "45" rows = "5">请留下您的 宝贵意
见</textarea >
            </label >
            < label >
            < br />
</body >
</html >
```

10.4   模拟试题(二)参考答案

1. 单项选择题(本大题共 20 小题,每小题 2 分,共 40 分。在每小题的 4 个备选答案中,选出一个正确答案,并将正确答案的字母填在题干的括号内)

(1) C   (2) C   (3) C   (4) A   (5) A   (6) C   (7) C   (8) A   (9) A   (10) D

(11) A   (12) C   (13) D   (14) B   (15) B   (16) D   (17) A   (18) C   (19) D

(20) D

2. 多项选择题(本大题共 5 小题,每小题 2 分,共 10 分)

(21) ABCE   (22) AE   (23) BDE   (24) CDE   (25) ACD

3. 简答题(本大题共 4 小题,每小题 5 分,共 20 分)

(26) 答：网页制作中有内联式样式设置、直接嵌入式样式设置和外部链接式样式设置三种方式。

① 内联式样式设置如下。

设置方法：直接在要设置样式的各标签元素中修改 style 属性。

优点：直观、方便。

缺点：不易于维护和修改。

适用于：网页中个别需要修改的元素的样式定义。

② 直接嵌入式样式设置如下。

设置方法：在 HTML 文档的＜head＞＜/head＞之间添加＜style＞＜/style＞定义，＜style＞＜/style＞部分是所有需要设置样式的元素的属性定义。

优点：对当前页面内的所有元素的样式修改、维护比较方便。

缺点：对于网站建设，要采用相同的样式设置则比较麻烦。

适用于：单独网页的样式定义。

③ 外部链接式样式设置如下。

设置方法：把所有样式定义放在一个独立的文件中，凡是需要使用该文件中规定样式的网页，只要在其＜head＞与＜/head＞之间添加一个对该样式文件的链接：＜link type＝"text/css" href＝"MyStyle1.css" rel＝"Stylesheet" /＞即可。

适用于：需要统一显示样式的网站建设。

（27）答：建设一个网站一般要经过以下步骤：制作环境的准备，网站目标的确定，网站的主题、风格和创意点的确定，网站结构的确立，网站素材的准备，网站制作工具的选择和确定，网站的建立，网站的测试和上传，网站的宣传和推广以及网站的更新和维护。

（28）答：div 设置 float 与 div 设置 position 为 absolute 后，div 都是浮在网页上的；而 div 设置 float 后对下层元素有影响，div 设置 position 为 absolute 对下层元素没有任何影响。

（29）答：常用的表单对象有文本域、文本区域、单选按钮、复选框、列表/菜单、隐藏域、按钮等。

定义时，类以英文形式的句点"."为起始标志，id 以"♯"为起始标志；使用时，类可以在一个页面中被多个不同的元素引用，而 id 在一个页面中只能被引用一次。

4. 编程题（本大题共 2 小题，每小题 15 分，共 30 分）

（30）答：

```
< table width = 300 border = "1" align = center >
< tr >
< td rowspan = "2" align = "center" >
< b > A </b>
< td colspan = "2" height = "100" align = "center" >
< b > B </b>
< tr align = "center" >
< td height = "100" >
< b > E </b>
< td rowspan = "2" >
< b > C </b>
< tr align = center >
< td colspan = "2" height = "100" >
```

```
<b>D</b>
</td>
</tr>
</table>
```

评分要点(不一定要与参考答案完全一致,只要最后能显示出效果即可):

① 正确地写出了表格的行列结构(4 分)。

② 正确地设置了表格各单元格大小(2 分)。

③ 设置了表格的边框和居中对齐(2 分)。

④ 设置了表格行或单元格的水平居中(垂直居中不用设置,如果设置了也不加分)(1 分)。

⑤ 正确地指定了粗体(1 分)。

(31) 答:

① 0(有无引号均对)。

② 0(有无引号均对)。

③ bgcolor=black 或 bgcolor=♯000000(属性值有无引号均对)。

④ face。

⑤ height。

10.5 课后答案

1.8 习题答案

1. 判断题

(1) (√)   (2) (√)   (3) (√)   (4) (×)

2. 选择题

(1) A   (2) B   (3) D   (4) B   (5) D

3. 简答题

(1) 答:一个标准的 HTML 文件由 HTML 元素、元素的属性和相关属性值三个基本部分构成。

HTML 元素是构建网页的一种单位,是由 HTML 标签和 HTML 属性组成的,HTML元素也是网页中的一种基本单位。

(2) 答:HTML 是一种基本的 Web 网页设计语言,HTML 是 Hypertext Markup Language 的缩写,即超文本标记语言。

XHTML 是一个基于 XML 的置标语言,是 The Extensible HyperText Markup Language(可扩展标识语言)的缩写。

以下是 XHTML 相对 HTML 的几大区别:

① XHTML 要求正确嵌套;

② XHTML 所有元素必须关闭;

③ XHTML 区分大小写;

④ XHTML 属性值要用双引号;

⑤ XHTML 用 id 属性代替 name 属性;

⑥ XHTML 特殊字符的处理。

(3) 答:XML 是 eXtensible Markup Language 的缩写,意为可扩展的标记语言。

JavaScript 是一种基于对象(Object)和事件驱动(Event Driven)并具有安全性能的脚本语言。

CSS 是 Cascading Style Sheet 的缩写,译作层叠样式表单。

(4) 答案略。

2.6 习题答案

1. 选择题

(1) C (2) B (3) D (4) B (5) A (6) C (7) ABCD (8) CD (9) A (10) A

2. 填空题

(1) 插入控制面板,文档工具栏,文档窗口,控制面板组,属性控制面板

(2) 设计视图,代码视图,拆分视图

(3) 换行符,不换行空格符,版权信息符,注册商标符

(4) 内部链接,外部链接,锚点链接,Email 链接

(5) 新建站点,编辑站点,删除站点,复制站点,导入或导出站点

3. 问答题

(1) 答:

① 属性修改工具栏直接输地址;

② 打开超链接对话框;

③ 代码视图写代码。

(2) 答:

① 在插入栏中插入图像对象;

② 本站点保存插入图片;

③ 代码视图写代码。

(3) 答:

① 出现<┤├>这样的标志是单击鼠标;

② 状态栏单击 Tab 键;

③ 在空白处右击,在菜单中,选择表格即可。

3.12 习题答案

1. 选择题

(1) A (2) B (3) A (4) B (5) D (6) C (7) A (8) D (9) C (10) B

2. 填空题

(1) <html></html>,<body></body>,<title></title>

(2) <html>,</html>

(3) 文字,图像,超链接

(4) 超链接

(5) 行,列,单元格

(6) p,hr

3. 简答题

（1）在网页中表格的主要作用是什么？

答：表格在网页中有很大的作用，每一个网页都需要用表格来布局和定位，以便于安排网页各个部分的内容。让网页布局更好地定位和控制，有利于网页的设计，使网页设计显得整洁、层次清晰明了。

（2）在网页中，框架的用途是什么？

答：框架可以把浏览器窗口分成几个独立的部分，每部分显示单独的页面，页面的内容是互相联系的。框架（frame）的主要作用是将浏览器窗口分隔成几个相对独立的小窗口，浏览器可能将不同网页文件同时传送到这几个小窗口，这样就可以同时浏览不同网页文件。

4.8 习题答案

1. 判断题

（1）× （2）√ （3）× （4）√ （5）√ （6）×

2. 选择题

（1）C （2）C （3）A （4）AC （5）AD

3. 填空题

（1）li （2）margin （3）none （4）text-align:center

4. 简答题

（1）网站重构是把未采用 CSS，大量使用 HTML 进行定位、布局，或者虽然已经采用 CSS，但是未遵循 HTML 结构化标准的站点"变成"让标记回归标记的原本意义。通过在 HTML 文档中使用结构化的标记以及用 CSS 控制页面表现，使页面的实际内容与它们呈现的格式相分离的站点的过程。

优点：①使页面加载得更快速；②降低带宽带来的费用，节约成本；③在修改设计时更有效率而代价更低；④帮助整个站点保持视觉的一致性；⑤更利于搜索引擎的检索（符合 SEO 的规范）；⑥令站点更容易被各种浏览器和用户访问（包括手机、PDA 和残障人士使用的文字浏览器）；⑦兼容不容忽视的 Mozilla 系浏览器（Firefox 份额）。

（2）class 属性用于指定元素属于何种样式的类。①一个结构文档中可以多处使用同一个 class 名，页面中出现一次的元素应该用 id 来表示。例如页头（header）、页尾（footer）、导航菜单（main-menu）等。②id 用于表示一行的开始，class 用于表示一列的开始，在 style 样式列表中 id 可用♯开始的定义，也可以用点开始的定义，而 class 只可以用点开始的定义。③利用 class 可以对同一个标签多重定义样式。

5.7 习题答案

3. 简答题

（1）答：CSS 标记选择器就是声明哪些标记采用哪种 CSS 样式。

例如：

h1{color = red;font - size:25px;}

（2）答：第一种：直接把 CSS 代码添加到 HTML 的标识符（tag）里。

```
< body >
    < p style = "color:red;" ></p>
```

```
</body>
```

第二种：把 CSS 代码添加到 HTML 的头信息标识符＜head＞里的＜style＞块里。

```
< head >
    < style type = "text/css">
      p{ color:red;}
    </style>
</head>
< body >
    < p>红色文字</p>
</body >
```

第三种：用链接样式表的方法，也就是说，通过类似＜link rel＝"stylesheet" href＝"∗.css" type＝"text/css" media＝"screen"＞的语句，引入 CSS 文件，而把 CSS 声明部分的代码写到对应的 CSS 文件里。

```
< head >
< link rel = "stylesheet" href = "style.css" type = "text/css" media = "screen">
</head>
< body >
    < p>红色文字</p>
</body >
在 style.css 文件下
p<color:red;>
```

第四种：联合使用样式表，这里同样是把 CSS 代码添加到 HTML 的头信息标识符＜head＞里。

6.9 习题答案

1. 选择题

(1) D   (2) A   (3) B   (4) C   (5) D   (6) D   (7) B   (8) CD   (9) B   (10) A

2. 填空题

(1) all[]

(2) 存储客户端浏览器窗口最近所浏览过的历史网址

(3) href

(4) 方法、属性

(5) document.cookie

3. 简答题

(1) 答：document 对象包括 close()、getElementById()、getElementsByName()、getElementsByTagName()、open()、write()和 writeln()方法；history 对象包括 length、back()、forward()和 go()方法；Location 对象包括 assign()、reload()和 replace()等方法。

(2) 答：History 对象的属性只有一个，该属性的作用是查看客户端浏览器窗口的历史列表中访问过的网页的个数。通过方法可以前进或后退到一个已经访问过的 URL，也可以直接跳转到某个已经访问过的 URL。

Location 对象的属性大都是用来引用当前文档的 URL 的各个部分。

而方法主要是对当前文档的 URL 进行操作，如重新加载 URL 或用一个新的 URL 取代当前的 URL。

（3）答：cookie 是浏览器提供的一种机制，它将 document 对象的 cookie 属性提供给 JavaScript。可以由 JavaScript 对其进行控制，而并不是 JavaScript 本身的性质。cookie 是存于用户硬盘的一个文件，这个文件通常对应于一个域名，当浏览器再次访问这个域名时，便使这个 cookie 可用。因此，cookie 可以跨越一个域名下的多个网页，但不能跨越多个域名使用。cookie 机制将信息存储于用户硬盘，因此可以作为全局变量，这是它最大的一个优点。

① cookie 可能被禁用。当用户非常注重个人隐私保护时，他很可能禁用浏览器的 cookie 功能；

② cookie 是与浏览器相关的。这意味着即使访问的是同一个页面，不同浏览器之间所保存的 cookie 也是不能互相访问的；

③ cookie 可能被删除。因为每个 cookie 都是硬盘上的一个文件，因此很有可能被用户删除；

④ cookie 安全性不够高。所有的 cookie 都是以纯文本的形式记录于文件中，因此如果要保存用户名密码等信息时，最好事先经过加密处理。

（4）

① 保存用户登录状态。例如将用户 id 存储于一个 cookie 内，这样当用户下次访问该页面时就不需要重新登录了，现在很多论坛和社区都提供这样的功能。cookie 还可以设置过期时间，当超过时间期限后，cookie 就会自动消失。因此，系统往往可以提示用户保持登录状态的时间，常见选项有一个月、三个月、一年等。

② 跟踪用户行为。例如一个天气预报网站，能够根据用户选择的地区显示当地的天气情况。如果每次都需要选择所在地是繁琐的，当利用了 cookie 后就会显得很人性化了，系统能够记住上一次访问的地区，当下次再打开该页面时，它就会自动显示上次用户所在地区的天气情况。因为一切都是在后台完成的，所以这样的页面就像为某个用户所定制的一样，使用起来非常方便。

③ 定制页面。如果网站提供了换肤或更换布局的功能，那么可以使用 cookie 来记录用户的选项，例如背景色、分辨率等。当用户下次访问时，仍然可以保存上一次访问的界面风格。

④ 创建购物车。正如在前面的例子中使用 cookie 来记录用户需要购买的商品一样，在结账的时候可以统一提交。例如淘宝网就使用 cookie 记录了用户曾经浏览过的商品，方便随时进行比较。

（5）答：①request. getCookies()可能会返回 null 值；②new 出来的 Cookie 默认的 path 是创建它的请求路径，在其他的路径里是无法使用的。如果想在整个站点里使用这个 Cookie，需要使用 cookie. setPath()手动指定 path。如：cookie. setPath("/petstore")；③使用 IP 地址访问与使用域名访问同一个服务器，会创建不同的 Cookie。

4．编程题

（1）代码如下：

```
< html >
< head >
< meta http - equiv = "refresh" content = "2">
< script language = "JavaScript" >
document.write("2 秒自动刷新,随机显示图片");
```

```
var i = 0;
i = Math.round(Math.random( ) * 3 + 1); //产生 1~4 的数字
document.write("< IMG width = 300 height = 200 src = img/" + i +".jpg>");
</script>
```

（2）代码如下：

```
< html >
< body >
< div
  style = "width: 450px; height: 30px; border - top: 1px solid; border - left:
1px solid; border - right: 1px solid;">
  < select onchange = document.execCommand('FontSize',false,this.value)>
    < option value = " + 3"> 3 号字</option >
    < option value = " + 4"> 4 号字</option >
    < option value = " + 5"> 5 号字</option >
    < option value = " + 6"> 6 号字</option >
    < option value = " + 7"> 7 号字</option >
    < option ></option >
  </select > < input type = button value = "红色" onclick = document.execCommand('ForeColor',
false,
```

```
'#ff0000')>
  < input type = button value = "绿色" onclick = document.execCommand('ForeColor',false,
'#00ff00')>
  < input type = button value = "蓝色" onclick = document.execCommand('ForeColor',false,
'#0000ff')>
  < input type = button value = "左对齐"
    onclick = "document.execCommand('JustifyLeft')"> < input
    type = button value = "居中" onclick = document.execCommand('JustifyCenter')>
< input type = button value = "右对齐" onclick = document.execCommand('JustifyRight')>
</div >
< div id = "editArea" contenteditable style = "height: 200px; width: 450px; border: 1px solid;
overflow - y: auto;">
</div >
</body >
</html >
```

（3）代码如下：

```
< html >
< title >JSP + CSS 相册展示</title >
< style >
 * { margin:0; padding:0; list - style:none}
body{ font - family:Arial, Helvetica, sans - serif; font - size:12px; line - height:1.8;}
img{ display:block; border:0;}
h1,h2{ background:#85B829; line - height:2.5; font - size:14px; padding - left:10px; color:
#fff;}
```

```
#pics{ border - left:3px solid #468C50; border - right:3px solid #99CC99; background:
#B5DF63; float:left; width:750px;}
li{ float:left;}
a{ display:block; background: #fff; border:1px solid #A4D742; text - align:center; color:
#598628; text - decoration:none; padding:5px; margin:10px;}
a:hover,a:active{ background: #99CC33; border:1px solid #85B829; border - left:1px solid
#fff; border - top:1px solid #fff; color: #fff}
#showpic{ border:1px solid #85B829; padding:5px; display:none; clear:left; background:
#FFF; text - align: center}
ul, #showpic{ margin:10px;}
h2{ color: #598628; background:none; text - align:left}
#showpic img{ margin:auto}
</style>
</head>
<body>
<div id = "pics">
<h1>我的图集</h1>
<ul>
<li><a href = "/jscss/demoimg/wall1.jpg"><img src = "/jscss/demoimg/wall_s1.jpg" />春天
</a></li>
<li><a href = "/jscss/demoimg/wall2.jpg"><img src = "/jscss/demoimg/wall_s2.jpg" />黄昏
</a></li>
</ul>
</div>
<script language = "javascript">
function setDiv(){
var pics = document.getElementById("pics");
var showpic = document.createElement("div");
showpic.setAttribute("id", "showpic");
pics.appendChild(showpic);
showpic.appendChild(document.createElement("h2"));
showpic.appendChild(document.createElement("img"));
var links = pics.getElementsByTagName("a");
for(var k = 0; k < links.length; k++){
links[k].onclick = function(){
return showPic(this);
}}}
function showPic(pic){
var showpic = document.getElementById("showpic");
showpic.style.display = "block";
showpic.getElementsByTagName("h2")[0].innerHTML = pic.title;
showpic.getElementsByTagName("img")[0].setAttribute("src", pic.href);
return false;
}
window.onload = setDiv;
</script>
</body>
</html>
```

343

第
10
章

网页设计与制作模拟试题和参考答案

（4）代码如下：

```
<!DOCTYPE HTML>
<html lang = "en - US">
<head>
<title>HTML 5 登录表单</title>
<style type = "text/css">
html {
    background - color: #E9EEF0
}
.wrapper {
    margin: 140px auto;
    width: 884px;
}
.loginBox {
    background - color: #FEFEFE;
    border: 1px solid #BfD6E1;
    border - radius: 5px;
    color: #444;
    font: 14px 'Microsoft YaHei', '微软雅黑';
    margin: 0 auto;
    width: 388px
}
.loginBox .loginBoxCenter {
    border - bottom: 1px solid #DDE0E8;
    padding: 24px;
}
.loginBox .loginBoxCenter p {
    margin - bottom: 10px
}
.loginBox .loginBoxButtons {
background - color: #F0F4F6;
    border - top: 1px solid #FFF;
    border - bottom - left - radius: 5px;
border - bottom - right - radius: 5px;
line - height: 28px;
    overflow: hidden;
    padding: 20px 24px;
    vertical - align: center;
}
.loginBox .loginInput {
    border: 1px solid #D2D9dC;
    border - radius: 2px;
    color: #444;
    font: 12px 'Microsoft YaHei', '微软雅黑';
    padding: 8px 14px;
    margin - bottom: 8px;
    width: 310px;
}
```

```css
.loginBox .loginInput:FOCUS {
    border: 1px solid #B7D4EA;
    box-shadow: 0 0 8px #B7D4EA;
}
.loginBox .loginBtn {
    background-image: -moz-linear-gradient(to bottom, #B5DEF2, #85CFEE);
    border: 1px solid #98CCE7;
    border-radius: 20px;
    box-shadow:inset rgba(255,255,255,0.6) 0 1px 1px, rgba(0,0,0,0.1) 0 1px 1px;
    cursor: pointer;
    float: right;
color: #FFF;
font: bold 13px Arial;
    padding: 5px 14px;
}
.loginBox .loginBtn:HOVER {
    background-image: -moz-linear-gradient(to top, #B5DEF2, #85CFEE);
}
.loginBox a.forgetLink {
    color: #ABABAB;
    cursor: pointer;
    float: right;
    font: 11px/20px Arial;
    text-decoration: none;
    vertical-align: middle;
}
.loginBox a.forgetLink:HOVER {
    text-decoration: underline;
}
.loginBox input#remember {
    vertical-align: middle;
}
.loginBox label[for = "remember"] {
    font: 11px Arial;
}
</style>
</head>
<body>
<div class = "wrapper">
<form action = "" method = "post" >
        <div class = "loginBox">
            <div class = "loginBoxCenter">
                <p><label for = "username">电子邮箱:</label></p>
                <p><input type = "email" id = "email" name = "email" class = "loginInput"
autofocus = "autofocus" required = "required" autocomplete = "off" placeholder = "请输入电子
邮箱" value = "" /></p>
                <p><label for = "password">密码:</label><a class = "forgetLink" href =
"#">忘记密码?</a></p>
```

```
                    < p > < input type = "password" id = "password" name = "password" class =
"loginInput" required = "required" placeholder = "请输入密码" value = "" /></p>
            </div>
            < div class = "loginBoxButtons">
                < input id = "remember" type = "checkbox" name = "remember" />
                < label for = "remember">记住登录状态</label>
                < button class = "loginBtn">登录</button>
            </div>
        </div>
        </form>
    </div>
</body>
</html>
```

（5）代码如下：

```
< HTML >
< HEAD >
< TITLE >直接计算的计算器</TITLE >
< META http - equiv = Content - Type content = "text/html; charset = gb2312">
</HEAD >
< BODY bgColor = #fef4d9 >
< CENTER >
   < span >直接计算的计算器</span>
</CENTER > < BR >
< CENTER >
< TABLE borderColor = #99CCFF border = 5 borderlight = "green">
  < TBODY >
  < TR >
    < TD align = middle >
      < SCRIPT >
var textobj = document.all.tags("input");
function share() {
   textobj[2].value = new Number(textobj[0].value) + new Number(textobj[1].value);
}
setInterval("share();",100);
</SCRIPT >
   < INPUT > + < INPUT > = < INPUT ></TD ></TR ></TBODY ></TABLE >
</CENTER >
</BODY >
</HTML >
```

（6）代码如下：

```
< html >
< head >
< style type = "text/css">
table{
font - size:9pt;
}
</style >
< title >自动生成表格</title >
</head >
< body >
< script language = "javascript">
function tableclick(name1,name2,name3){
  Trow = name1.value;
  Tcol = name2.value;
  Tv = name3.value;
  if ((Trow == "") || (Tcol == "") || (Tv == "")){
    alert("请将制作表格的条件填写完整");
  }
  else{
    r = parseInt(Trow);
    c = parseInt(Tcol);
    Table1(r,c,Tv);
  }
function tablevalue(a,ai,rows,col,str){
  int1 = a.length;
  for (i = 0;i < rows;++ i){
}
for (j = 0;j < col;++ j){
    if ((j == 0)&&(ai >= int1)){break;}
    if (ai >= int1){
    str = str + "< td scope = 'col'>  </td >";
    }
    else{
      if (j == 0){
      str = str + "< tr >< th scope = 'col'>  " + (a[ai++]) + "</th>";
      }
      else{
        if (j == col - 1){
        str = str + "< td scope = 'col'>  " + (a[ai++]) + "</td>";
        }
        else{
        str = str + "< td scope = 'col'>  " + (a[ai++]) + "</td>";
        }
      }
    }
  }
```

```
      str = str + "</tr>";
   }
   return str;
}
function Table1(row,col,Str1)
{
var str = "";
   a = new Array();
s = new String(Str1);
   a = s.split("#");
int1 = a.length;
   ai = 0;
   if (col <= int1){
      str = str + "<table width = '300' border = '4'>";
      for (i = 0;i < col;++i){
         if (i == 0){
            str = str + "<tr><th scope = 'col'> " + (a[ai++]) + "</th>";
         }
         else{
            if (i == (col-1)){
            str = str + "<th scope = 'col'> " + (a[ai++]) + "</th></tr>";
            }
            else{
            str = str + "<th scope = 'col'> " + (a[ai++]) + "</th>";
            }
         }
      }
      if (int1 > col){
         if (row > 1){
         str = tablevalue(a,ai,row-1,col,str);
         }
      }
      str = str + "</table>";
      aa.innerHTML = str;
   }
}
</script>
<form name = "form1" method = "post" action = "">
<p><b>行数:</b>
   <input name = "name1" type = "text" style = "width:40px" value = "4">
   <b>列数:</b>
   <input name = "name2" type = "text" style = "width:40px" value = "4">
   <input type = "button" name = "Submit3" value = "生成表格" onClick = "tableclick
(document.form1.name1,document.form1.name2,document.form1.name3)">
</p>
<p><b align = "top">表值:</b></p>
<p>
   <textarea name = "name3" wrap = "VIRTUAL" style = "width:300px"></textarea>
</p>
```

```
</form>
< div id = "aa"></div>
</body>
</html>
```

7.6 习题答案

1. 选择题

(1) C (2) B (3) C (4) BCD (5) ABCD (6) C (7) A (8) D (9) B
(10) A

2. 操作题

（1）代码如下：

```
<!DOCTYPE HTML>
< html >
< header >
< title > section 标记</title>
</header >
< body >
< section >
< font size = " + 1" color = "green">北京：</font>是中国的首都!< p >
<b> 完全平方公式:</b>(X + Y)< sup >
< font size = " - 1">2 </font></sup > = X < sup >2 </sup > + Y < sup >
< font size = " - 1">2 </font></sup > + 2XY < p >
< i >氧气</i>的分子式：0< font size = " - 1">2 </font></sup > < br >
</section >
</body >
</html >
```

（2）代码如下：

```
<!doctype html>
< html >
   < head >
   < meta charset = "gb2312">
   < title >音频标签 audio </title>
   </head >
   < body >
   < h3 >播放音频</h3>
   < audio src = "med/song1.ogg" controls = "controls" autoplay = "autoplay">
您的浏览器不支持音频标签。
   </audio >
   </body >
</html >
```

（3）代码如下：

```
<!doctype html>
<html>
  <head>
    <meta charset = "gb2312">
    <title>绘制圆弧和圆</title>
  </head>
  <body>
<canvas id = "myCanvas" width = "300" height = "200" style = "border:1px solid #c3c3c3;">
    您的浏览器不支持 canvas 元素。
    </canvas>
<script type = "text/javascript">
    var c = document.getElementById("myCanvas");
    var cxt = c.getContext("2d");
    cxt.fillStyle = "#6cf";
    cxt.beginPath();
    cxt.arc(80,60,40,0,Math.PI * 2,true);        //逆时针方向绘制填充的圆
    cxt.closePath();
cxt.fill();
    cxt.beginPath();
    cxt.arc(220,80,40,0,Math.PI,true);           //逆时针方向绘制填充的圆弧
cxt.closePath();
    cxt.fill();
    cxt.beginPath();
cxt.arc(150,130,45,0,Math.PI,false);             //顺时针绘制圆弧的轮廓
    cxt.closePath();
    cxt.stroke();
    </script>
  </body>
</html>
```

（4）代码如下：

```
<!doctype html>
<html>
  <head>
    <meta charset = "gb2312">
    <title>绘制文字</title>
  </head>
  <body>
    <canvas id = "myCanvas" width = "300" height = "200" style = "border:1px solid #
c3c3c3;">
    您的浏览器不支持 canvas 元素。
    </canvas>
<script type = "text/javascript">
    var c = document.getElementById("myCanvas");
    var cxt = c.getContext("2d");
    cxt.fillStyle = "#63c";
```

```
    cxt.font = '16pt 黑体';
        cxt.fillText('画布上绘制的文字:', 20, 40);            //绘制填充文字
    cxt.strokeStyle = "#06f";
        cxt.shadowOffsetX = 5;                               //设置阴影向右偏移5像素
        cxt.shadowOffsetY = 5;                               //设置阴影向下偏移5像素
        cxt.shadowBlur = 10;                                 //设置阴影模糊范围
        cxt.shadowColor = 'black';                           //设置阴影的颜色
        cxt.lineWidth = "2";
        cxt.font = '40pt 隶书';
        cxt.strokeText('大展宏图', 40, 120);                  //绘制轮廓文字
    </script> </body>
</html>
```

8.8 习题答案

1. 简答题

(1) 切图的基本操作有两个。

① 划分切片:是使用切片工具,在原图上进行切分的操作。

② 编辑切片:是对切分好的切片进行编辑的操作,编辑包括对切片的名称、尺寸等的修改。

(2) 切片的存储格式有 GIF、JPEG、PNG、WBMP 等。

(3) 网页切图是一种网页制作技术,它是将美工效果图转换为页面效果图的重要技术,是指在网页制作过程中,用图形图像处理软件提供的切片工具,将美工设计的网页大幅图像分割成为一系列小的图像,这些小图像称为原大幅图像的切片。

(4) 有三种方法。

① 单击菜单栏上的站点菜单下的新建站点选项。

② 单击管理站点上的新建站点。

③ 在图中的文件栏目通过文件新建站点。

9.6 习题答案

1. 填空题

(1) bgcolor="black"

(2) 长度为浏览器窗口宽度一半的水平线

(3) <hr size=1 width=200 align=left>

(4) 支持透明色、支持动画、无损压缩、最多包含 256 种颜色等

(5) fireworks、flash、photoshop 等

(6) cellpadding

(7) <input type=checkbox checked>

(8) style

2. 简答题

(1) 答:

① 表格是在同一个网页中将页面划分为不同区域;

② 框架是在同一个浏览器窗口中显示多个网页;

③ 框架可以通过指定超链接的目标框架获得交互式的布局效果。

（2）答：文件大小；数量和质量；动画（需要展开回答）。

（3）答：要点如下（需要展开）。

① 在标记符中直接嵌套样式信息，例如，p<style="color:red">红色显示的段落文本</p>；优点是可以单独指定特定部分的样式，缺点是不利于维护。

② 在 style 标签符中指定样式信息，例如：

```
<style>
p{color:red}
</style>
```

优点是能对单独网页进行很好的格式控制和维护，缺点是不利于多个网页的维护。

③ 链接外部样式表中的样式信息，例如，在当前网页目录中包括以下 mycss.css 文件：

```
p{color:red}
```

然后在网页中用代码<LINK rel="stylesheet" type="text/css" href="">。

优点是利于维护多个网页，缺点是不利于控制单独页面中的个别部分。

3. 综合题

（1）答：

① cols

② "150,*"

③ content

④ A（大小写均可）

⑤ "_top"

（2）答：

① type="password"

② type="radio"

③ selected

（3）答：

```
<table border="1" width="100%" cellspacing="0" cellpadding="0">
  <tr align="center">
    <td width="25%">
      <b>A</b>
    </td>
    <td width="50%" rowspan="2" align="center">
      <b>B</b>
    </td>
    <td width="25%">
      <b>C</b>
    </td>
  </tr>
  <tr align="center">
    <td width="25%" rowspan="2">
      <b>E</b>
```

```
        </td>
        <td width = "25%">
            <b>D</b>
        </td>
    </tr>
    <tr align = "center">
        <td width = "75%" colspan = "2" align = "center" >
            <b>F</b>
        </td>
    </tr>
</table>
```

参 考 文 献

[1] 邹晨.Web2.0动态网站开发——ASP技术与应用[M].北京:清华大学出版社,2008.

[2] 杨选辉.网页设计与制作教程[M].北京:清华大学出版社,2013.

[3] 刘瑞新.网页设计与制作教程(HTML+CSS+JavaScript)[M].北京:机械工业出版社,2013.

[4] 宋红.网页建设与网页设计[M].北京:清华大学出版社,2014.

[5] 王晓红.网页设计与制作[M].北京:机械工业出版社,2013.

[6] 崔敬东,徐雷.Web标准网页设计原理与制作技术[M].北京:清华大学出版社,2014.

[7] 姜伟.网页美工传奇[M].北京:机械工业出版社,2004.

[8] 古燕莹.网页设计制作基础与应用[M].北京:清华大学出版社,2014.

[9] 贾春红.网页制作[M].北京:人民邮电出版社,2002.

[10] 刘万辉.JavaScript程序设计实例教程[M].北京:机械工业出版社,2014.

[11] 计算机世界.http://www.ceic.gov.cn.

[12] 中国信息产业部.http://www.gov.cn.